Food Crop Science Ⅱ

식용작물학Ⅱ

|전 작|

Food Crop Science Ⅱ

식용작물학Ⅱ

|전 작|

남 상 용 | 이 재 환
Nam, Sang Yong   Lee, Jae Hwan

RGB

머리말

예로부터 농자는 천하지대본(農者天下之大本)이라고 하였다. 세상의 중요한 바탕, 나라가 안정적으로 유지될 수 있도록 하는 힘이 농업과 농민이라는 뜻이다. 풍년이 들면 인구가 늘고 흉년이 들면 민심이 흉흉해지던 옛날에는 당연히 농자가 천하의 근본이었다. 이 중에서도 곡물, 특히 논작물과 밭작물을 심고 거두는 일이 제대로 되어야 백성의 삶이 풍요롭고, 안정되어 국가가 잘 다스려지므로 그만큼 농사에 힘써야 한다는 것을 강조한 말이다. 농업에 대한 중요성을 말하기도 하지만 식량작물에 대한 절대적 의존성을 말하는 것이다. 최근 우크라이나와 러시아의 전쟁 와중에 밀값이 상승하고 코로나가 발생하여 쌀값도 불안정해지는 등 식량 안보와 위기론은 계속될 것으로 보인다. 약 1,000만 ha인 남한의 국토면적에서 산림이 63%이고 도시화로 농경지는 16%로 감소하고 있다. 한번 없어진 농지는 회복시키기 힘들다. 사료작물의 필요성도 증가하는 이때 밭작물인 전작에 대한 중요성을 아무리 강조해도 지나치지 않다. 근본은 중요한 것이다. 먹는 것은 어떤 것보다도 우선하여야 한다. 거기에 건강을 위한 우수하고 양질의 농산물임에는 말할 필요도 없다. 깨끗하고(Clean), 안전한(Safety) 먹거리를 안정적(Stable)으로 생산하는 기술인 농학과 농산물을 생산하는 농민에 대한 감사와 배려를 간과해서는 안 된다.

식용작물학은 크게 2부분으로 나누어져 있다. 벼를 중심으로 하는 식용작물학Ⅰ과 보리, 밀, 콩, 옥수수, 감자, 고구마를 생산하고 가공과 유통을 하는 식용작물학Ⅱ이다. 전자를 수도작(水稻作)이라고 하고 후자는 전작(田作)이라고 한다. 우리나라 기후에서 물이 있는 논과 물이 없는 밭으로 나누어서 분류하는 것이다. 우리나라는 키가 작은 보리의 원산지이기도 하고 콩의 원산지이기도 하다. 이 보리와 콩은 쌀과 함께 혼식하여야 건강에 균형을 맞출 수 있다. 콩밥에 대한 부정적 이미지가 많은 데 탄수화물과 단백질의 절묘한 균형으로 콩밥이나 잡곡밥을 잘 먹으면 우리나라 국민이 세계 최장수국이 될 날이 조만간 올 것으로 기대한다. 농업의 기반 위에 공업과 서비스업이 존재해야 진정한 안정과 건강한 행복을 창출할 수 있을 것이다.

우리나라의 농업생산 소득의 비중은 2020년 기준 2.5%에 불과하다. 여기에 농업 총소득이 50조 원인데 농산물 수입액은 40조 원에 달해 자립기반이 위협받고 있다. 이 중에 식량작물이 10조 원이고 쌀이 8조 원, 밭작물은 2조 원에 불과한 실정이다.

주요 식량작물에서 생산량 비중은 벼가 88%로 가장 높고 콩 4%, 옥수수 2%를 제외하면 대부분의 곡류는 1%도 채 되지 않는다. 그러다 보니 양곡의 도입량은 밀, 옥수수, 콩, 쌀의 순으로 530만 톤에 이르고 금액으로는 200억 원이 넘어 세계 5대 식량 수입국이 되었고 사료작물을 포함한 식량자급률은 23%에 불과한 실정이다. 작물의 다양성과 기계화가 필요하다. 논작물인 벼는 기계화율이 98%에 이르나 밭작물은 64%에 불과하다.

밥이 하늘이었고 먹는 것이 절대적이었던 옛날로 돌아갈 수는 없지만 이러한 식량부족 상황을 그냥 방치한다면 언젠가 심각한 위기가 닥칠 수도 있다. 식량안보론을 차치하고라도 국가는 물론 농업과 관련이 있는 모두가 힘을 합쳐 최소한의 자립과 유지는 절대적으로 필요하다는데 동의할 것이다. 미국을 비롯한 유럽, 일본 등 선진국은 곧 농업이 선진국이다. 현재 우리나라 농업의 비중과 국가적 지원이 세계에서 가장 낮은 수준이고 국민이 농업에 대해 가지는 부정적 인식이 가장 높은 것으로 여러 연구논문에서 지적되고 있다. 무엇이 중하며 무엇을 위해 사느냐고 한다면 필자는 주저함이 없이 좋은 식품을 잘 생산해서 잘 먹어야 건강하고 행복하게 살 수 있다고 말할 것이다. 이는 반도체를 만드는 삼성전자나 자동차를 만드는 현대자동차도 예외는 아니다. 만약 배가 고프고 건강하지 못하다면 다른 무엇으로 행복을 누리게 할 수 있을까 싶다.

우리가 먹기 위해서 살든, 살기 위해 먹든 이런 물음은 식량의 부족 앞에서는 언어의 유희에 불과하다. 배짱도 배가 불러야 가능하다. 자신감의 고양과 산업의 발전은 배가 부른 후에 고려할 일이다. 중요한 것은 잘 먹어야 하고 이 먹거리의 핵심은 식량작물이므로 수준 낮게 보일지 몰라도 가장 고상하고 숭고한 철학적 가치에 먹거리에 있다는 것을 필자는 강조하고 싶다. 세계인구는 늘어가고 불안정성이 증폭되는 요즘 1차원적이고 1차 산업에 몸담은 필자의 농업 철학의 일부임을 피력하면서 농업, 식용작물의 중요성을 강조하고자 함임을 양해해 주기 바란다. 일천한 저자의 지식으로 방대한 책을 저술하다 보니 미흡한 내용이 많다. 기회가 되는 대로 수정·보완하고자 하니 언제라도 좋은 지적과 고견을 주시기를 간곡히 요청드린다.

2024년 9월 5일

불암산 자락에서 남상용 올림

차 례

서론

1. 전작물의 정의와 종류

전작물(田作物)은 밭에서 재배하는 작물로 식량작물, 공예작물, 사료작물, 원예작물로 크게 구분한다. 식량작물은 다시 맥류, 두류, 잡곡류, 서류로 다시 분류할 수 있다. 그러나 이들 작물은 그 이용도에 따라 중복적으로 분류되는 경우가 많다. 예를 들면 옥수수는 식량작물이면서 동시에 사료작물, 원예작물이기도 하고 땅콩도 식량작물이면서 공예작물이기도 하다. 우리나라에서는 벼를 제외한 대부분의 작물이 전작물에 속한다. 최근 쌀이 남아도는 상황에서 전작물의 중요성이 증가하고 있다.

2. 전작물의 분류

1) 일반적 분류

① 맥류 : 보리, 밀, 호밀, 귀리, 트리티케일(밀과 호밀의 속간잡종) 등
② 두류 : 콩, 팥, 녹두, 강낭콩, 완두, 동부, 땅콩 등
③ 잡곡류 : 옥수수, 수수, 조, 기장, 율무, 메밀 등
④ 서류 : 감자, 고구마, 마(yam), 카사바 등

표 A-1 양곡 1인당 연간 소비량(1965~2023) (단위: kg, %)

연도	양곡 계	쌀(구성비)		기타 양곡(구성비)		보리쌀	밀가루	잡곡	두류	서류
1965	186.9	120.9	(64.7)	66.0	(35.3)	50.0	–	4.9	5.1	6.0
1970	190.0	136.4	(71.8)	53.6	(28.2)	37.3	5.9	1.7	4.0	4.7
1975	174.1	123.6	(71.0)	50.5	(29.0)	36.3	4.1	1.2	3.7	5.2
1980	158.2	132.4	(83.7)	25.8	(16.3)	13.9	4.5	0.3	3.6	3.5
1985	143.9	128.1	(89.0)	15.8	(11.0)	4.6	4.3	0.4	3.4	3.1
1990	130.5	119.6	(91.6)	10.9	(8.4)	1.6	3.1	0.5	3.4	2.3
1995	117.9	106.5	(90.3)	11.4	(9.7)	1.5	3.2	0.5	3.5	2.7
2000	106.5	93.6	(87.9)	12.9	(12.1)	1.6	3.4	0.8	3.4	3.7
2005	89.0	80.7	(90.7)	8.3	(9.3)	1.2	1.5	0.5	2.6	2.5
2010	81.3	72.8	(89.5)	8.5	(10.5)	1.3	1.5	0.7	2.3	2.7
2015	71.7	62.9	(87.7)	8.8	(12.3)	1.3	1.2	1.1	2.8	2.5
2020	66.3	57.7	(87.0)	8.7	(13.0)	1.4	1.1	1.1	1.9	3.1
2023	64.6	56.4	(87.3)	8.2	(12.7)	1.5	0.9	1.3	1.9	2.6

*가구부문 양곡소비량 자료는 쌀 등 양곡을 가구에서 직접 조리하여 식용으로 소비한 양을 조사한 결과로 2024.1월 발표자료임
*군대, 교도소, 고아원, 요양원 등 집단시설의 쌀 소비량은 조사대상 포함되지 않음
*세부 통계자료는 국가통계포털(https://kosis.kr)를 참조하기 바람

2) 식물학적 분류

표 A-2 단자엽 식물과 쌍자엽 식물의 비교

순번	항목	단자엽 식물(monocot)	쌍자엽 식물(dicot)
①	주요 식물	벼, 밀, 보리, 옥수수, 수수 등	감자, 고구마, 콩, 메밀, 강낭콩 등
②	뿌리 형태	발근계	직근계
③	생장형	초본	초본, 목본
④	엽맥의 모양	평행맥	망상맥(그물맥)
⑤	자엽의 수	1개	2개
⑥	줄기 유관속의 배열	산재함	환상배열
⑦	형성층의 유무	없음(대신 절간생장점이 있음)	있음
⑧	화분의 발아구	1개	3개
⑨	꽃잎이나 수술의 수	3의 배수 (벼의 수술은 6개, 보리와 밀은 수술이 3개) 〈벼〉	4나 5의 배수 (감자는 꽃잎이 5개 수술도 5개) 〈감자〉
⑩	기공모양	〈옥수수 기공〉	〈알팔파 기공〉

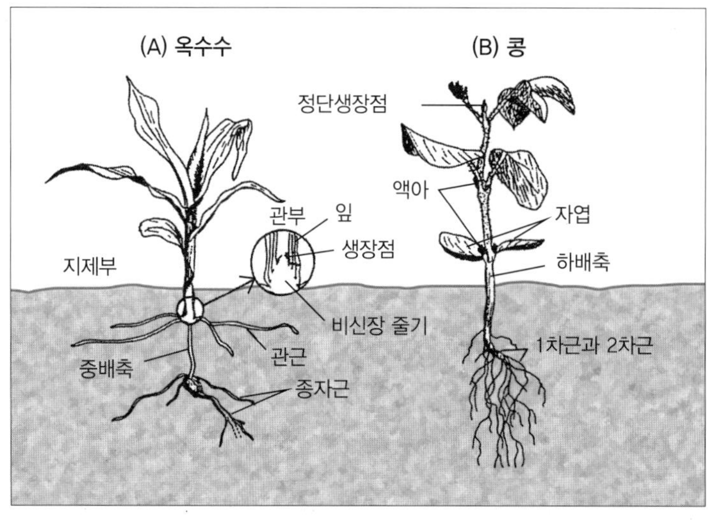

그림 A-1
어린 옥수수(A)와 콩(B)에서 볼 수 있는 생장 부위들

3) 작물의 분류

표 A-3 주요작물의 염색체 수와 학명, 원산지 분류

<table>
<tr><th>강</th><th>목</th><th>과</th><th>해당 작물</th><th>분류</th><th>배체=
염색체수</th><th>재배종 학명</th><th>원산지</th></tr>
<tr><td rowspan="10">외떡잎
식물</td><td rowspan="10">벼목</td><td rowspan="10">화본과</td><td>벼</td><td>화곡류</td><td>2n=24</td><td>Oryza sativa</td><td>중국, 인도</td></tr>
<tr><td>보리(2조종)</td><td rowspan="5">맥류</td><td>2n=14</td><td>Hordeum distichum</td><td>티벳</td></tr>
<tr><td>보리(6조종)</td><td>2n=14</td><td>Hordeum vulgare</td><td>중동</td></tr>
<tr><td>밀(빵밀)</td><td>6x=42</td><td>Triticum aestivum</td><td>중동</td></tr>
<tr><td>호밀</td><td>2n=14</td><td>Secale cereale</td><td>서남아시아</td></tr>
<tr><td>귀리</td><td>6x=42</td><td>Avena sativa</td><td>중앙아시아</td></tr>
<tr><td>옥수수</td><td rowspan="4">잡곡류</td><td>2n=20</td><td>Zea mays</td><td>남미 안데스</td></tr>
<tr><td>수수</td><td>2n=20</td><td>Sorghum bicolor</td><td>아프리카 중부</td></tr>
<tr><td>기장</td><td>4x=36</td><td>Panicum miliaceum</td><td>중앙아시아</td></tr>
<tr><td>조</td><td>2n=18</td><td>Setaria italica</td><td>동부아시아</td></tr>
<tr><td rowspan="10">쌍떡잎
식물</td><td rowspan="7">콩목</td><td rowspan="7">두과</td><td>콩</td><td rowspan="7">두류</td><td>2n=40</td><td>Glycine max</td><td>중국 동북부</td></tr>
<tr><td>팥</td><td>2n=22</td><td>Vigna angularis</td><td>중국, 한국</td></tr>
<tr><td>녹두</td><td>2n=22</td><td>Vigna radiata</td><td>인도</td></tr>
<tr><td>동부</td><td>2n=22</td><td>Vigna unguiculata</td><td>아프리카 중서부</td></tr>
<tr><td>강낭콩</td><td>2n=22</td><td>Phaseolus vugaris</td><td>중앙아메리카</td></tr>
<tr><td>완두</td><td>2n=14</td><td>Pisum sativum</td><td>서부아시아</td></tr>
<tr><td>땅콩</td><td>4x=40</td><td>Arachis hypogaea</td><td>브라질</td></tr>
<tr><td rowspan="2">가지목</td><td>메꽃과</td><td>고구마</td><td rowspan="2">서류</td><td>6x=90</td><td>Ipomoea batatas</td><td>중앙아메리카</td></tr>
<tr><td>가지과</td><td>감자</td><td>4x=48</td><td>Solanum tuberosum</td><td>남미 안데스</td></tr>
<tr><td>석죽목</td><td>마디풀과</td><td>메밀</td><td>잡곡류</td><td>2n=16</td><td>Fagopyrum esculentum</td><td>중국 서남부</td></tr>
</table>

3. 우리나라 밭작물의 수익성과 중요성

1) 우리나라 밭작물의 수익성과 중요성

① 양곡의 소비 유형 변화와 서구화된 식생활, 가공식품 및 편의식품의 발달로 인해 전체 식량 작물 중 밭작물의 비중이 증가하고 있다.

② 전작물은 겨울철에 월동작물(맥류 등)을 재배함으로써 경지이용률(2023년 60.4%), 식량자급률(2021~2023년 평균 19.5%)의 향상뿐만 아니라 양질의 조사료를 생산하여 외화를 절약할 수 있다.

③ 밭작물은 과수나 채소에 비해 소득은 낮은 편이지만 안정적인 수입원이 될 수 있다.

④ 벼농사와 공동으로 사용할 수 있는 농기계가 많아 효율성을 높이고 비용을 절감할 수 있다.

⑤ 전작물에 함유된 여러 가지 기능성 물질과 보완성분(쌀의 리신(lysine), 콩의 메티오닌 등)은 균형진 식품 섭취에 필요하다.

⑥ 식량자급률을 높이기 위해서는 밭작물 재배확대가 필요하나 밭은 산간지나 경사지 등으로 재배에 열악한 지역이 많다.

⑦ 우리나라의 논은 벼의 기계화율이 98%에 이르나 밭작물은 64%로 낮다.

⑧ 우리나라는 1~2월의 혹한, 3~4월의 습해, 5~6월에 가뭄이 많이 발생하고 7~8월에는 장마와 태풍으로 자연재해를 쉽게 받는다.

⑨ 밭작물은 식량안보 차원에서 볼 때 비상 시 곧바로 증산이 가능한 작물이 많다.

2) 농경지 지력 특성

① 우리나라 논토양은 보통답 32%, 사질답 31%, 미숙답 23%, 습답 9%, 염해답 3% 순이고 저위생산답이 약 2/3에 달한다.

② 밭토양은 보통밭 42%, 사질밭 23%, 미숙토양밭 17%, 점질토양밭 14%, 화산회토 밭이 2%로 생산력이 낮은 밭이 58%에 달한다.

③ 토양의 화학성으로 토양산도(pH)는 논이 5.8, 밭이 6.2. 시설재배지는 6.4 정도이다.

④ 유기물 함량(부식)은 논과 밭 모두 2% 내외로 도달목표(적정기준)인 3%보다 낮다.

⑤ 유효 인산(P) 함량은 논이 130mg/kg, 밭 680mg/kg, 과수원 670mg/kg, 시설재배지가 1,000mg/kg으로 적정범위보다 높다.

⑥ 주요 비료성분인 칼륨(K), 칼슘(Ca), 마그네슘(Mg) 등 양이온치환용량(CEC)은 10cmol+/kg 정도로 낮은 편이나 과수원, 시설재배지 토양은 높다.

⑦ 밭은 논보다 작토가 얕으며 유기물인 부식함량이 적고 산성토양이 많아 비료성분이 부족하다.

⑧ 화본과 작물은 질소질 비료가 많이 필요하나 두과 작물은 오히려 적게 시비해야 하며 뿌리작물인 서류는 칼륨비료가 많이 필요하다(표 A-4).

표 A-4 작물별 권장시비량과 시비특성

<table>
<tr><th rowspan="3">작물</th><th colspan="5">표준시비량(kg/10a, 성분량)</th><th rowspan="3">비고</th></tr>
<tr><th colspan="2">질소(N)</th><th>인산(P_2O_5)</th><th colspan="2">칼륨(K_2O)</th></tr>
<tr></tr>
<tr><td>감자</td><td colspan="2">13.7</td><td>3.3</td><td>11.4</td><td rowspan="2">서류에 많이 필요함</td><td>남부지방은 질소를 줄이고 인산과 칼리는 증비한다.</td></tr>
<tr><td>고구마</td><td colspan="2">5.5</td><td>6.3</td><td>15.6</td><td>개간지에는 질소, 인산, 칼리를 50% 증비한다.</td></tr>
<tr><td>밀</td><td>8.8</td><td rowspan="4">화본과 작물에는 많이 필요함</td><td>8.0</td><td colspan="2">3.7</td><td>도복에 약한 품종이면 10% 감비한다.</td></tr>
<tr><td>벼</td><td>9.0</td><td>4.5</td><td colspan="2">5.7</td><td>기비와 추비를 합한 값이고 다수성 품종은 증비한다.</td></tr>
<tr><td>보리</td><td>8.8</td><td>7.2</td><td colspan="2">3.6</td><td>도복에 약한 품종이면 10% 감비한다.</td></tr>
<tr><td>옥수수</td><td>15.8</td><td>3.0</td><td colspan="2">6.3</td><td>단옥수수는 10% 줄여서 시비한다.</td></tr>
<tr><td>콩</td><td>3.0</td><td rowspan="2">두과 작물에는 적게 시비해야 함</td><td>3.0</td><td colspan="2">3.2</td><td>개간지에는 2배로 증비한다.</td></tr>
<tr><td>땅콩</td><td>3.0</td><td>10.4</td><td colspan="2">9.8</td><td>개간지에는 인산과 칼리를 2배로 증비한다.</td></tr>
</table>

*표준시비량(자료 : 농촌진흥청. 2010. 작물별 시비 처방 기준)

3) 작물별 적산온도(단위: ℃)

적산온도(accumulated temperature)는 작물의 발아로부터 성숙에 이르기까지의 0℃ 이상의 일평균기온을 합산한 것으로 생육시기와 생육기간에 따라 차이가 난다. 일반적으로 여름작물이 높고 재배기간이 길 때 높다.

① 봄작물

아마(1,600~1,850℃), 봄보리(1,600~1,900℃), 봄밀(1,800~2,300℃), 감자(1,300~3,000℃), 완두(2,100~ 2,800℃)

② 여름작물

목화(4,500~5,500℃), 벼(3,500~4,500℃), 옥수수(2,370~3,000℃), 조(1,800~3,000℃), 콩(2,500~3,000℃), 메밀(1,000~1,200℃), 담배(3,200~3,600℃)

③ 겨울작물

추파맥류(1,700~2,300℃)

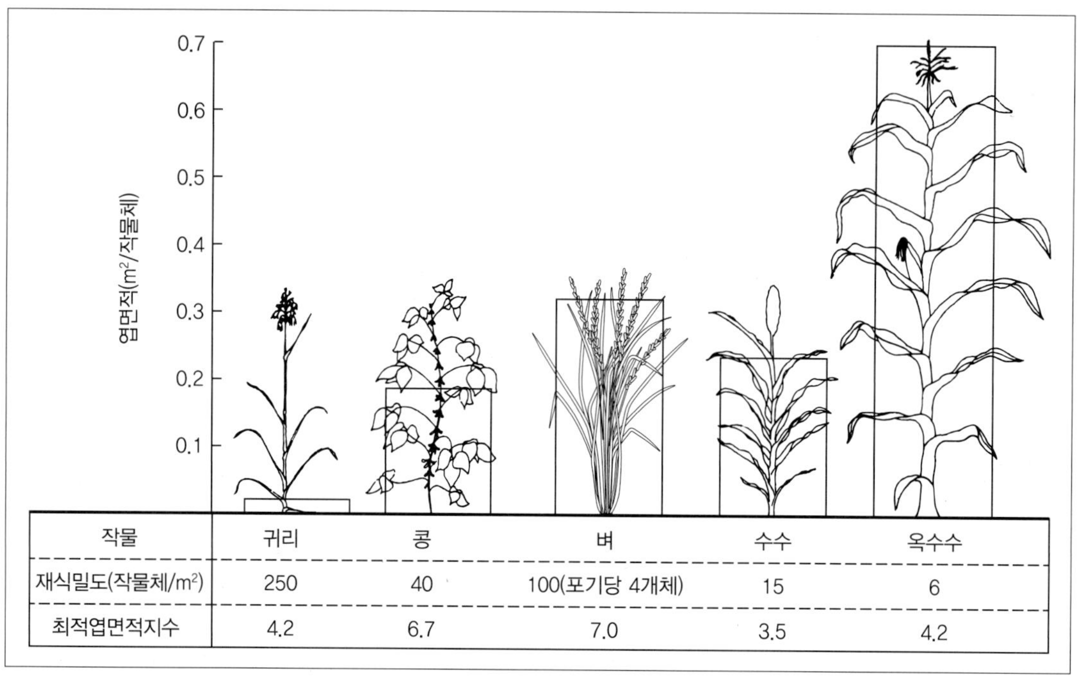

작물	귀리	콩	벼	수수	옥수수
재식밀도(작물체/m^2)	250	40	100(포기당 4개체)	15	6
최적엽면적지수	4.2	6.7	7.0	3.5	4.2

그림 A-2 작물별로 조사한 특정 재식밀도에서 작물체당 적정 재식밀도와 최적엽면적지수

아래 그림 A-2에서 귀리, 콩, 벼, 수수, 옥수수를 가지고 재식밀도와 엽면적지수(leaf area index, LAI)를 조사하고 이들의 최적엽면적지수(optimal leaf area index)를 나타내었다. 작물당 엽면적은 한계 엽면적지수(LAI)를 올리는 데 필요한 작물의 개체수를 결정한다. 미국의 경우 북부지역에 적합한 옥수수 교잡종은 남부지역에 적합한 옥수수보다 엽수가 1~3개 정도 적으며 최대수량을 얻기 위해서는 더 높은 재식밀도가 필요하다. 잎의 기울기는 최적엽면적지수를 변화시키고 재식밀도도 이에 따라 조정되어야 한다.

표 A-5 C_3 식물과 C_4 식물의 CO_2 고정형태

항목	단자엽 식물		쌍자엽 식물	
CO_2의 고정형태	C_3	C_4	C_3	C_4
주요 작물	벼, 밀, 보리, 페스큐 등	옥수수, 수수, 사탕수수, 수단그래스, 기장, 조 한국잔디 등	콩, 감자, 목화, 사탕무, 메밀 등	비름, 피 등 (작물은 없고 주로 잡초들임)

4) 작물별 수분이용과 요수량

작물은 습도가 높고 증산량이 많으면 수량이 증가한다. 그러나 수분이용효율은 작물에 따라 다르고 CO_2 고정 경로에 따라서도 차이가 난다.

표 A-6 수분공급이 충분한 조건에서 재배한 작물에서 수분이용효율과 건물 생산성

작물	CO_2 고정 경로	생육기간 (일)	소비이용 계수(k)	증발산량(mm)		건물량(kg/10a)		수분이용효율 (WUE) (g DM/kg H_2O)
				전생육기	일평균	전체	일평균	
감자	C_3	128	0.65	532	4.2	1,000	7.8	1.88
밀	C_3	112	0.66	473	4.2	770	6.9	1.63
벼	C_3	180	0.76	700	3.8	1,200	6.7	1.71
사탕무	C_3	190	0.72	876	4.6	1,450	7.6	1.65
수수	C_4	110	0.78	583	5.3	1,450	13.2	2.49
알팔파	C_3	195	0.87	1112	5.7	1,120	5.7	1.01
옥수수	C_4	135	0.75	658	4.9	1,700	12.6	2.58
콩	C_3	113	0.78	599	5.3	850	7.5	1.42

* 소비이용 계수(k)=실제증발산량/잠재증발산량, 요수량=증발산량(ET)/건물량(DM), 수분이용효율=DM/ET이다.

표 A-7 작물별 요수량

작물	요수량	작물	요수량	작물	요수량
기장	284	보리	525	오이	713
수수	287	메밀	544	아마	755
벼	300	귀리	600	완두	788
옥수수	365	호밀	634	클로버	799
사탕무	379	목화	646	알팔파	831
밀	481	잠두	648	호박	834
감자	500	강낭콩	658	흰명아주	948

*C_3 작물은 크고 C_4 작물이 일반적으로 낮으나 주요 작물인 벼(300)와 밀(481)은 C_3 작물이라도 수량이 높아 요수량은 낮아짐

*요수량의 단위를 g으로 표기하는 경우가 있는데 건물 1g을 생산하는데 소비된 수분량(ℓ나 g)이므로 약분되어 단위가 없음

제1편 맥류

제1장 **보리**(Barley, 대맥)

Hordeum vulgare L.(2n=14, 6조종)
Hordeum distichum L.(2n=14, 2조종)

1. 서론

대맥이라는 보리의 원산지는 2조종은 서부 아시아의 홍해에서 코카서스에 이르는 지역, 6조종은 동부 아시아의 티베트에서 양쯔강 유역으로 각각 추정되며 지금으로부터 약 17,000~18,000년 전부터 재배되기 시작한 전통적 작물로 우리나라에서는 삼국 시대 이전부터 재배한 것으로 추정된다. 보리는 쌀과 더불어 주식으로 이용되었고 쌀이 부족하던 시대에는 우리 민족의 식량으로 많이 이용되었으나 밀의 대량 도입과 육류, 과채류의 섭취증가, 쌀의 자급률 증대에 의해 상대적으로 보리는 생산된 일부분만이 식량으로 이용되고 나머지는 맥아 엿기름, 보리차 등 가공용과 사료용으로 사용된다. 우리나라에서 보리는 주로 벼를 심은 후 답리작으로 많이 재배하는데 식량작물로서 겨울에 재배할 수 있는 몇 안 되는 중요한 작물이다. 보리는 식량자급률의 향상, 경지이용률 증진, 농가소득 증가, 환경보전 등에서 중요하다.

1) 보리재배의 이점

① 겉보리는 일부 산간지대를 제외하면 우리나라 어디에서나 재배가 가능하나 쌀보리는 중부와 남부지방에서 재배가 가능하다.
② 동계작물로서 여러 하계작물과 결합하여 1년 2작이 가능하여 경지이용률을 높일 수 있다.
③ 재배가 간단하며 내도복성 품종은 기계화재배도 쉬워 생산비를 절감할 수 있다.
④ 보리는 밀보다 수확기가 빨라 두류 등과 1년 2작이나 답리작을 하는데 유리하다.
⑤ 동계작물 중에서 수량과 품질면에서 우수하여 주식으로 이용하기에 적합한 작물이다.
⑥ 보리는 사료용, 주정용, 가공용 등으로도 활용할 수 있으며 쌀과 혼식하면 건강에도 좋다.

2) 기원과 재배

(1) 식물적 기원

① 여섯 줄 보리(6조종)와 두줄보리(2조종)가 각각 야생 원종으로부터 발생하였다는 이원 발

생설이 유력하다.

② 화본과 작물에서 야생종에서 재배종으로 발달되는 과정에서 소수(작은 이삭)의 자연탈락성이 비탈락성으로 변한 것으로 판단한다.

③ 여섯 줄 보리(6조종)의 야생 원종은 티베트(Tibet)를 중심으로 한 동부 아시아의 양쯔강 지역이 원산지로 알려져 있다.

④ 두줄보리(2조종)의 야생 원종은 홍해로부터 코카서스(Caucasus), 카스피해(Caspian Sea)에 이르는 서부 아시아의 온대지역이 원산지로 알려져 있다.

⑤ 우리나라에서는 주로 6조종이 재배되었다. 보리는 중국에서 우리나라로 전파되었고 우리나라에서 일본으로 전파되었다고 본다.

3) 보리의 세계적 생산현황

① 보리는 밀, 벼, 옥수수에 이어 세계 4위의 곡물로서 온대나 아열대에서 재배되는 서늘하고 건조한 조건에 잘 적응된 작물이다.

② 세계의 주산지는 북위 30~60°, 남위 30~40°의 지역으로 연평균기온 5~10℃, 연강수량 1,000mm 이하가 되는 지대로 밀이나 호밀보다 더위에 견디는 힘이 더 강하여 저위도 지대에도 잘 적응한다.

③ 가을밀이나 호밀보다 추위에 약해 고위도 지대에 대한 적응성이 약하지만 봄보리는 봄밀이나 봄호밀보다 생육기간이 짧아 고위도 지대에 잘 적응한다.

④ 세계적인 생산량은 유럽이 50% 정도로 가장 많고(대부분 맥주보리를 재배) 다음으로 러시아 〉 북아메리카 〉 아시아 순으로 많이 재배된다.

4) 우리나라의 보리의 재배와 생산

(1) 종류와 형태

① 우리나라는 쌀보리가 5.5톤(56%), 맥주보리가 2.2톤(24%), 겉보리가 2.1톤(16%)를 차지(2022년 생산기준)하고 있다.

② 계절별로 보면 봄보리는 수확기가 늦고 수량이 낮아 거의 재배하지 않고 대부분 가을보리로 재배한다.

③ 쌀보리와 맥주보리는 추위에 약하므로(외국에는 추위에 강한 품종도 있음) 남부지방에서 주로 재배한다.

④ 보리재배는 1980년대부터 감소하여 1990년대에 급격히 감소하였고 수입량은 늘어 2021년도 보리의 자급률이 33%로 감소하였고 1인당 소비량은 600g 정도이다.

⑤ 재배면적은 2020년도에 20,000ha에 수량은 300kg/10a로 주산지는 쌀보리는 전남, 겉보리는 경북에서 많이 생산한다.

표 1-1 맥류의 재배한계(1월 최저 평균기온)

구분	재배지역(평균기온)	한계지역(최저 평균기온)	주요 재배가능 품종
겉보리(피맥)	여주-괴산(-10℃)	연천-춘천(-12℃)	올보리, 강보리, 찰보리
쌀보리(나맥)	수원-상주(-8℃)	여주-괴산(-10℃)	찹쌀보리, 진미찹쌀보리
맥주보리(맥주맥)	진주-경주(-4℃)	익산-남원(-5℃)	사천6호, 두산8호, 진양보리

2. 형태

1) 종실

(1) 보리 종실

① 보리는 영과(caryopsis)로 외영(겉껍질)과 내영(안껍질)으로 싸여있는데 씨방벽으로부터 유착물질이 분비되어 외영과 내영이 과피에 단단하게 붙어있으면 겉보리(covered barley)라고 하고 유착물질이 분비되지 않아 성숙후에 외부의 충격에 의해 껍질이 쉽게 떨어지면 쌀보리(naked barley)라고 한다.

② 겉보리는 피맥이라고 하며 종구(groove)가 있으며 종구 기부에는 저자(소수축이 깃털 모양으로 변형된 것)가 있다.

③ 겉보리(피맥)는 성숙 시 분비물이 나와 껍질과 종실이 밀착되고 쌀보리(나맥 또는 과맥이라고 함)는 분비물이 없어 껍질과 종실이 잘 분리된다.

④ 메보리는 아밀로스 함량이 25% 내외이고 아밀로펙틴 함량이 75% 내외이나 찰보리는 아밀로스 함량이 5%, 아밀로펙틴 함량이 95% 정도이다.

⑤ 추파성이 높은 보리는 저온을 경과해야 하므로 가을에 파종하는 품종이고 추파성이 낮은 춘파성 보리는 저온이 불필요하므로 봄에 파종한다.

(2) 겉보리와 쌀보리의 비교

표 1-2 겉보리(피맥)와 쌀보리(과맥)의 특성과 성분 비교

구분	겉보리(피맥)	쌀보리(나맥)
염수선 비중	1.13	1.22
천립중	28~45g	22~40g
내한성(耐寒性)	강	약
단백질 함량	10%	10.6%
당질(%)	66.5	69.7
섬유질(%)	5.2	1.9
지질(%)	1.9	2.0

(3) 보리 종실의 내부구조

① 보리의 껍질은 그림에서 보는 바와 같이 표피, 후각조직, 유조직으로 구성되어 과피를 싸고 있다.

② 보리의 배는 뿌리 분화 원기에 종자근이 보통 3개 분화되어 근초에 싸여있고 유아는 4엽까지 분화되어 초엽에 싸여있다.

③ 배유는 전분립으로 대부분 구성되어 있고, 나머지는 단백질과 섬유소로 구성되고 보리의 저장단백질은 밀에는 많이 있는 글루텐(gluten)이 없어 소화가 잘된다.

④ 보리의 호분층 3층(쌀과 밀은 1층의 호분층 세포로 구성)의 호분층 세포로된 두꺼운 조직으로 되어있다.

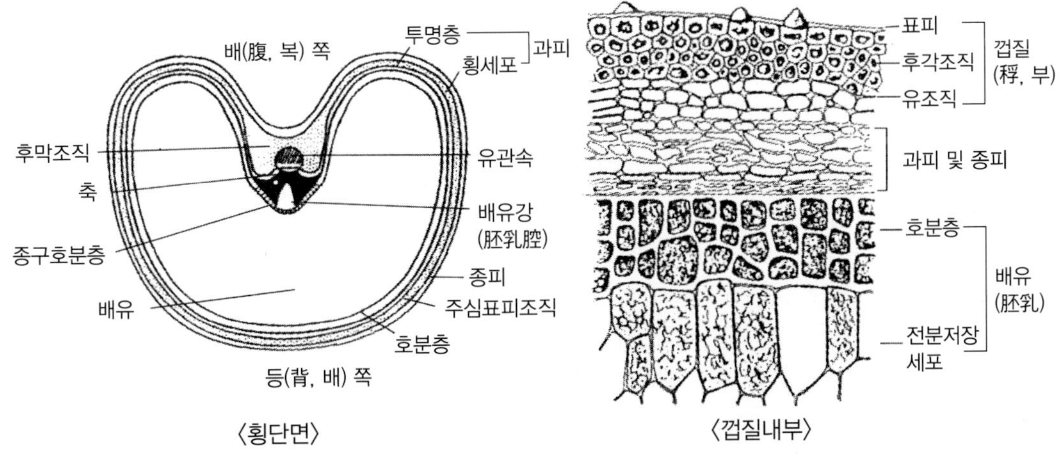

그림 1-1 보리종실의 횡단면과 껍질 내부구조의 모습

2) 보리의 잎

① 보리의 잎은 어긋나고 너비는 10~15mm이며 1개의 줄기에 잎이 5~10개 정도 달린다.

② 싹이 틀 때 처음에 나오는 뾰족한 잎을 초엽(coleoptile, 잎이 아닌 보호 조직)이라고 하며 그다음 각각의 줄기 마디에 본잎이 1개씩 교대로 만들어진다.

③ 마지막으로 나오는 잎을 벼와 같이 지엽(flag leaf)이라고 한다.

(1) 잎의 종류

① 초엽(coleoptile)은 종자 발아 시 처음 나오는 원추형의 잎으로 엽록소가 없고 투명한 백색이며 출아할 때 정상엽을 보호한다.

② 전엽(prophyll)은 분얼경 맨 아래에서 처음 나오는 본엽으로 주경의 초엽에 해당하며, 분얼아(tiller bud)를 보호하고 엽록소가 소량 함유되어 있다.

③ 본엽(normal leaf)은 초엽이나 떡잎 다음부터 나오는 정상적인 잎들이다.

④ 지엽(flag leaf)은 마지막에 나오는 잎으로 길이는 짧지만, 너비는 넓으며 어린 이삭(유수)을 보호하고 이삭의 성숙을 돕는다.

(2) 보리 잎의 구조와 기능

① 엽신(leaf blade)은 광합성이 주로 일어나는 곳이다.

② 엽초(leaf sheath)는 줄기를 싸고 있는 것으로 줄기를 강하게 지지한다.

③ 엽설(ligule, 잎혀)은 짧고 엽초 안에 물이 들어가지 않도록 줄기에 밀착되어 있다.

④ 보리의 엽이(auricle, 잎귀)는 밀이나 호밀보다는 크다. 반면 귀리는 엽이가 없다.

3) 보리의 줄기

① 줄기는 마디(node)가 있으며 속이 비어있다. 아래쪽은 마디가 짧고 위쪽으로 갈수록 길어진다. 위쪽 끝마디는 이삭과 연결된다.

② 주간 마디는 5~7개가 있고, 초장은 보통 60~110cm이며 절(node)과 절간으로 구성되어 있고 마디의 속은 비어있다.

③ 보리 줄기(stem)는 밀보다 굵지만 줄기의 두께가 얇고 견디는 힘이 약해 도복에 약하다.

④ 보리의 초장(plant height)은 상부의 4~6마디가 신장하여 간장을 결정하며 절간 신장을 한다.

분얼절(tillering node)은 신장절(elongation node) 아래에 있는 마디로 지하에서 서로 붙어 있는 상태로 몰려 있는데 이곳에서 분얼(tiller)이 발생한다.

4) 보리의 뿌리

(1) 종자근

① 종자근(seminal root)은 종자가 발아할 때 발생하는 뿌리로 표면에서 심층부로 15~20cm 정도로 신장하여 식물체를 지지한다.

② 유식물 시기에 영양과 수분을 흡수하고 가을에 발달하여 이듬해 봄까지 활동하며 등숙기까지 활력을 유지한다.

③ 배의 근초(coleorhiza) 속에 있는 뿌리 분화 원기에서 4~8개 발생하고, 종자의 저장 양분이 많을수록 종자근 개수도 많아진다.

(2) 관근

① 관근(crown root)은 종자근보다 굵고 길게 발달하여 근계를 형성하며 하위 절로부터 상위 절로 순차적으로 일정한 주기를 가지고 발근한다.

② 제1절 이상의 각 절에서 나오는 부정근(adventitious root)이며, 수염뿌리의 주요 구성원이며 섬유근으로 근군을 형성한다.

③ 지근(supporting root)은 비교적 짧고 뿌리 선단에 근모(root hair)가 발생하는데 이 근모의 수명은 1~3주 정도로 새로운 근모로 대체된다.

(3) 뿌리의 내부구조

① 표피, 피층, 내피, 내초, 유관속 등으로 구성된다.

② 근관(root cap, 뿌리골무)은 뿌리의 근단 분열조직을 보호하고 뿌리의 토양 침투를 돕는다.

③ 근모((root hair))는 뿌리 앞부분의 표피세포에서 발생하여 뿌리 표면적을 증가시키고 양수분을 흡수한다.

④ 표피 안쪽에 피층이 있고 피층은 내피와 내초로 구성되고 내초의 안쪽 유관속은 목부, 관다발, 유조직으로 구성되어 있다.

⑤ 벼와 달리 표피에 외피와 후막세포가 없고 내피 가운데에 파생 통기조직이 없고 유세포로 충만히 채워져 있다.

(4) 뿌리의 발달과 환경조건

① 토양이 습윤하면 근계(지근)의 발달이 지표에 한정되어 근모의 발생이 감소한다. 일반적으로 보리는 밀보다 내습성이 약하다.

② 토양이 건조하면 퇴비가 많은 곳에 지근이 밀생하지만 건조하면 근계 발달이 적어진다.

③ 건조에 강한 품종은 종자근 및 관근이 깊은 곳까지 근계를 형성하여 심근성(deep rooting)으로 되나 건조에 약한 난지형 품종은 천근성(shallow rooting)이다.

④ 한랭지 품종이나 포복형 품종이(온난지나 직립형 품종보다) 뿌리가 넓고 깊게 뻗는 경향이 있다.

5) 보리의 이삭과 화기

보리는 밀과 호밀처럼 이삭에 종실이 직접 달리며 벼와 귀리처럼 지경(branch of panicle)이 길게 발달하지 않는다.

(1) 이삭

① 보리, 밀, 호밀의 이삭(panicle)은 수축에 종실이 직접 착생하는 수상화서(spike, 벼와 귀리는 총상화서(raceme))이다.

② 벼와 귀리처럼 지경이 길게 발달하지 않는 이삭은 길이가 3~12cm, 수축에 12~20개 마디, 각 마디에 3개의 소수(spikelet, 무병)가 있다.

표 1-3 화본과 작물의 생육특성 비교

구분	벼	맥류			
		보리	밀	호밀	귀리
1소수 영화수(꽃수)	1	1	4-5	3	3
암술:수술의 개수	1:6	1:3	1:3	1:3	1:3
마디당 소수수	-	3	1	1	-
수분방법	자식성	자식성	자식성	타식성	자식성
염색체수	2n=24	2n=2x=14	2n=6x=42	2n=14	2n=6x=42
엽이 유무	유	유	유	유	무
유아와 유근 출아	같은 쪽	겉보리는 반대쪽 쌀보리는 같은 쪽	같은 쪽	같은 쪽	반대쪽
종근수	1	5	3	4	3
화서	복총상화서	수상화서	복수상화서	수상화서	복총상화서

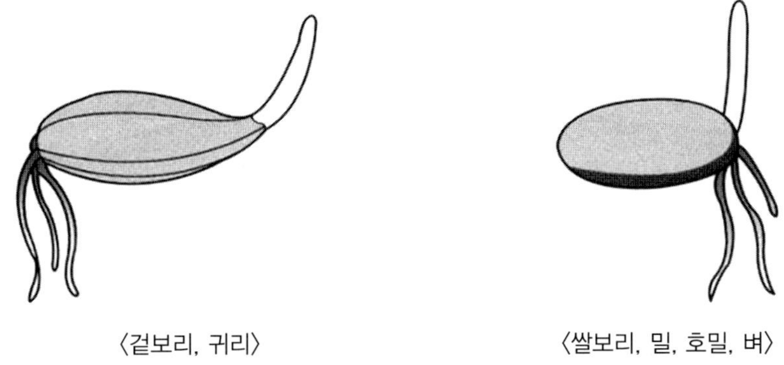

〈겉보리, 귀리〉 〈쌀보리, 밀, 호밀, 벼〉

그림 1-2 유근과 유아가 반대쪽에서 나오는 겉보리, 귀리와 같은쪽에서 나오는 쌀보리, 밀, 호밀, 벼의 발아 양상

(2) 화기

① 보리의 화기(flower organ)는 1개 암술과 3개 수술, 1쌍의 인피, 외영과 내영, 1쌍의 받침 껍질(호영)로 구성되어 있다.

② 약(꽃밥)은 밀보다 작고 암술머리(주두)는 둘로 갈라져서 깃털 모양으로 되어있다.

③ 자방(씨방) 기부에는 1쌍의 인피가 있는데, 인피 유조직이 팽대하여 껍질을 벌려 개화시킨다.

④ 보리는 1쌍의 호영(받침껍질)에 싸여있고 가늘고 길며 종종 밀처럼 호영이 껍질(영)보다 넓고 커서 영을 감싸기도 한다.

(3) 까락(망)

① 보리의 까락(awn)은 바깥 껍질(lemma, 외영) 끝에 있고 가늘고 길며 가는 톱니가 있다.

② 까락 길이에 따라 장망, 단망 그리고 무망이 있고 변형된 망(芒, awn)의 특이한 모양도 있다.

③ 맥류의 까락은 벼보다 굵고 벼처럼 엽록소 함량도 높다.

④ 까락이 길수록 기공수, 가스교환, 엽록소 함량, 광합성량이 많아 증수에 유리하다.

⑤ 까락의 효과는 냉랭하고 습윤한 상태보다 온난하고 건조한 조건에서 더 효과적이다.

⑥ 까락은 도복, 병해, 고온, 건조 등의 장해를 완화시키는 효과가 있다.

⑦ 유망종이 무망종에 비해 수량이 10% 정도 높으며 까락을 제거하면 천립중이 감소한다.

3. 보리의 생리와 생태

1) 보리의 생육 과정

보리는 영양생장기와 생식생장기가 명확하게 분리되지 않아 영양생장 후기에도 생식기관인 유수가 분화하고, 생식생장 전기에도 영양 생장인 분얼이 지속하여 발생한다.

(1) 휴면

① 보리가 수확 후 발아에 알맞은 조건에 처해도 발아하지 않는 것을 휴면(dormancy)이라고 한다.

② 보리의 휴면은 발아억제물질에 의하고 그 기간은 2~3개월 정도이다.

③ 휴면기간은 품종에 따라 다른데 조생종에서 휴면 정도가 강하다.

④ 건조한 종자는 고온에서 휴면이 빨리 타파되고 수분을 흡수한 종자는 저온에서 휴면이 빨리 타파된다.

⑤ 휴면성이 낮은 보리가 수확기에 비가 계속 오면 수확을 하지 않은 상태에서도 발아하는 것을 수발아라고 한다.

⑥ 수발아 피해는 품질이 나빠지고 수량도 저하된다. MH를 살포하면 억제할 수 있다.

(2) 발아기

① 파종 후 초엽이 지상에 출아하는 시기를 발아기(germination stage)라고 한다.

② 발아 기간은 파종기, 온도, 토양수분에 따라 다르다.

③ 발아기 동안 지하 5cm의 적산온도는 파종기와 관계없이 145~152℃로 차이가 없다.

표 1-4 우리나라 보리의 파종기

구분	평야지	중산간지	평균최저기온(1월)
중부(대전 이북)	10월 중순	10월 초순	-6~7℃
남부(대전 이남)	10월 하순	10월 중순	-3~-5℃
제주(전지역)	11월 초순	11월 초순	2~5℃

(3) 아생기

① 아생기(leaf initiation stage)는 발아 후 주로 배유의 영양에 의해 생육하는 어린 시기를 말한다.

② 주간 엽수만 증대하고 분얼은 발생하지 않는 시기이다.

(4) 이유기

① 아생기 말기에는 배유 전분이 거의 소진되는 시기로 엽수가 3개 정도인 시기이다. 이유기(weaning stage)는 일반적으로 발아 후 약 3주에 해당하는 시기이다.

② 배유 영양이 거의 소진되어 뿌리에서 흡수하는 영양에 의존하는 독립생장기이며 뿌리 기능도 종근에서 관근 위주로 이행한다.

③ 일반적으로 주간 본잎이 4매 정도 되면 배유의 영양이 소진되어 완전한 독립영양 생장기로 된다.

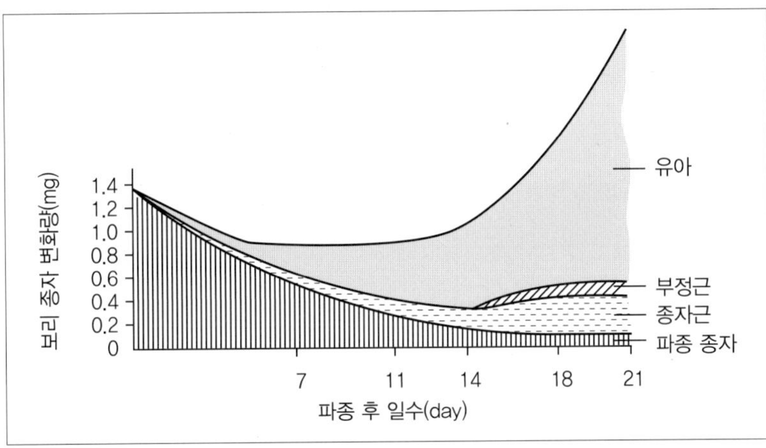

그림 1-3
파종 후 21일간 보리 종자에서 뿌리, 줄기의 건물중 변화

(5) 유묘기

① 이유기 이후 주간의 본엽 수가 4매 정도가 되는 시기이다.

② 유묘기(seedling stage) 말기에는 분얼이 시작하고 주간에서 유수가 분화된다.

③ 추위에 견디는 내한성은 이유기가 가장 약하고 유묘기 말기부터 다시 강해진다.

(6) 분얼기

① 분얼기(tillering stage)는 월동 후 봄이 되어 본엽이 4~8매로 늘어나는 시기로 얼자(tiller)의 초장과 결실립수는 정의 상관관계를 보이며 얼자의 엽수가 많을수록 결실립수가 증가하는데 일반적으로 얼자의 엽수가 3매 이상이 되면 결실할 수 있다.

② 분얼 전기는 엽수가 3~6매로 1차분얼이 발생하는 시기이다.

③ 분얼최성기는 엽수가 7~8매로 1차와 2차 분얼이 함께 발생하여 분얼수가 급격히 증가하는 시기이다.

④ 최고분얼기(maximum tillering stage)는 분얼최성기 말기로 분얼수가 최고에 도달하는 시기이다.

⑤ 유효분얼기(effective tillering stage)는 이삭을 형성하는 분얼이 발생하는 시기로 분얼최성기의 전기에 해당한다. 일반적으로 유효경 비율은 30~70%이다.

⑥ 무효분얼기는 이삭을 형성하지 못하는 분얼이 발생하는 시기로 분얼최성기 후반에 해당한다.

⑦ 무효분얼소실기는 최고분얼기를 지나 무효분얼마저 점차 고사하고 소실되는 시기이다.

(7) 유수분화기

① 유수분화기(panicle differentiation stage)는 주간엽이 7~9매인 시기로 유수가 0.6~2mm 자라고 작은 이삭이 분화를 완료하여 그 수가 결정되는 시기이다.

② 유수형성기부터 무효분얼기가 된다.

③ 줄기나 이삭 등 지상부의 생장이 급격히 증가하나 상대적으로 발근력은 쇠퇴하여 새 뿌리의 발생은 적어진다.

④ 추비를 하는 시기이고 무효분얼 억제를 위해 토입(흙넣기)과 답압(밟기)의 적기이다.

⑤ 유수형성기 이후에 절간신장이 가장 활발히 일어나며 이때는 봄철 기온이 급상승하는 시기로 신장기에 해당한다.

(8) 수잉기

① 수잉기(booting stage)는 유수형성기~출수기 직전까지의 시기를 말한다.

② 출수 전 이삭이 상당히 커져서 지엽 속에 이삭이 생성되어 있는 시기로 생육 후반기에 해당한다.

③ 수잉기는 출수 전 7~10일경으로 이삭과 영화가 커지고 생식세포가 형성되며 감수분열을 거쳐 암수 생식세포가 완성된다.

(9) 출수개화기

① 출수개화기(heading stage)는 이삭이 지엽 밖으로 나오는 시기로 보리보다 밀이 약간 늦다.

② 보리는 출수 후 곧바로 개화수정이 이루어지고 밀은 출수 후 이삭목이 좀 더 자란 뒤 개화와 수정이 이루어져 출수기가 보리보다 3~6일 더 늦다.

③ 이 시기에는 저온피해나 붉은곰팡이병이 발생하기 쉬우므로 방제를 적절히 한다.

(10) 등숙기

① 등숙기(ripening stage)는 개화와 수정이 이루어진 후 종실이 완전히 성숙하는 기간을 말한다.

② 우리나라의 등숙기간은 보리가 30~35일, 밀은 33~38일 정도로 밀이 다소 길다.

③ 등숙에 적당한 온도는 25℃ 전후이며, 저온인 경우는 등숙기간이 길어지나 천립중이 증가하고 고온에서는 등숙기간이 단축되고 천립중은 가벼워진다.

④ 등숙 전기인 유숙기(milk stage)는 종실의 배가 거의 완성되지만 배유의 영양분을 배로 흡수하기 위한 흡수층은 아직 완성되지 않은 액상 상태이고 호숙기는 풀처럼 끈적끈적한 상태이며 황숙기는 수정 후 25~28일경으로 종실의 배가 완성되고 정상적인 발아력을 갖추고 이삭이 누렇게 되기 시작하여 종실의 엽록소가 소실되는 시기이다.

⑤ 등숙 후기인 완숙기는 식물체의 엽록소가 거의 완전히 소실되고 종실이 굳어져서 단단해지며 배의 두께가 최대가 되는 시기로 수확적기이다.

⑥ 고숙기는 완숙기를 지나 종실과 배는 수축되고 이삭이 부스러지며 종실이 쉽게 떨어지는 시기로 품질도 나빠진다.

2) 생육과 환경

(1) 발아

① 발아(germination)는 종자가 수분을 흡수하고 온도와 산소, 광 등의 조건이 맞으면 종근이 유아보다 먼저 출현한다.

② 껍질이 없는 쌀보리의 유근과 유아는 모두 같은 쪽 배에서 출현한다.

③ 껍질을 쓰고 있는 겉보리와 귀리는 유근과 유아가 서로 반대쪽에서 나온다.

④ 종자가 나출된 쌀보리와 밀, 호밀, 벼는 유근과 유아가 모두 같은 쪽(배)에서 나온다.

(2) 발아 환경

① 발아온도는 최저 0~2℃, 최적 25~30℃, 최고 40℃로 저온에서는 발아기간이 더 길어진다.

② 수분흡수로 쌀보리는 종자 건물중의 50%, 밀은 30% 정도의 수분을 흡수해야 발아한다.

③ 토양수분으로 최대용수량의 60%일 때 발아가 양호하지만 건조나 과습상태에서는 밀보다 보리의 발아가 더 늦다.

④ 광은 발아에 직접적 영향은 없지만, 암흑조건에서는 초엽과 제1절간이 현저히 신장한다.

⑤ 다량의 화학비료 시용은 고농도의 토양 염류장애로 이어져 발아장해를 받을 수 있다.

⑥ 출아력은 큰 종자가 강하고 파종후 진압을 하면 더 강해진다.

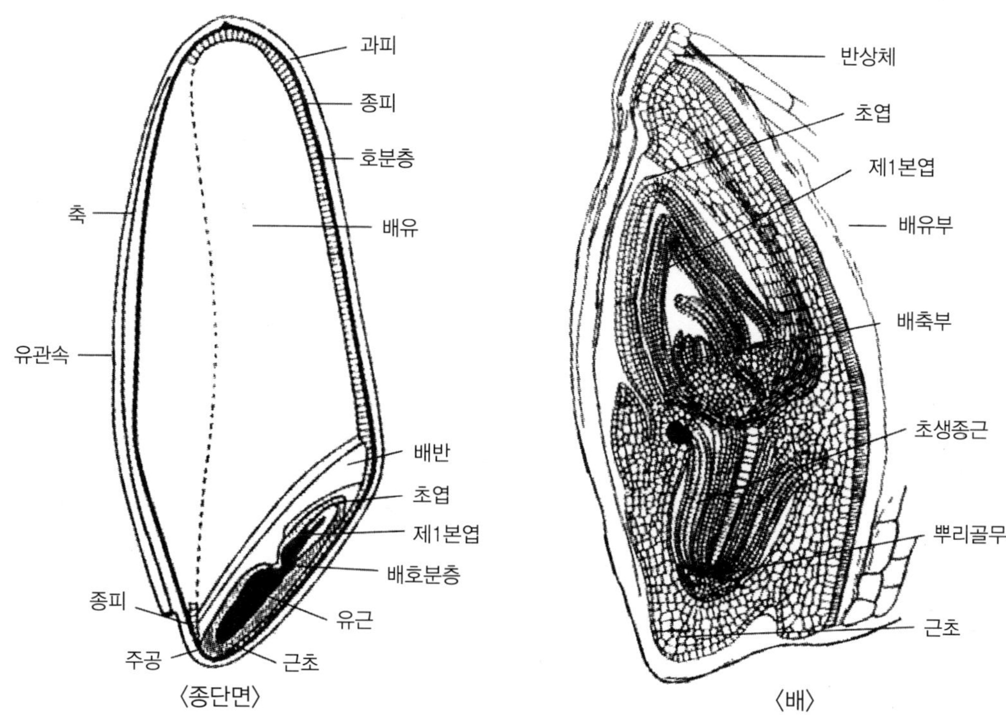

그림 1-4 보리 곡립의 종단면 및 배의 구조

(3) 분얼 발생

① 분얼은 화본과 식물의 줄기 관부의 엽액으로부터 새로운 줄기가 나오는 것이다(두과 작물은 분지라고도 함).

② 분얼절위는 초엽절부터 분얼하는데 깊이 파종하거나 두껍게 복토해도 절간의 신장에 의해 분얼절위가 크게 변하지 않는다.

③ 줄기에 3본엽이 나올 때 그 줄기에서 첫 번째 분얼(1본엽)이 나오고 그 후 나란히 잎이 1매씩 동시에 증가한다.

④ 보리의 생육과 분얼발생이 일정한 규칙을 가지고 있는데 이를 상사생육의 법칙(the law of mutual growth, 분얼과 잎이 일정한 규칙성을 가지고 자라나는 현상)이라고 한다.

(4) 분얼의 생리생태

① 일반적으로 추파성의 만생종에서 분얼수가 많고, 춘파성인 조생종에서 분얼수가 적다.

② 조파, 소식, 비옥토에서는 분얼수가 많고 만파, 밀식, 척박토, 비료를 적게 주면 분얼수가 적어진다.

③ 약간의 저온은 하위절에서 분얼의 발생을 촉진한다.

④ 파종을 깊이 할수록 저위 분얼의 발생이 억제되어 분얼수가 적어지고 생육이 저하된다.

⑤ 초형은 분얼경이 직립하는 직립형, 지면을 따라 신장하는 포복형, 중간형 3가지로 구분한다. 춘파형 품종은 대부분 직립형이나 추파형 품종은 포복형이 많다.

(5) 보리의 유수 발육단계

발육단계			유수길이(mm)	생육단계에 대한 설명
Ⅰ	엽 분화기		0	유묘의 생장점은 원추상으로 기부에 엽시원체 돌기가 고리모양으로 둘러싸는 시기이다.
Ⅱ	유수 시원체 분화기		0.1	생장점의 원추체가 길어지고 기부에 다수의 엽시원체가 돌출하는 시기이다.
Ⅲ－Ⅳ	포 분화기	전기	0.3~0.5	유수 시원체는 급속히 신장하고 동시에 하부에 다수의 환상돌기가 생긴다.
Ⅴ		후기	0.5~0.7	여러 개의 포원기가 분화하고 그 정단부가 신장하여 작은 봉상으로 된다.
Ⅵ	소수 분화기	전기	0.6~0.8	유수 중앙부에 소수시원체의 분화가 시작되고 유수 하부에 포와 소수 원기의 이중 융기가 나타난다(영양생장에서 생식생장으로 전환하는 시기).
Ⅶ		중기	0.8~1.2	소수 시원체의 분화가 유수의 중앙에서 아래로 진행되며, 유수가 신장하면서 상부로 진행된다(이중 융기는 유수 하부에만 보임).
Ⅷ		후기	1.5~3.1	유수 최상부의 소수가 분화하고, 소수의 수가 결정되며, 소수 기부에 호영 시원체가 나타난다.
Ⅸ	영화 분화기	전기	2.5~5.0	각 소수 기부에 가까운 부분에서 내영과 외영, 암술, 수술 시원체가 차례로 분화된다.
Ⅹ		후기	2.5~5.0	호영, 외영, 망의 생장이 현저하고 암술, 수술의 발달과 유수장 증가가 크다(소수 기부 영화에서 포원세포가 형성되며 1소수당 영화수가 결정됨).
－	화기 발육기		10~30	화분모세포 및 배낭모세포의 감수분열로 화분4분자가 형성되고 이삭길이도 급히 신장한다.
－	화기 완성기		30~100	이삭 길이가 최대에 이르고 화분립이 충실해지며 배낭의 핵분열이 완성되고 생식세포도 완성된다.

3) 추파성

① 파성은 가을보리나 밀이 출수에 이르기까지 정상적인 생육을 하도록 생육초기에 일정기간 저온 환경을 필요로 하는 정도를 말한다.

② 추파성(winter growing habit)이 높은 품종은 체내 당분함량이 높고, 초형이 포복형이고 내동성이 강하여 월동이 안전하다.

③ 추파성이 높을수록 추파성 제거에 소요되는 기간이 길어지므로 일찍 파종해야 한다.

④ 추파성이 높을수록 출수가 늦다. 내한성이 강할수록 대체로 춘파성 정도가 낮아서 성숙이 늦어진다.

⑤ 월동 중에 추파성이 잘 소거되도록 가을 적기에 파종하는 것이 출수일수를 가장 단축할 수 있다.

⑥ 추파성 품종은 적기보다 일찍 파종하면 출수기는 빨라지지만 출수일수가 연장된다.

⑦ 추파성 정도가 높은 내동성 품종은 대체로 추운 북부지방에서 주로 재배한다.

표 1-5 파성의 구분

추파형	• 추파성은 추파 맥류의 영양생장을 지속시키고 생식생장으로의 이행을 억제하며 내동성을 증대시키는 성질이다. • 추파성이 커서 가을에 파종하여 겨울의 저온단일에 의한 추파성을 소거해야 출수개화하는 품종이다. • 추파형 맥류를 이듬해 봄 늦게 파종하면 저온단일 환경이 없어 좌지현상이 나타난다. • 추파성은 유전적 특징이며, 환경의 영향을 받기도 한다.
춘파형	• 추파성이 없어서 늦은 봄에 파종해도 정상적으로 출수개화하는 품종이다. • 춘파형 맥류를 가을에 파종하면 대체로 월동 중에 동사한다.
양절형 (중간형)	• 봄, 가을에 파종해도 안전하게 출수, 개화, 결실하는 품종이다. • 봄철의 저온단일에서도 소거되는 중간 정도의 추파성을 가지므로 봄에 파종해도 출수할 수 있고, 또 어느 정도 추파성을 지니므로 내한성도 비교적 강하기 때문에 가을에 파종해도 월동할 수 있다.

4) 춘화현상

① 춘화처리(vernalization)는 추파성을 춘파성으로 전환시키기 위해 추파맥류의 최아 종자를 저온에 일정기간 처리하는 방법이다.

② 추파성이 소거되지 않은 추파맥류를 춘파하면 좌지현상(hibernalism)이 나타난다.

표 1-6 춘화현상의 종류와 특성

종자 춘화	• 종자를 최아시켜 10~60일, 0~3℃의 암실에 보관하면 춘화된다. • 종자는 65% 이상의 함수량이 필요하고, 건조하지 않고, 산소가 공급되어야 하며 탄수화물(당)이 있어야 한다. • 광의 유무는 종자의 춘화와 상관이 없다. • 이춘화현상 18℃ 이상(고온처리) 오래 보관하거나 건조시키면 저온처리 효과가 감소된다.
녹체 춘화	• 맥류가 발아 후 어느 정도 생장한 다음 녹체기에 저온으로 춘화하는 것이다. • 녹체춘화는 1엽이 나온 후 4~8℃에서 적외선이 많은 광 조사나 단일처리를 하면 종자춘화보다 빨리 추파성이 소거된다. • 최아종자 녹체춘화는 최아종자를 4~8℃에서 파종 직후부터 적색광 등으로 조사하면 빨리 춘화된다.
단일 춘화	• 맥류에서 유식물을 단일조건에 처리함으로써 추파성을 소거하여 유수를 분화시킨다.
화학적 춘화	• 화학약품에 의해 추파성이 소거되고 춘화하는 현상이다. • 발아하는 식물에 50ppm의 지베렐린(GA)을 10일 간격으로 살포하면 저온처리 기간을 20~30일 단축하더라도 출수할 수 있다.

5) 보리의 출수

(1) 조만성(기본영양생장성에 많이 영양을 받음)

① 추파성 제거 후 조만성은 감광성(photonasty), 감온성(temperature sensitivity), 기본영양생장성(basic vegetative growth)와 관련이 있는데 맥류는 고온장일로 출수가 촉진된다.

② 고온장일(24℃, 24시간 일장)에서 추파성을 소거한 후 파종~지엽 전개기까지의 일수가 짧은 것이 출수가 빠르다.

③ 일반적으로 추운 지방에서는 보리가 조숙하지만 따뜻한 지방에서는 출수가 늦어진다.

④ 춘화된 맥류가 24시간 조명처리를 하면 출수기가 빨라지는 경향이 있다.

⑤ 출수가 가능한 환경에서 이삭이 분화될 수 있는 엽수로 환경에 의해 감소시킬 수 없는 4~5매를 최소 엽수라고 한다.

⑥ 최소 엽수는 기본영양생장성으로 추파성 소거 후 환경에 의한 출수 일수의 변이는 출엽수보다 출엽 속도에 의해 지배된다.

(2) 감온성

① 추파성을 완전히 소거한 다음 고온에 의해 출수가 촉진되는 성질이다.

② 감온성 정도는 춘화된 보리에서 온도가 높을수록 출수가 빨라지는 것으로 맥류 출수에 대한 감온성의 관여도는 낮은 편이다.

(3) 감광성(일장반응)

① 맥류에 있어서 완전히 춘화된 식물은 파성과 관계없이 고온장일에 의해 출수가 빨라지고, 저온단일에 의해 출수가 지연된다.

② 춘화된 후에는 출수반응이 추파성과는 관계가 거의 없다.

③ 춘화된 밀품종의 출수가 장일에 의해 촉진되는 정도가 크면 감광성도 높다.

④ 단일에 의한 출수일수 지연은 품종간 차이가 크며 포장에서 출수와 정의 상관을 보이므로 일장에 둔감한 품종이 조숙성이 된다.

(4) 자연 포장에서의 출수

① 맥류의 출수에는 추파성, 일장반응, 조만성, 내한성 등이 주로 관여하며 감온성은 매우 낮거나 거의 없다.

② 춘파성이 높아 월동 중에 추파성이 완전히 소거될 수 있고 단일에 둔감하면서 조만성 정도가 낮은 것이 출수가 빠르다.

③ 남부지방은 춘파성이 높을수록 출수가 빨라지는 반면, 중부지방은 추파성이 높은 품종(IV~VI)이 월동이 가능하고 출수가 빠르다.

④ 조만성 유전자는 상가적 작용이 크며 출수기는 만숙보다 조숙이 우성으로 유전력은 65% 내외로 높다.

⑤ 추파성이 너무 높으면 자연상태에서 파성이 소거되지 못해 주간 출엽수가 증가하고 출수가 지연된다.

6) 개화와 수정

(1) 개화

① 맥류에서 수분은 개화와 동시에 이루어지는데 보리는 출수와 동시에 개화하고 밀은 출수 후 3~6일에 개화하는 경우가 많다.

② 보리와 벼는 주로 아침부터 개화해서 오전에 개화가 끝나지만, 밀은 오후에 개화하는 것이 많다.

③ 개화 순서는 한 이삭에서 중앙부 부근의 꽃부터 개화하며 점차 그 상하로 진행한다.

④ 개화 최적 온도는 18~21℃, 최저 10~13℃, 최고 31~32℃이고 개화 최적 습도는 70~80% 일 때이지만 비가 올 때도 개화한다.

⑤ 맥류의 개화는 낮에 주로 이루어지나 밤에도 개화가 되므로 일조가 절대적 필요조건은 아니다.

⑥ 폐화수정은 보리나 귀리에서 기온이 높을 때 개영하지 않고 수정이 되는 경우로 6각종 보리에서 볼 수 있고 인피의 퇴화가 주요 원인이다.

⑦ 보리의 중복수정 소요시간은 30℃에서 3.5시간, 20℃에서 5시간 정도 걸린다.

(2) 자연교잡률

① 보리의 자연교잡률은 0.15% 이하이고 밀은 일반적으로 0.3~0.5%이다. 호밀은 타가수정 작물이며 이때 비산하는 화분량이 매우 많다.

② 보리는 밀보다 자연교잡률이 낮다. 보리는 이삭이 지엽에 싸인 채로 개영하거나 개영하지 못하고 수분과 수정이 되는 것도 있지만, 밀은 이삭이 지엽 위로 완전히 자란 다음 개화한다.

7) 배 종실의 발달

(1) 배의 발달

① 수정 후 배의 완성은 밀이 30일, 보리가 25~28일, 호밀이 27일, 귀리가 25일 정도이다.

② 밀에서 배의 생장은 수분이 된 이후 20일까지는 급속히 증대되고 그 후 서서히 증대되어 35일경에 최대에 도달한다.

③ 최초의 발아력을 갖는 시기는 시원체가 분화한 다음이며 일반적으로 수분 후 7~9일 정도 되었을 때이다.

④ 보리가 정상적 발아력을 갖는 시기는 흡수층이 완성된 이후로서 대체로 수분 후 25일 정도일 때이다.

(2) 등숙

① 보리의 등숙 시 길이는 18일경, 너비는 24일경, 마지막으로 두께 순으로 발달한다.

② 보리 종실의 건물중은 출수 후 10일부터 35일까지 직선적으로 증가하다가 38일경에 건물중이 최대가 되고 수분함량은 39% 정도가 된다.

③ 등숙에 적당한 온도는 25℃이다. 20℃는 등숙기간이 길어지나 천립중이 무겁고, 30℃는 등숙기간이 단축되고 천립중이 가볍다.

④ 성숙기에 종실 수분함량은 보리 42%, 밀 38~43%, 등숙기간은 보리 30~32일, 밀 35~40일로 기상에 따라 변이가 크다.

8) 영양과 수분 생리

(1) 요수량(증산계수)

① 보리의 요수량(water requirement)은 532, 밀은 560으로 벼(300)보다 크다. 이는 동계작물이어서 재배기간이 길고 수량이 낮기 때문이다.

② 요수량은 저온보다 고온에서, 낮은 습도보다 높은 습도에서, 시비량이 많은 것보다 적을수록 높아진다.

③ 지하부 온도가 35℃까지는 흡수량과 증산량이 고온일수록 증가하고, 차광하면 감소한다.

④ 증산량과 엽면적은 수량과 비례하는데 광합성은 엽면적이 일정 이상이 되면 증가하지 않으므로 최적엽면적(보리는 4)으로 관리가 필요하다.

⑤ 기공은 잎 표면 $1mm^2$당 50~90개이나 이면에서 $1mm^2$당 35~65개이고 상위엽이 하위엽보다 많으며 엽초에도 존재한다. 기공밀도는 건조하면 감소하고 습윤하면 증가한다.

(2) 흡수량

① 맥류가 생장함에 따라 흡수량은 증가하는데, 출수기에 최대에 이르고 그 후 등숙기 이후에 급감한다.

② 생육 전반기에는 토심이 얕은 곳에서 흡수하지만, 절간신장기 이후에는 깊은 곳에서 흡수한다.

③ 증산이 왕성할 때는 수동적 흡수, 증산이 적을 때는 능동적 흡수가 주로 일어난다.

④ 토양 중 질소(N), 인산(P), 황(S) 등 영양이 결핍되면 흡수가 감소된다.

(3) 영양 생리

① 영양분의 흡수는 온도가 낮을 때 저하되는데 인산(P)과 칼리(K)의 흡수는 낮아지고 암모늄태 질소(NH_4-N)는 영향이 적다.

② 종자근의 영양흡수는 생육이 진전됨에 따라 증가하고, 절간신장기에 최대가 된 후 감소하지만 소량의 영양흡수는 계속된다.

③ 관근의 영양흡수는 초기에는 종자근보다 낮지만 절간신장기부터 종자근보다 많아지고 출수기~유숙기에 최대에 이른다.

④ 밀의 체내 영양성분 함량은 생육초기에는 각각의 성분함량이 높고 생육이 진전됨에 따라 점차 감소한다.

9) 광합성

(1) 맥류의 광합성

① 밀의 외견상 광합성 적온은 15℃ 정도(생육 상태에 따라 10~25℃)이다.

② 맥류는 겨울에도 광합성이 가능한 C_3 식물로 저온에서는 광합성 산물이 새로운 기관형성에 쓰이지 못하고 뿌리의 엽초에 축적된다.

③ 봄이 되면 축적된 광합성 산물을 이용하여 급격하게 생장한다.

④ 증수하려면 다비밀식 재배로 개체군의 물질생산을 높이는 것이 중요하다.

⑤ 단간, 내도복성 품종은 다비, 밀식재배에 잘 적응하며 엽록소 함량, 순동화률, 엽면적지수, 수확지수가 높아 수량도 높다.

⑥ 지엽의 광합성은 종실 생산에 기여도가 가장 커서 종실 탄수화물의 60%에 달한다.

⑦ 보리 이삭의 광합성은 20~50%(밀은 10~15%)로 이는 이삭의 긴 까락의 표면적이 지엽의 표면적에 필적할 정도로 크기 때문이다.

4. 품종

1) 품종의 특성

① 맥류는 조생종이 작부체계상 유리하고 밀식, 다비, 세조파로 재배하면 수량이 높아진다.

② 직립형 품종이 숙기가 빠르고 다수성인데 키가 작은 직립형 품종은 도복에 잘 견디므로 기계화재배에도 유리하다.

③ 분얼이 많으면서도 이삭이 작지 않은 수수와 수중의 상승효과가 큰 것이 다수성 품종이다.

④ 휴면이 없거나 짧은 품종은 수발아가 잘되는데 일반적으로 재래종은 수발아성이 작은 품종이 많고 외국에서 도입한 품종은 수발아성이 큰 품종이 많다.

2) 품질

① 용적중이 무겁고 경도가 높으며 백도가 낮은 것이 품질이 우수하다.

② 도정을 적게 해도 영양가가 높으며 단백질, 비타민, 무기물 등의 함량 및 열량이 높은 것이 영양면에서 좋다.

③ 식미는 백도와 흡수율이 높은 것, 호화온도와 경도는 낮은 것, 단백질 함량과 아밀로스(amylose) 함량이 적은 것이 식미가 좋다.

④ 찰보리가 겉보리나 쌀보리보다 수분흡수율, 호화온도가 낮다.

⑤ 키가 작은 와성 품종은 키가 큰 병성 품종보다 일반적으로 품질이 낮다.

표 1-7 보리의 품종별 특성비교

구분	품종	특성
겉보리	올보리	조숙성, 6조종 겉보리 파성 Ⅲ(춘·추파형), 다수성으로 446kg/10a
	큰알보리1호	조숙성, 6조종 겉보리, 대립종 파성 Ⅰ(춘파형) 417kg/10a
	혜양	조숙성, 6조종 겉보리 파성 Ⅰ(춘파형), 수량은 434kg/10a, 2010년도 육성
쌀보리	흰찰쌀	조숙성, 6조종 찰성 쌀보리, 파성 Ⅰ(춘파형), 수량은 432kg/10a
	재안찰	6조종, 찰성 쌀보리, 파성 Ⅰ(춘파형), 수량은 438kg/10a
	누리찰	6조종, 찰성 쌀보리, 파성 Ⅲ(춘·추파형), 수량은 400kg/10a(답리작), 2010년도 육성
	새찰	6조종, 찰성 쌀보리, 파성 Ⅵ(추파형), 수량은 430kg/10a
청보리 (사료용)	영양	총체 다수성, 6조종, 겉보리 파성 Ⅰ(춘파형), 수량은 632kg/10a(종실)
맥주보리	백호보리	2조종, 맥주보리 내도복, 다수성 수량은 560kg/10a
	광맥보리	2조종, 맥주보리 파성Ⅳ(추파형), 수량은 500kg/10a
	호품보리	2조종, 맥주보리 파성Ⅰ(춘파형), 수량은 528kg/10a, 2003년도 육성

3) 내재해성

① 월동에는 내한성이 강한 것이 유리하지만, 내한성이 강할수록 춘파성 정도가 낮아서 성숙이 늦어지는 경향이 있다.

② 월동이 안전한 정도의 내한성을 가지고 춘파성도 높으며, 성숙도 빠른 품종을 선택한다.

③ 내도복성 품종은 키가 작고 줄기가 충실하며 뿌리가 잘 발달하여 도복하지 않는 특성을 가진 품종을 선택한다.

④ 내습성이 강한 품종의 선택은 답리작 재배의 안전과 확대를 위해 중요하다.

⑤ 내병성 품종을 선택해야 하는데 최근 맥류재배가 밀식, 다비, 다수확 방향으로 재배하다보니 병이 많아지는데 보리는 줄무늬병, 흰가루병, 붉은곰팡이병, 바이러스병이 많고 밀은 녹병, 붉은곰팡이병, 바이러스병 발생이 심해지고 있다.

5. 보리의 재배환경

1) 기상

(1) 온도

① 보리와 밀의 생육 최적온도는 보리가 20℃, 밀은 25℃이고 최저온도는 보리와 밀이 3~4.5℃이다. 최고온도는 보리가 28~30℃, 밀이 30~32℃이다. 보리의 발아는 최저온도 0~2℃, 최적온도 20℃, 최고온도는 38~40℃이다.

② 맥류는 비교적 서늘한 기후를 좋아하여 연평균기온이 18℃ 이상이면 수량이 낮아지고 20℃ 이상인 지역에서는 거의 재배가 되지 않는다.

③ 맥류의 적산온도는 봄보리가 1,200℃, 봄밀이 1,500℃이고 가을호밀과 가을보리가 1,700℃, 가을밀이 1,900℃ 정도이다.

(2) 일조

① 일조(sunshine)는 온도와 불가분의 관계가 있으며 햇볕이 잘 들면 기온이 상승하여 맥류 생육을 촉진한다.

② 등숙(ripening)은 일조시간이 많아야 유리하며 일조가 부족하면 표피세포의 규질화가 저해되고 큐티쿨라층의 두께도 얇아져서 대가 연약하게 되어 도복이 잘 발생한다.

(3) 강수량

① 연 강수량(precipitation)이 750mm 내외의 지대에서 최고 수량을 나타내고 400mm 이하에서는 관개가 필요하다.

② 등숙기에 지나치게 비가 많이 오면 종실이 변색되는데 맥주맥에서는 품질 저하의 주요 원인이 된다.

③ 많은 강수는 붉은곰팡이병을 발생시키고 종실이 부패되며 용적중과 1,000립중과 배유율이 감소되어 수량 및 제분율이 저하된다.

④ 밀의 경우 비가 자주오면 전분과 단백질 함량이 감소되고 품질이 낮아진다.

⑤ 맥주보리는 강우로 인해 발아율과 발아세가 저하된다.

⑥ 성숙기 때 장기간 비를 맞으면 포장에서 수발아가 진행되어 수량과 품질이 저하된다.

2) 토양

(1) 토성과 토양구조

① 보리는 양토~식양토가 가장 알맞으며 사질토는 양수분의 부족이 우려되고 식질토는 통기성이 낮아 수량이 감소한다.

② 보리보다 밀이 건조에 더 강하고 좀 더 점투질 토양에 알맞다.

③ 사질토, 점질 척박토, 산성토 적응성은 보리가 가장 낮고 밀, 호밀 순으로 높다.

④ 보리에서 병성품종이 와성품종보다 건조척박지에 대한 적응성이 더 높다.

⑤ 장간종품종이 단간종품종에 비해 척박지, 건조지, 경사지 등에 더 잘 견딘다.

(2) 토양수분과 공기

① 맥류의 최적 수분함량은 최대용수량의 60~70% 정도이다.

② 답리작 시 생육 초기나 중기보다 후기에 지하수 수위가 높으면 피해가 커지고 수량이 줄어든다.

③ 습해가 없는 토양공극량은 30% 이상이며 토양 중 산소가 부족하면 수량이 감소하며 토양 중 산소농도가 높아도 이산화탄소 농도가 20~30% 이상이면 생육장해를 일으킨다.

(3) 토양반응(pH)

① 맥류의 적정 산도는 보리 7.0~7.8〈밀 6.0~7.0〈호밀 5.0~6.0 정도이고 귀리는 5.0~8.0으로 범위가 넓다.

② 보리는 강산성 토양에 약한데 쌀보리는 겉보리보다 더 약하다.

③ 밀은 강산성 토양에 상당히 강하며 호밀과 귀리가 가장 강하다.

④ 강산성 토양에서는 부숙퇴비와 석회를 충분히 시용해야 하는데, 퇴비는 10a당 1,000kg 이상 시용한다.

6. 보리의 재배기술

1) 종자

(1) 선종

① 보통 비중선을 실시하여 약하거나 작은 종자를 제거하고 충실한 종자만을 가려 심는다.

② 소금물에서 하는 비중선으로 겉보리는 비중이 1.13~1.15, 쌀보리, 밀, 호밀은 1.22 정도에서 실시한다.

(2) 종자소독

① 내부 부착균의 소독은 냉수온탕침법(물리적 소독) 냉수(15℃)에 6~7시간 침지 후 50℃ 온탕에 2분간 침지한다,

② 약제소독법(화학적 소독) 카보람 분제(비타지람)를 종자 1kg당 2.5g 비율로 분의하여 소독하면 겉깜부기병과 줄무늬병을 효과적으로 방제할 수 있다.

③ 외부 부착균으로 겉깜부기병 이외의 깜부기병, 붉은곰팡이병 등이 있으며, 카보람 분제, 아라산 등을 종자 무게의 0.3% 정도로 분의 소독하여 파종한다.

(3) 최아

① 맥류는 파종기가 늦어졌을 때 최아하여 파종하는 것이 발아를 2~3일 빠르게 하므로 생육촉진 효과가 있다.

② 토양이 습하거나 복토가 불완전하여 파종한 종자가 비료에 접촉되면 발아장해가 일어나므로 이때는 최아를 시켜 파종하면 좋다.

2) 정지

(1) 경운

① 맥류는 전후작 관계상 파종할 때 경운하는 것이 보통이다.

② 토양이 좋은 경우는 심경하는 것이 증수되나 척박하거나 작토가 얕은 토양에서는 심경하는 것이 오히려 불리하다.

③ 답리작에서는 맥작 때 심경하면 벼 재배 시 누수가 조장되고 비효가 늦게 나타나 등숙률이 저하된다.

④ 경운 시 심경과 함께 쇄토를 철저히 해야 한다.

(2) 이랑

① 이랑은 종자가 뿌려지는 골과 그 사이에 비어있는 골 사이를 합친 한 단위이다.

② 평휴는 골 사이를 편평하게 하는 것이고 휴립은 골 사이를 높게 하는 것이다.

3) 작휴법과 맥작

(1) 이랑 방향

① 맥류는 거의 조파를 하는데 경사지에서는 등고선을 따라 이랑을 만들어 파종한다.

② 남북이랑은 평지서 유리한데 봄여름에는 수광량이 70%로 많고 지온이 1~3℃ 높아 유리하다.

③ 동서 이랑은 월동 중 수광량이 40% 많고 서북풍을 막아 월동에 유리하다.

(2) 이랑 높이

① 이랑 너비와 골 너비가 같을 때 이랑이 높고 골이 깊은 것이 월동 중 골의 지온이 높아져서 월동이 조장된다.

② 이랑이 높으면 등숙기에는 골의 수분함량이 높아서 유리하다.

(3) 이랑 너비와 골 너비

① 골 너비가 같을 때 이랑 너비가 좁은 것이 유리하다.

② 이랑 너비가 같을 때 골 너비가 클수록 수량이 증가한다.

③ 파폭률이 같을 때 이랑을 잘게 쪼개는 것이 증수한다. 파종면적이 넓을수록 증수한다.

4) 파종

(1) 파종기

① 월동률이 높고 안전하며 한해를 받지 않는 범위 내에서 엽면적을 가장 많이 확보할 수 있는 시기로 10월이 적당하다.

② 파종적기보다 조기 파종 시에는 월동 전에 유수의 발육이 진전되어 월동 중 피해가 발생하기 쉽다.

③ 파종 적기보다 만기 파종 시 수량이 감소하는데 특정 시기를 지나면 수량이 급격히 감소하는 시기를 한계파종기라고 한다.

표 1-8 조파와 만파의 장단점

조파(이른 파종)	만파(늦은 파종)
• 춘파성이 강한 품종(파성 Ⅰ~Ⅱ)을 너무 일찍 파종하면 월동 전 어린 이삭이 형성되어 동해가 우려된다. • 발아 후 적산온도가 310~320℃이면 어린 이삭이 형성된다.	• 추위에 약한 시기인 이유기(엽수 3~4장) 상태에서 월동하게 되어 동해가 우려된다. • 생육단계가 늦어지고 후기 분얼로 유효이삭수가 감소하므로 수량이 줄어든다. • 성숙기가 늦어 후작물 파종이 지연된다.

(2) 맥류의 내동성 변화

이유기경(본엽 2~2.5매)에 내동성이 가장 약하며 유묘기말(본엽 4매)에 다시 강해져서 분얼최성기에 특히 추위에 강하고, 유수분화기에 다시 저온에 약해진다.

(3) 월동

주간엽수가 5~7매인 시기에 월동을 하게 되면 유수의 발육이 아직 덜 되고 식물체도 강건하며 뿌리도 깊이 뻗어 월동이 좋다. 이때는 분얼수도 많아 월동 후 유효분얼이 많아지고 무효분얼이 적어져서 수량이 증대됨과 동시에 성숙도 촉진된다.

(4) 파성에 따른 파종기

춘파성이 낮은 품종(추파성이 높은 품종)은 파종적기가 빠르고, 조파의 피해가 적으나 만파의 피해가 크다. 춘파성이 높은 품종은 그 반대이며, 파종적기의 폭이 좁다.

(5) 파종기가 늦어졌을 때의 대책

① 추파성이 낮은 품종을 선택한다.

② 늦게 파종할 때에는 종자의 양을 기준량의 20~30%까지 늘려야 한다.

③ 늦은 파종 시 싹을 미리 틔워서 파종하면 싹이 나오는 일수를 2~3일 정도 앞당길 수 있고, 싹 나오는 비율도 5~17% 높일 수 있다.

④ 파종 및 복토는 월동 중의 피해를 줄이기 위하여 복토 후에 퇴비를 10a당 1,000kg 정도의 주는 것이 좋다.

⑤ 월동이 용이하도록 골을 낮추고 부숙퇴비나 비료를 충분하게 준다.

⑥ 시비량은 일반 재배와 동일하나 질소를 많이 주면 도복 및 성숙이 늦어지는 경우가 많으므로 질소 시비량을 10~20% 줄인다.

⑦ 제초제나 살균제 살포, 흙넣기 및 밟기 등은 일반 재배법에 따라 실시한다.

(6) 파종량

① 토양이 비옥하며 파종시기가 빠르고 시비량이 많으며, 파폭률이 낮을 때는 파종량을 줄이고 반대인 경우는 늘린다.

② 표준량은 겉보리는 중부지방 15~18L, 남부지방 12~15L, 쌀보리와 밀은 중부지방 12~15L, 남부지방은 9~12L 정도로 파종한다.

(7) 파종 양식

① 보리는 조파(줄뿌림)와 산파(흩어뿌림)로 구분하는데, 조파는 파종양식에 따라 이랑 넓이에 차이가 있고 광산파의 경우 지역에 따라 두둑과 고랑의 차이가 있다.

② 답리작에는 휴립광산파, 전면전층파, 평면조파, 휴립조파가 주로 이용되고 배수가 잘되는 토양으로 밭에서는 조파, 협폭파를 한다.

③ 휴립광산파는 손으로 종자를 뿌린 후 90cm 간격으로 배토기로 흙을 파올려 약 2.5~3cm 두께로 종자를 덮는 파종법이다.

④ 전면전층파는 무경운 상태에서 종자와 비료를 동시에 뿌리고, 경운기 또는 트랙터에 부착된 로터리로 포장 전면의 흙을 잘게 부수어(쇄토) 흙과 종자와 비료를 혼합하여 강우량이 적은 지대의 밭이나 건답에서 실시한다.

⑤ 휴립조파는 배수구가 만들어지면서 동시에 쇄토, 파종, 복토작업이 이루어지며 파종량과 파종 깊이가 균일하다.

⑥ 평면조파는 휴립조파와 달리 90cm 간격으로 배수구가 만들어지지 않고 배수 조건에 따라 배수구를 내는 방식이다.

⑦ 조파는 휴립광산파보다 균등한 배치를 통해 개체의 능력을 최대한 발휘하도록 한다.

표 1-9 주요작물별 파종양식, 재식거리와 재식밀도

작물	재배유형	파종과 이앙(이식)	재식거리(cm)	재식밀도(개체수/10a)
벼	단작	기계이앙	30 x 14(3개체씩)	71,400
보리	단작	조파	25 x 5(조파)	395,000
옥수수	단작	점파	60 x 25(1개체)	6,700
콩	이기작	점파	60 x 10(2개체)	33,000
고구마	단작	순 심기	90 x 30(1개체)	3,700
감자	봄재배(평야)	괴경 심기	70 x 30(1개체)	4,800

*보리의 재식거리는 '이랑 폭 x 파종 폭'이며 다른 작물은 '골 간격 x 개체 간격'임

5) 시비

(1) 질소(N)

① 보리는 분얼최성기까지 전체 흡수량의 50%, 수잉기까지는 90%가 흡수되며, 등숙기에 식물체 전 질소의 66%가 이삭으로 전류된다.

② 결핍 시 생육이 저하되고 분얼이 감소하며 규산 흡수량이 증가한다.

③ 전량 기비로 주면 생육초기에 웃자람 현상이 나타나고 유실량도 많아지며 생육후기에 영양결핍 현상이 나타나므로 밑거름과 웃거름으로 나누어 50%씩 나누어서 시용한다. 최근에는 기비로 보리 재배용 복합비료를 많이 사용한다.

④ 맥주보리는 기비 중심으로 재배하는 것이 좋으나 2월 중순~하순에 1회만 시용하는데 이렇게 해야 단백질 함량이 적은 양질의 맥주보리를 생산할 수 있다.

⑤ 사질토나 생육이 극히 불량한 논은 2회로 분시하고 생력재배를 하는 경우 점질토는 기비만으로 재배한다.

(2) 인산(P)

① 인산(P)은 수량 증가, 고품질 생산, 성숙기를 앞당기는 효과가 있다.

② 인산은 생육초기부터 필요하고 분얼최성기까지 27% 흡수하며 수잉기까지 82%, 수전기까지 90% 흡수한다.

③ 등숙기에는 식물체의 인산 80%를 이삭으로 전류하여 저장 단백질을 구성한다.

④ 인산은 철(Fe), 알루미늄(Al)과 결합하여 불용화되고 산성의 화산회토에서 불용화가 심해서 맥류 재배지에서 인산(P) 흡수율이 매우 낮아지는데 수경재배에서도 흡수율이 낮다.

⑤ 인산 시비는 유실량이 적고 생육초기부터 요구도가 높으므로 전량 기비로 준다. 인산(P)은 산성 토양에서는 용성인비로 주는 것이 좋다.

⑥ 토양 중에서 불용태로 되는 것이 많기 때문에 퇴비와 혼합하여 시용하는 것이 비효가 크다.

(3) 칼리(K)

① 칼리는 생육 전기간 필요하고, 흡수 경향이 인산과 비슷하여 수전기(full heading stage)에 최고에 달하고, 개화기 이후 흡수가 줄지만 지속된다.

② 등숙기 이삭으로의 전류율은 질소(N)나 인산(P)보다 낮다.

③ 칼리는 유실량이 적고 생육초기부터 요구도가 높으므로 전량 기비로 준다.

(4) 마그네슘(Mg)

① 마그네슘은 엽록소의 구성성분이고 각종 효소를 활성화하며 핵산, 핵단백질의 합성에 관여한다.

② 유수형성기~출수개화기에 특히 요구되고 흡수율은 칼슘(Ca)보다 더 낮으나, 종실 생산능력은 매우 높다.

③ 보리재배에서 산성토양인 경우 흡수량이 급격히 감소하며 마그네슘이 결핍되는 피해가 발생한다.

④ 결핍 시 잎이 담녹색으로 되고 오래된 노엽은 황색으로 변색하며 잎 가장자리의 괴사, 심하면 식물체의 왜화가 나타난다.

(5) 칼슘(Ca)

① 칼슘 비료의 시용 효과는 토양산도(pH)와 관계가 매우 높다.

② 칼슘은 분열조직의 생장, 근단의 발육, 체내의 유해한 산성물질의 중화, 탄수화물과 단백질을 종실로 전류시키는데 관여한다.

③ 칼슘이 고농도일 경우 칼륨이온의 흡수를 저해하는 길항작용이 나타나고 저농도의 경우 칼륨과 붕소의 흡수를 촉진하는 상조작용이 나타난다.

④ 칼슘은 생육후기까지 칼륨처럼 흡수가 지속되지만 흡수율은 더 낮고 등숙기에도 칼륨처럼 계속 흡수는 되지만 흡수율은 아주 낮다.

⑤ 결핍 시 생육 불량, 유묘 고사, 뿌리 생장점 불완전화, 잎 선단의 황백화 등이 나타난다.

⑥ 보리에 알맞은 토양산도(pH 6~7)가 되도록 석회로 교정해 준다. 일반적으로 농용석회를 10a당 150~200kg을 시용한다.

(6) 황(S)

① 황은 메티오닌과 시스테인과 같은 아미노산, 단백질의 구성요소이다.

② 등숙이 시작되면 경엽에서 종실로 전류하지만 다른 요소에 비해 흡수율이 낮고, 경엽에 많이 분포한다.

③ 황이 결핍된 토양은 적지만 질소, 인산, 칼륨 공급이 과다하면 황 결핍이 나타난다.

④ 황이 결핍되면 잎이 담황색으로 되고 숙기 지연이 주로 어린잎에서 많이 나타난다.

(7) 철(Fe)과 구리(Cu)

① 철 결핍증은 어린 부분이 황백색으로 되고 맥간 줄무늬, 전체 잎의 탈색이 나타난다.

② 철 결핍은 인산이나 망간의 비율이 높을 때 많이 나타난다.

③ 구리 결핍증은 잎 선단의 황화, 출수가 되지 않거나 출수가 되어도 이삭의 황화로 결실이 불량해진다.

④ 구리 결핍은 새로 개간한 이탄토, 석회질 토양에서 주로 나타나고, 제주도의 화산토양에서도 관찰된다.

(8) 아연(Zn)과 망간(Mn)

① 아연이 결핍되면 결핍 시 어린 식물체는 자색을 띠고 오래된 잎은 죽으며 다 자란 보릿짚은 회색으로 변색하는데 주로 사질이나 석회질 토양에서 많이 나타난다.

② 망간 결핍증은 잎 끝부분의 갈색 반점과 황백색 줄무늬가 나타남. 석회질 토양에서 결핍증상이 많이 나타난다.

(9) 붕소(B)와 규소(Si)

① 토양에 유효붕소가 0.1ppm 정도면 결핍증이 나타나지 않지만, 유기물이 낮은 새로 개간한 산성토양, 모래땅, 다량의 석회 시용, 가뭄이 심한 해에 붕소(B) 결핍으로 불임 현상이 나타난다.

② 붕소결핍으로 인한 불임 피해는 겉보리〉쌀보리〉밀 순이며, 쌀보리 중 겉보리의 내한성 인자를 도입한 품종은 다른 쌀보리보다 붕소결핍이 더 심하다.

③ 붕소 결핍토양은 붕사를 10a당 1~2kg 시용하고 붕산의 엽면시비는 출수기 이전에 해야 하는데, 소수분화기〉영화분화기〉감수분얼기 순으로 효과가 높으며 소수분화기에 처리 시 불임률이 6.0%로 크게 낮아진다.

④ 규산질 비료는 월동 중 고엽률이 적어 수수와 수당립수가 증가하며 식물체의 규질화를 도와 도복과 병해에 대한 저항성을 증가시킨다.

(10) 퇴비

① 완효성 퇴비(compost)는 전량 기비(밑거름)로 주거나 파종할 때 종자 위에 덮어주는 것이 좋다.

② 퇴비는 보리재배에서 월동률 향상과 증수효과가 있으므로 10a당 1,200kg 이상 시용하는 것이 좋다.

③ 부숙퇴비는 파종할 때, 미숙퇴비는 파종 후 피복용으로 시용하는 것이 좋다.

④ 퇴비를 시용하지 않고 화학비료만으로 재배하는 것은 바람직하지 않은데 맥주보리를 재배할 때 유기물 자원으로 볏짚이나 퇴비를 시용하면 수량이 늘고 단백질함량은 감소하며 정립률 증가 등으로 품질이 향상된다.

6) 재배 관리

(1) 중경제초

① 중경(cultivation)은 토양이 단단하고 통기가 나쁠 때 토양을 부드럽게 하고 통기를 조장하는 효과가 있다.

② 제초를 하지 않으면 맥류의 키가 작은 분얼기에 특히 큰 피해를 입어 수수 감소에 따른 수량의 저하가 크다.

③ 잡초는 보리와 경합하여 광이나 영양분을 빼앗아 보리 생육이 저해되고 수량을 감소시키며 수확 작업을 어렵게 한다.

(2) 잡초방제

① 잡초방제(weed control) 초기에는 토양처리 제초제를 처리하고, 월동 후 잡초가 많이 발생하면 경엽처리 제초제를 한 번 더 살포한다.

② 파종 전에 잡초가 많이 있을 때는 제초제를 뿌려 잡초를 제거한 후에 보리를 파종한다.

③ 토양처리 제초제는 파종 직후부터 며칠 이내에 보리가 땅속에서 출아하기 전에 살포한다.

④ 종자가 3cm 정도로 균일하게 복토한 후 부타클로르(라쏘)와 같은 토양처리제를 살포하면 된다.

⑤ 토양처리제는 파종기에 강우로 인해 토양이 과습할 때 보리에 약해를 줄 수 있으므로 물이 빠진 후 시용한다.

⑥ 월동 전 토양처리제로 방제하지 못한 잡초를 방제하려면 광엽잡초가 3~5엽기 정도일 때 벤타존과 같은 경엽처리 제초제를 잡초의 잎과 줄기에 살포한다.

⑦ 경엽처리제인 벤타존은 화본과(둑새풀 등)를 방제하지 못하나 최근에는 둑새풀을 방제할 수 있는 경엽처리형 치벤설푸론메칠(하모니)이 시판되고 있다

⑧ 제초제는 표준사용량을 준수하여 살포해야 하는데 농도가 높으면 약해가 발생하기 쉽다.

⑨ 배수로를 정비하고 습해가 발생하지 않도록 한 후에 제초제를 사용하는데 침수되면 약효가 떨어지거나 약해가 발생한다.

⑩ 사질토양은 양이온치환용량(CEC)이 낮아 약해가 발생하기 쉽다.

(3) 토입(흙넣기)

① 토입(top soiling)은 이랑의 흙을 곱게 만들어 보릿골에 토양을 넣어 주는 것을 말한다.

② 골에 1cm 이하로 얕게 넣어 주면, 잡초억제, 생장점과 뿌리의 월동에 유리하다.

③ 월동 후 초기생육을 조장하며 제초효과도 있다.

④ 생육이 왕성한 무효분얼기에 2~3cm 넣어 주면 무효분얼이 억제된다.

⑤ 줄기가 상당히 자란 뒤 3~6cm 흙을 넣어 주면 밑동이 고정되고 도복방지 효과와 통풍이나 수광이 좋아진다.

(4) 답압(밟기)

① 답압(stamping)은 맥류 절간신장 개시 이전까지 필요에 따라 보리가 자라는 골을 밟아주는 것을 말한다. 서릿발이 많은 토양이나 추위가 심한 지역에서 증수된다.

② 월동 전 생장이 과도할 때 밟아주면 유수분화의 발달이 늦어지고 내동성이 증대되어 월동이 조장된다. 서릿발이 설 때는 밟아서 작물체를 토양에 잘 고정시켜야 안전하다.

③ 답압은 뿌리발달과 조직의 건생화로 내건성이 증대되고 토양수분도 보존되며 토양 균열도 메워져 건조 피해가 경감된다.

④ 답압을 해주면 먼저 발생한 얼자의 유수발육이 억제되어 분얼이 조장되어 수수가 증가되고, 출수도 균일해진다.

⑤ 보리밟기에 의해 식물체가 강건해지고 밑동이 토양에 잘 고정되면 도복이 경감되며, 토양이 진압되면 풍식도 경감된다.

⑥ 답압 시 주의점으로 토양이 질지 않을 때 실시하고 이슬이 마르지 않은 이른 아침도 피해야 한다.

⑦ 바람이 부는 방향으로 밟고 절간신장이 시작된 연후에는 밟으면 안 되며 생육이 불량할 때도 좋지 않다.

7. 보리의 병충해

보리에 발생하는 병 종류는 많으나 우리나라에서는 보리를 가을에 파종하여 저온건조한 기간 재배하므로 병이 상대적으로 많이 발병하지 않는 편이다. 우리나라에서 발생하는 병은 흰가루병, 붉은곰팡이병, 줄무늬병, 깜부기병, 바이러스병, 잎집무늬마름병, 각종 썩음병, 녹병, 그물무늬병 등이 있다.

표 1-10 맥류에 발생하는 병

번호	병명	병원균	전파(매개충)	월동형태/장소	특징
1	맥류 속깜부기병	진균(담자균류)	바람(종자)	종자	잎집을 통해 침입
2	맥류 줄기녹병	진균(담자균류)	바람	마른 밀짚	중간기주(매자나무)
3	보리 겉깜부기병	진균(담자균류)	바람(종자)	종자	후막포자 발아 전 균사 형성
4	맥류 붉은곰팡이병	진균(자낭균류)	비, 바람	병든 종자/밀짚	곰팡이독소(zearalenone, 제랄레논)
5	맥류 흰가루병	진균(자낭균류)	바람	병든 잎	자낭각 형성

1) 깜부기병

① 깜부기병(smut)의 병원체는 *Ustilago hordei*(보리), *Ustilago tritici*(밀)로 진균(담자균류)에 속한다.

② 속깜부기병 병원균은 겉깜부기병균과 차이가 없으나 종자 발아 시에 떡잎을 통해 기주에 침입하여 감염되는 것을 속깜부기병이라고 한다. 종자전염성 병으로 바람으로 전엽된다.

③ 출수기에 어린 이삭에 후막포자 형성하고 보리의 백색 피막에 쌓여 비산은 없으나 탈곡할 때 분산한다.

④ 무병지에서 건전한 종자를 채종하여 사용하고 종자소독으로 냉수온탕침법 또는 전문 약제를 분의처리하여 재배한다.

⑤ 저항성 품종을 재배하고 병든 이삭은 제거(묻거나 태움)하며 탈곡 시 병든 이삭이 섞이지 않도록 주의한다.

2) 보리 겉깜부기병

① 보리 겉깜부기병(smut, 흑수병)의 병원체는 *Ustilago nuda*(보리)로 진균(담자균류)에 속하고 보리의 종자에 발생하고 흑색의 가루를 비산한다.

② 후막포자가 보리의 개화기에 바람 따라 흩어져 꽃의 주두에 도달하고 발아하여 자방에까지 도달한다.

③ 발병 원인으로 개화기 중에 다습조건, 종자에서부터 전염되어 발생이 많아지므로 종자소독과 건실한 종자를 파종한다.

3) 흰가루병

① 흰가루병(powdery mildew, 백분병)의병원균은 진균으로 *Erysiphe graminis*이다. 발병은 다습조건이고 15℃ 내외로 기온이 낮을 때 발생이 많다.

② 분생포자가 공기전염에 의해 전파되고 초기에는 잎에 밀가루를 뿌려 놓은 것처럼 보이다가 후에 담갈색의 자낭각을 형성한다

③ 흰가루병은 생장을 감소시키고 병반이 잎에 많이 형성되어 광합성을 감소시키며 호흡과 증산을 증가시켜 수량과 입중을 감소시킨다.

④ 흰가루병 방제는 그늘지고 습한 포장에서 재배를 피하고 통풍과 투광이 잘되도록 한다.

⑤ 흰가루병 방제는 적기에 파종하고 밀파가 되지 않도록 하며, 질소질 비료의 과용을 피하고 균형시비를 하며 윤작을 한다.

⑥ 저항성 품종을 재배하고 이병화되지 않도록 품종을 바꾸거나 병이 천천히 나타나는 품종을 선택한다.

4) 붉은곰팡이병

① 붉은곰팡이병(scab, 적미병)의 병원체는 *Gibberella zeae*로 진균(자낭균류)에 속하며 맥류뿐만 아니라 다양한 벼과 작물에 발생한다.

② 분생포자와 자낭포자를 생성하는데 이 균사나 포자가 종자나 짚에 부착하여 기생하다가 겨울을 넘기고 이듬해에 발병한다.

③ 이삭에 주로 발생하고 홍색의 곰팡이가 생긴다. 낟알 색이 갈색으로 변하면서 알이 차지 않는다.

④ 발병 원인으로 토양온도가 15℃ 정도이고 강우로 인해 다습조건일 때 많이 발생한다. 온난하고 습기가 많은 지대, 출수 시 평균기온이 18~20℃, 상대습도가 90% 이상인 날이 연속 3일 계속되면 많이 발생한다.

⑤ 병징은 이삭 초기 껍질이 포함된 홍색 곰팡이가 보인다.

⑥ 무병지에서 채종하여 종자소독을 철저히 하여 재배하고 배수로를 30cm 이상으로 깊게 파주어 습해를 예방하며 이병 식물체를 제거한다.

⑦ 비가 계속 오면 수확 7일 전 캡탄수화제나 메트코나졸 액상수화제를 2회 살포한다.

※ 곰팡이독소 제랄레논(zearalenone)으로 인해 병든 종자가 10~20% 섞여 있는 것을 먹으면 중독증상이 생긴다.

5) 줄무늬병

① 맥류를 추파하는 곳에서 많이 발생는 줄무늬병(stripe disease)은 출수기에 비가 많고 습도가 높을 때나 스프링클러를 이용해서 관수하는 경우에 많이 발생한다.

② 병에 걸린 이병 개체는 위축되어 이삭이 나오지 못하고 기형으로 말라죽는 경우가 많다.

③ 방제법으로 줄무늬병은 종자로 전염되므로 무병종자를 파종하면 방지할 수 있다.

④ 저항성 품종을 재배하면 이 병을 방제할 수 있으나 생리적 분화형이 나타날 수도 있다.

⑤ 추파 맥류 품종에 이병성 품종이 많고 춘파 맥류 품종은 저항성 품종이 많으며 진양보리, 남향보리가 저항성 품종이다.

6) 보리 누른모자이크병

① 우리나라를 비롯 중국, 유럽의 추파보리를 재배하는 지역에서 많은 피해를 일으키는 병이다.

② 누른모자이크병(yellow mosaic)은 모자이크 및 황화현상이 심하면 괴사현상이 나타나고 더 심해지 위축되어 출수가 않는다. 보리의 마일드모자이크 바이러스병은 모자이크 증상이 비교적 약하므로 병에 의한 피해가 황화위축병보다 적고 발병시기도 약간 늦다.

③ 보리재배에서 바이러스는 대부분의 포장에서 발병되고 있으며 논과 밭의 차이가 없고 연작 포장에서 발생이 심하다. 이 병을 보리호위축병(barley yellow mosaic virus)이라고도 한다.

④ 방제방법으로 내병성 품종을 재배하고 윤작, 조파 회피, 진딧물이나 애멸구 구제하고 토양 소독을 실시한다.

표 1-11 병해의 전염경로

전염경로	병해
종자 전염	겉깜부기병, 줄무늬병
종자 및 토양 전염	속깜부기병, 이삭마름병, 비린깜부기병, 줄기깜부기병
종자 및 공기 전염	붉은곰팡이병

7) 녹병

① 보리와 밀에서 피해가 큰 녹병(rust)은 고온다습조건 봄철 기온이 15℃ 이상이고, 습도가 80% 이상일 때 많이 발생한다.

② 맥류의 만생종에 많이 발생하는 것으로 6월이 최성기이고 출수기를 전후하여 축축한 날씨가 지속되면 많이 발생한다.

③ 질소의 과용, 만기 추비, 포장의 과습도 녹병의 발생을 조장한다.

④ 전염경로로 녹병은 공기전염을 한다.

⑤ 방제법으로 저항성 품종을 선택하고 적기파종, 적정시비, 배수, 농약을 살포한다.

8) 밀씨알선충병

① 선충(nematode)에 의해 유발되는데 종자에 잠재해 있던 선충이 이삭의 시원체에 침입하여 병을 유발한다.

② 초장과 이삭이 작아지고 이삭은 늦게까지 푸르며 기형이 된다. 종실은 단단하고 암록색이며 속에 흰 솜털 모양의 선충이 기생한다.

③ 방제법으로 종자 소독(온탕침법), 내병성 품종 선택, 무병지 채종, 비중선에 의한 이병 종자를 제거 등을 실시한다.

9) 보리굴파리

① 보리굴파리(barley leaf miner)는 화본과 작물을 가해하는 파리목 굴파리과에 속하는 해충으로 성충(adult)은 3.5mm, 유충은 5mm 정도의 세장한 방추형 벌레로 5월부터 보리잎 끝에서 잎 속을 먹어 들어가 표피만 남긴다.

② 피해양상으로 해충이 식물체를 먹어 초기에는 백색, 후기에는 갈색으로 고사시킨다.

③ 생활사(life cycle)는 연 2~3회 발생한다. 땅속에서 번데기(pupa)로 월동하고 5월에 성충(adult)이 된다.

④ 발생기에 살충제를 살포하고 피해 상습지에는 석회질소를 시용하고 중경(cultivation, 경운)한다.

10) 진딧물

① 진딧물(aphid) 발생은 5~6월로 피해가 크고 특히 건조기가 계속될 때 발생이 심하다. 잎 뒷면에 군서하면 잎이 위축되고, 이삭에 번지면 등숙을 저해하여 감수된다.

② 방제법으로 진딧물 살충제인 메타시스톡스와 같은 약제를 살포한다.

③ 진딧물은 보리황화왜화병(barley yellow dwarf virus)를 옮기는 대표적 해충으로 1~2일의 잠복기를 지나면 바이러스를 옮긴다.

11) 보리나방

① 보리나방(barley grain moth)은 뿔나방과 나비목에 속하는 해충으로 화본과 작물을 가해하는 해충이다.

② 유충이 종실 속을 먹어 들어가 피해를 주는데 등숙 중인 맥류 이삭에 산란을 한다. 젖은 상태에서 탈곡을 하여 오래 쌓아 두거나, 건조가 불충분한 것을 저장할 때 피해가 심하다.

③ 방제법으로 일찍 수확하고 탈곡하여 건조 저장을 하고 약제로는 클로로피크린, 메틸브로마이드로 훈증소독을 실시한다.

8. 보리의 수확과 탈곡

1) 수확

① 종실의 등숙으로 본 수확적기(optimal harvesting stage)로 종실의 건물중이 최대가 되는 시기는 겉보리, 쌀보리는 출수 후 35~40일, 밀은 40~45일이 된다.

② 종실 성분의 변화로 본 수확적기 전분의 기계적 손상도는 출수 후 42일경에도 매우 높고 출수 후 45일경에 안정된다.

③ 출수 후 35일이면 종실의 수분이 40% 정도로 되는데 예취 후 건조하여 종실 수분함량이 20% 이하가 되도록 한 후 탈곡한다.

④ 종실의 무게 면에서는 건물중과 입중이 최고가 되는 시기로 종실의 수분함량이 기계 수확을 할 수 있는 때는 35~40%이다.

⑤ 겉보리는 출수 후 30~35일경 수분함량이 줄기 잎 부분이 62~65%로 쌀보리보다 4~8% 낮고, 이삭 부분은 6~8% 높다.

⑥ 성숙 초기에 콤바인으로 수확하면 겉보리는 내외영이 종실을 감싸고 있어 쌀보리보다 손상률이 낮다.

⑦ 출수 후 40~45일이 되면 쌀보리와 겉보리의 수분함량 차이가 거의 없어지므로 손실률과 손상률이 비슷해진다.

2) 탈곡

① 보리나 밀을 수확하면 현장에서 3일 정도 잘 말려 종실 수분함량이 20% 이하가 되었을 때 탈곡기로 탈곡(threshing)한다.

② 탈곡기 회전속도를 종자용은 1분당 600회로 하는 것이 기계적 손상이 적어 발아율이 높다.

9. 보리의 건조와 저장

1) 건조

① 건조기를 이용한 종실 건조(drying) 시 쌀보리는 겉보리에 비해 통풍 상태가 나쁘므로 종실 투입량을 20~30% 적게 한다.

② 가온 건조를 할 경우 보리 종자의 수분함량이 높을수록 저온에서 건조시키다 점차 온도를 높여 수분함량 14% 이하가 되도록 한다.

③ 보리 종실의 수분함량이 40% 정도면 30℃ 이하, 34~35%인 경우 35℃, 30% 이하인 경우 40℃에서 건조를 시작한다.

④ 건조속도는 종실 수분이 1시간에 1%씩 감소하도록 하는 것이 안전하다. 특히 발아력이 중요한 맥주보리의 경우 건조에 주의해야 한다.

⑤ 수분함량 14%로 건조가 끝나면 조제를 하는데 순환식 건조기는 건조과정에서 까락과 맥간이 깨끗하게 정선되기 때문에 바로 저장, 수매 규격에 맞게 포장할 수 있다.

2) 저장

① 저장(storage)은 온도와 습도 변화가 가능한 작은 것이 좋으나 일반적으로는 자연상태에서 상온에 저장한다.

② 고온다습한 조건에서는 품질이 떨어질 위험이 크므로 건조 후 간이밀봉하여 저장한다. 곡물을 마대에 담지 않고 일정한 시설에 그대로 저장하는 방법도 있다.

③ 저장조건으로 수분 곡립의 수분함량이 낮을수록 저장이 양호한데, 맥류는 14% 이하가 좋다.

④ 병충해와 변질을 막기 위해서 저장온도를 10~15℃, 습도 75% 내외가 되도록 하고 가능한 저온에 저장해야 장기간 보관을 할 수 있다.

⑤ 생리적 장해를 일으키지 않을 정도의 저온이면 저온일수록, 수분함량이 적으면 적을수록 호흡량이 적어진다.

⑥ 일반적으로 곡물 온도가 12~13℃ 이하일 때 병충해의 활동이 둔하지만 20℃ 이상일 때는 생육과 번식이 왕성하여 곡립을 식해한다.

⑦ 곰팡이는 수분함량 14%, 곡물 온도 15℃ 이하에서 생육과 번식이 억제된다.

⑧ 수확한 보리를 안전하게 저장하는 시설로 사일로(silo)에 저장할 때는 해충 방제를 위해 알미늄 포스파이드, 메틸브로마이드, 인화늄정제, 이황화탄소 등으로 훈증 처리한다.

10. 수매 검사기준과 산물수매

1) 농협수매

① 농협수매를 위한 검사기준은 수분함량, 정립률, 피해립 비율은 모든 보리에 공통적으로 적용되고, 발아세와 색택은 맥주보리에만 적용된다.

② 정립은 규정된 크기 이상의 곡립으로 겉보리 2mm, 쌀보리 1.8mm, 맥주보리는 2.2mm 정도이다.

③ 피해립은 탈곡 중 깨지거나 갈라진 손상립을 포함하여, 등숙이나 저장 중에 병 감염, 해충 피해를 받은 곡립을 말한다.

④ 발아세는 20℃에서 5일간 치상하여 나온 결과로 분석한다.

⑤ 색택은 맥주 제조 시 곡피의 색이 옮겨지므로 맥주맥에서 중요한 기준이 되는데 담황색 광택이 나는 것이 상등품인데 이는 수확기에 강우를 피하고 수확 전 건조작업을 신속하게 한 것이 좋다.

⑥ 이물질은 맥종에 상관없이 없어야 하므로 정선에 주의하여 규격 포대에 40kg씩 포장하여 출하한다.

⑦ 곡립의 수분함량은 겉보리와 쌀보리는 14%, 저장 중 발아력의 저하가 우려되는 맥주보리는 13%로 건조하여 저장한다.

2) 산물수매

① 농가에서 하던 생산물의 건조, 정선, 포장작업을 인근 지역농협시설을 이용해 건조한 후 수확 즉시 수매가 이루어지는 발전된 방법이다.

② 공동건조저장처리장에서 보리를 산물 생태로 수집, 건조, 저장, 가공, 포장을 자동화 시설에서 일괄 처리함으로써 생산자의 편리성, 노동력 및 생산비도 절감할 수 있다.

③ 산물수매 진행순서 보리를 산물로 수확→산물수매 건조장으로 운반→투입→조선기→계량기→건조기→배출→사일로에 보관 순이다.

④ 생산자는 계량기를 거친 후 수분함량을 측정하여 감모율을 계산하고, 건조비용을 뺀 나머지 수매대금을 받는다.

그림 1-5 산물 수매 사일로 저장(DSC)

그림 1-6 톤백 수매 및 직송

11. 보리의 특수재배

1) 맥주보리 재배

남해안과 제주에서 재배되는 맥주보리는 2조종으로 맥아를 만들어서 맥주의 원료로 이용하는데 일정량의 맥아에서 많은 양의 맥주가 생산되고 품질도 좋게 할 수 있는 맥아여야 한다.

(1) 양적 조건

① 종실이 굵어야 전분 함량이 많아 맥아 수율, 맥즙 수량, 맥주생산량이 많아진다. 보통 천립중이 40g(6조 쌀보는 30g) 이상이어야 좋다.

② 전분함량이 58~65%까지 높을수록 맥즙수량이 많다.

③ 곡피가 얇아서 주름이 잡혀있는 것은 종실 내용물이 많다.

④ 곡피량은 8%가 적당하며, 곡피가 두꺼우면 곡피 중의 성분이 맥주의 맛을 떨어뜨린다.

⑤ 분얼이 많고 출수가 빠르며 수량이 500kg/10a 이상으로 높다.

(2) 질적 조건

① 발아세가 20℃, 72시간에 90% 이상이어야 한다. 발아세가 낮으면 양조 과정에서 발아하지 못하고 부패되는 것이 있어 맥주 품질을 떨어뜨린다. 발아율은 6일후 95% 이상이어야 한다.

② 종실이 굵어야 하고 이종립이 섞여 있지 않아야 하는데 이를 위해서는 탈곡할 때 상처를 입었거나 건조가 불충분하여 저장이 잘못된 것은 이용하지 않는다.

③ 아밀라아제(amylase)의 작용력이 강해야 전분으로부터 맥아당으로 당화 작용이 잘 일어난다. 맥아 중의 아밀라아제(amylase)의 당화력을 총칭하여 효소력이라 하며 이는 베타 아밀라아제(β−amylase)가 주체이다.

④ 단백질 함량은 8~12%로 낮은 것이 좋은데 질소질 비료의 과용, 추비 횟수 증가, 늦게 질소비료를 주었을 때는 증가한다.

⑤ 단백질이 많으면 초자질 양이 많아 제맥하기 어렵고 맥주에 침전 물이 생겨 오탁이 발생하기 쉽다.

⑥ 지방함량은 1.5~3.0%가 적정하다.

⑦ 맥주보리가 강우 등에 의해 변색되면 맥주 색이 나빠진다. 담황백색으로 고유의 색이 있고 생기 있는 광택을 지니고 있어야 한다.

⑧ 제대로 성숙하고 건조되어 신선한 보릿짚 향이 있어야 한다.

⑨ 건조, 숙도, 순도 등이 좋은 것은 충분히 건조하고, 숙도가 적당하고 협잡물, 피해립, 이종립 등이 없어야 한다

(3) 재배 적지

① 재배 적지는 해양성 기후로 1월 최저평균기온이 −3℃ 이상, 등숙기의 기온변동이 적은 지대가 알맞다.

② 맥주맥 품종은 춘파성이 높고 내한성이 약한 것이 대부분인데 추파재배를 할 수 있는 남부지방에서 재배되고 있다.

③ 논토양은 모래가 약간 섞인 비옥지가 좋고, 밭은 식양토가 좋다.

④ 맥주보리는 성숙이 빠른 지대에서 생산된 것이 품질이 좋고 수량도 많아서 유리하다.

(4) 재배

① 이종립이 섞이면 특히 맥주보리의 품질이 손상되므로 채종에 주의하여 순종을 채종해야 한다.

② 맥주보리는 춘파성이 높으므로 파종 적기의 폭이 매우 좁다.

③ 질소를 많이 시용하면 수량은 증가되지만 도복, 단백질 함량 증가, 성숙 불균일 등의 우려가 있다.

④ 김매기, 흙넣기, 밟기 등을 정밀하게 실시하여 월동을 좋게 하고 무효분얼과 도복을 경감시킨다.

⑤ 성숙기는 출수 후 40일경으로 수분함량은 36% 정도일 때이다. 너무 늦게 수확하면 장마 등에 의한 피해를 입어 품질이 나빠진다.

⑥ 분얼이 많고 출수가 빠르나 서로 등숙기가 차이가 있으므로 분얼이 너무 많지 않도록 지나치게 비옥하지 않은 곳에서 재배한다.

⑦ 맥주보리는 자연 건조시켜 수분함량이 25~30% 정도가 되었을 때 탈곡하는데 탈곡기의 회전속도를 줄여야 종자 손실이 적다. 최종 수분함량은 13% 정도가 되게 한다.

2) 기계화 생력재배

(1) 맥작 기계화의 효과

① 노력절으로 맥작생산비의 30~40%는 노력비인데 이를 줄일 수 있다.

② 수량증대를 심경다비, 적기작업, 재배방식 개선으로 수량이 증대된다.

③ 토지이용도 증대시키고 작부체계를 개선하며 농가 수익성을 높인다.

(2) 기계화 적응품종

① 기계화재배는 다비밀식 재배이므로 도복 가능성이 크다. 따라서 내도복성 품종이어야 한다.

② 너무 키가 작으면 기계 수확이 어려우므로 70cm 정도 되어야 한다.

③ 다비밀식 재배이므로 수광태세가 양호하고, 내병성이 강해야 한다.

④ 이랑 높이가 낮아지므로 동사하지 않도록 내한성이 강해야 한다.

(3) 세조파(드릴파) 재배

① 골의 너비를 좁게 하고 골 사이도 좁게 하여 여러 줄로 빽빽하게 뿌리는 방법이다.

② 이점은 다비, 밀식, 균등배치로 수량이 20~30% 증수되고 일괄작업을 하면 70~90%의 생력효과가 기대된다.

③ 생육 초기부터 토양을 피복하여 증발을 억제하고, 잡초와 토양침식을 줄일 수 있다.

④ 초기부터 잎이 포장을 빨리 덮어 균등배치되므로 수광량이 증대된다.

⑤ 파종량은 보통재배의 1.5배(20L/10a) 정도 많아야 하고 시비량도 관행 재배에 비해 30~50% 늘린다.

(4) 전면전층파 재배

① 종자를 포장 전면에 산파하고 포장을 일정한 깊이로 전층에 깔아 섞어 넣은 다음 적당한 간격으로 배수구를 설치하는 방법이다.

② 강우가 적은 지대의 배수가 잘되는 건답에서 기계화재배에 알맞은 방법으로 수량은 관행재배와 비슷하나 파종노력이 절감된다.

③ 파종량은 일반 재배의 3배이고 그 중 50~70% 정도 출아하는데 수수는 감소하지 않으므로 비배 관리만 잘하면 다수확을 할 수 있다.

④ 시비량은 표준시비량(N-P-K를 10-6-6)의 2배 정도로 증시한다.

(5) 휴립광산파 재배

① 처음에는 경운기에 부착하는 배토기와 파종기에 의한 휴립광산파이었으나 이제는 트랙터로 재배한다.

② 수량증가는 현저하지 않지만, 파종하는 노력이 절감되어 답리작 재배의 대부분이 이 방법을 사용한다.

12. 보리의 성분과 이용

1) 보리의 성분

① 눌린보리쌀(압맥)은 전분 함량이 높지만, 나머지 성분함량은 낮다.

② 보릿겨(맥강) 성분은 가용무질소물이 58% 정도이고, 단백질이 9%, 지방함량은 2.3% 정도로 낮다.

③ 전분이 주성분이며, 단백질은 적지 않지만, 지방은 적고, 비타민 B가 풍부하다.

④ 비타민 B군인 티아민(thiamin, B_1), 리보플라빈(riboflavin, B_2), 판토텐산(pantothenic acid, B_5), 피리독신(pyridoxine, B_6)의 함량이 높다.

⑤ 회분은 2~3%로 인산(P), 칼륨(K), 칼슘(Ca)이 대부분이고, 염소(Cl), 마그네슘(Mg), 황(S), 나트륨(Na)이 소량 존재한다.

⑥ 무기물은 배와 배유보다 호분층에 더 많이 존재한다.

표 1-12 보리의 영양성분

구분	열량(kcal)	수분(g)	탄수화물		지질(g)	단백질(g)
			당질(g)	섬유(g)		
겉보리쌀	335	14	66.5	5.2	1.9	10.0
쌀보리쌀	337	14	70.0	1.9	2.0	10.6
눌린보리쌀	337	14	74.7	0.7	0.9	8.8

2) 보리의 베타글루칸(β-glucan)

① 베타글루칸은 종실 내의 세포벽을 구성하는 점성인 식이섬유의 일종이다.

② 체내 저밀도 리포단백질(LDL)을 감소시키고 고밀도 리포단백질(HDL) 함량을 증가시켜 콜레스테롤과 지방의 축적을 억제한다.

③ 곡류 중 보리가 베타글루칸 함량이 쌀의 40배, 밀의 10배, 귀리의 2배로 가장 많다.

④ 식이섬유는 변비를 해소해주며 음식물로 섭취한 포화지방산 등의 발암성 물질을 흡착, 배설시켜 대장암 발생을 억제한다.

3) 보리의 이용

(1) 사료용

① 세계의 보리 생산량 중 대부분은 가축사료로 이용된다.

② 정맥의 가공과정에서 부산물인 보릿겨와 양조 및 증류산업에서 파생되는 부산물(주정박, 주정 과정에 용해된 가용성 물질, 맥아 싹과 뿌리, 발효 후 효모)도 사료로 이용된다.

(2) 음료

① 보리 종실과 맥아를 사용하여 미숫가루, 보리차 등을 만들 수 있다.

② 보리 음료 제품은 싹을 틔운 보리를 볶아서 뜨거운 물로 가용성 물질을 추출한 액으로 제조된 것이다.

(3) 맥아

① 맥아(malt)는 전분질 재료를 당화시키는 데 주로 이용된다.

② 당화액은 다시 가공되어서 최종제품인 맥아추출물(분말이나 시럽 상태), 당화제(diastase), 맥주와 알코올 주류를 제조한다.

③ 우리나라는 맥아를 이용하여 예부터 식혜, 엿, 조청을 제조하였다.

④ 보리 식초, 고추장, 된장 원료로 사용된다.

⑤ 소주 제조를 위한 전분 원료, 볶은 보리, 맥아, 국수 원료용 복합분 제조에 쓰이고 있다.

(4) 식용

① 쌀보리는 쌀과 함께 밥을 짓거나 빵을 만드는데 이용한다.

② 고추장이나 된장의 제조에 이용한다.

13. 스트레스 생리

맥류의 재배에서 한해(cold injury), 동해, 상해, 습해, 건조해, 도복 피해 등이 발생한다. 월동 중 추위에 의해 받는 피해는 일반적으로 동해와 상해에 의해 유발된다. 내동성과 내건성은 모두 호밀〉밀〉보리〉귀리 순으로 강하다.

1) 저온 피해

동해(freezing injury)는 월동 중 저온에 의해 조직이 동결되고 체내 결빙이 생겨 얼어 죽는 피해로 월동 중 보리, 밀의 동사점은 -17℃ 정도이다. 상해(frost injury)는 조생종 맥류가 봄에 일찍 생장이 시작했을 때 절간 신장이나 유수형성이 저온에 의해 유수가 고사하거나 불임수가 생기는 것으로 이는 맑고 바람이 없는 밤에 서리가 내릴 때 잘 발생한다. 보상작용은 한해와 같은 피해를 입은 보리가 수확기까지 장기간에 걸쳐 보상작용으로 수량이 상당히 회복되는 것을 말한다.

(1) 내동성 증대요인

① 세포액의 삼투압이 높고 체내의 수분함량이 적다.

② 체내 전분 함량이 낮고 당분함량은 높다.

③ 단백질 함량이 높고 원형질 단백질에 -SH기가 많다.

④ 세포액의 친수성 교질이 많고 점성이 높다.

⑤ 세포액의 pH가 높고 칼슘이온이 많을 때 세포내 결빙을 억제한다.

⑥ 원형질의 수분투과성이 높다.

⑦ 초기생육이 포복형이고 엽색이 진하다.

⑧ 저온처리를 했을 때 원형질 복귀시간이 짧다.

⑨ 발아 종자의 아밀라아제(amylase) 효소의 활력이 크다.

⑩ 관부(crown)가 깊어서 초기 생장점이 토양 속에 깊이 들어있다.

(2) 경화처리

① 경화처리(hardening, 하드닝)는 식물을 저온에서 생육시킬 때 세포의 동결을 줄이는 방향으로 변화되어 내동성이 증대되도록 하는 과정으로 5℃가 좋다.

② 탈경화(dehardening)는 이미 경화된 것이라도 다시 고온에서 생육시키면 생리생태적 변화가 반대로 되어 내동성이 감소되는 현상이다.

(3) 상주해와 동상해

① 상주(서릿발)는 겨울에 토양 중 수분이 가늘고 긴 얼음기둥으로 표면에 다발로 솟아난 것이다.

② 동상은 토양수분이 지표 아래에서 얼음층을 형성하고 그 압력에 의해 상층의 동결 토양이 밀려 올라오는 것이다.

③ 상주해(frost heaving)와 동상해의 발생조건으로 우리나라는 남부지방의 식질토에서 많이 발생한다.

④ 토양수분이 60% 이상, 지표 온도가 영하이고 지중온도가 영상일 때 화산회토나 적토지대에서 많이 생기며 사토에서는 거의 생기지 않는다.

⑤ 산간지방과 같은 추운지역에서 적설량이 적고 토양층의 동결층이 생길 때 많이 발생한다.

⑥ 서릿발과 동상 피해는 뿌리가 끊기고 식물체가 솟아올라 뿌리의 기계적 상해와 동해, 건조해를 유발한다.

2) 고온 피해

① 맥류의 고온 피해는 주로 출수기 이후인데, 우리나라는 이 시기에 강우가 많고 온도가 높아 등숙에 불리하다.

② 출수기부터 30℃ 전후의 고온이 계속되면 개화기가 6~7일, 성숙기(maturation stage)는 15일 정도 빨라지고 엽록소 함량(chlorophyll content), 종실수, 천립중, 수량이 감소한다.

③ 밀은 등숙기 적정 온도가 주야 20℃와 15℃일 때 등숙기간이 50일 이상 유지되는데 주간 기온이 높을수록 천립중이 감소한다.

3) 가뭄해(旱害)

가뭄이 들면 토양수분의 부족으로 식물체 내의 수분함량이 감소하여 생육이 저해되고 심하면 위조, 고사하게 되는 것으로 맥류 재배 기간에 강수가 적고 건조하기 쉬운 지대에서는 흔히 한해(drought damage)가 발생한다.

(1) 겨울철 건조해

① 월동기에 동결층이 깊게 형성되면 식물체로 수분 이동이 차단되고 뿌리가 끊어지게 되는데 이후 따뜻한 날 지표와 식물체가 해동되면서 수분이 증발산이 일어나게 되어 수분이 부족해지는 현상이다.

② 주로 월동 직후 기온이 높고 공기가 건조하여 수분의 증발산이 심할 때 발생한다.

③ 식물체 조직 내에서 일어나는 동결로 인한 건조해는 저온으로 조직이 동결하였을 때, 조직 내 얼음과 세포액 사이에 있는 수액의 농도가 변하여 일어나는 장해이다.

(2) 건조해 기작

① 직접적 피해로는 토양수분이 부족하여 삼투압이 감소되고 뿌리 활력이 떨어짐에 따라 영양흡수 가 줄어들어 뿌리가 괴사하는 것이다.

② 간접적 피해로 수분이용효율이 떨어져 체내 물질함량이 상대적으로 높아짐으로써 수분흡수가 더욱 어렵게 되는 것이다.

(3) 건조해 양상

① 우리나라는 맥류의 절간신장기~수확기까지 4~6월과, 파종기~생육초기인 10~12월에 건조 피해가 크다.

② 작물의 생육이 부진하고 불임립이 증가하며 등숙기에 등숙이 제대로 되지 못해 수량이 55~65%나 감소한다.

③ 출수기 전후에 건조한 조건에 처해지면 했을 때 수당립수가 크게 감소하는데 그 정도는 출수기에 가까울수록 크다.

(4) 건조해 대책

① 건조해(drought damage, 한해)의 근본대책으로 건조 시 관수를 해준다. 관수효과는 출수기에 가장 크다.

② 파종기의 건조 상습지는 저휴 파종, 최아 파종, 파종 후 진압복토 등의 파종 방법이 좋다.

③ 관수가 어려우면 토양 표면을 긁어 건조농법(dryfarming)의 일환으로 모세관을 차단하거나 피복, 토입, 답압 등 으로 수분증발을 억제시킨다.

④ 질소의 과용은 삼가고, 퇴비와 인산, 칼륨비료를 충분히 시용하면 건조 피해를 경감할 수 있다.

⑤ 뿌림골을 낮추고, 뿌림골을 좁히거나 재식밀도를 성기게 한다.

⑥ 가뭄에 강한 내한성 품종을 선택하여 재배하는 것이 가장 효율적이다.

⑦ 과도한 조파와 만파는 동해 우려가 크므로 적기파종을 하고 파종기가 늦었을 때는 파 종량을 늘린다.

⑧ 답리작의 경우에는 배수가 잘 되도록 정지한 후 파종해야 하며, 토양이 건조하거나 겨울이 몹시 추운 지방에서는 이랑을 세우고 골에 파종(휴립구파)하는 것이 좋고, 서릿발이 많이 발생할 경우에는 광파재배를 하는 것이 좋다.

⑨ 파종법으로 파종기가 아주 늦어졌을 때는 최아를 시켜 파종한다.

⑩ 가을 귀리의 동사는 동사할 때 지하 2.5cm의 토양온도가 중요하므로 파종 후 퇴비를 두껍게 덮어주거나, 왕겨를 뿌려주면 월동이 조장되고, 논에 생짚을 환원할 경우 짚을 잘게 썰어 10a당 300~500kg 정도를 피복하면 월동이 좋아진다.

4) 습해(湿害)

(1) 습해의 기작

① 습해(excess moisture injury)는 보리 생육 기간에 비가 자주 내리거나, 이른 봄에 토양 중의 동결층과 쌓인 눈이 기온상승으로 녹아서 생긴 수분이 지하 동결층 때문에 땅속으로 스며들지 못하는데다가 기온이 낮아서 증발도 적을 때 배수가 불량한 논에서는 습해를 받는다.

② 겨울철 습해는 월동 시 토양이 과습할 경우 통기가 저해되고 뿌리에 산소공급이 원활하지 않아 뿌리의 호흡작용이 불량하게 되어 효소 작용력이 약해지며 세포의 활력이 쇠퇴된다. 산화환원전위(Eh)가 저하되어 뿌리의 괴사, 목화, 영양흡수가 감퇴한다.

③ 봄철 습해는 지온이 10℃로 상승하면서 토양미생물의 활동으로 산화환원전위(Eh)가 저하되어 환원성 유해물질(H_2S 등)이 생성되고 뿌리는 괴사, 목화, 뿌리썩음(근부) 현상이 일어난다.

④ 습해의 피해는 생육초기는 적고 유수형성기~출수기에 걸쳐 가장 심한데 지하수위가 50cm 이상일 때 습해가 발생한다.

(2) 습해 대책과 조건

① 내습성 품종을 선택하여 재배한다.

② 뿌리로의 통기가 양호하고 뿌리의 분포가 얕고 넓어야 한다.

③ 뿌리조직의 목화는 유해물질에 대한 저항성이 강하고 새뿌리의 발생능력이 커야 한다.

④ 물속에서 발아속도가 빠르고 어린 식물의 건물률이 높아야 한다.

⑤ 까락이 긴 맥류가 내습성에 강하다. 밀은 보리보다, 겉보리는 쌀보리보다 내습성이 강하다.

⑥ 배수촉진적으로 휴립파종(휴립휴파, 이랑을 세워서 파종함), 지하 배수, 도랑을 만든다.

⑦ 이랑만들기(휴립)로 상습지에서 높게 휴립하여 토양용기량을 증대시킨다(밀의 적정 통기량은 10~15%, 보리는 15~20%).

⑧ 경운하여 산소 공급량과 용기량을 높인다.

⑨ 토양개량으로 객토, 유기질, 토양개량제 시용하고 입단을 형성시킨다.

⑩ 시비 시 미숙유기물이나 황산근 비료는 시용하지 않아야 하고 전층시비로 뿌리 분포를 전층으로 유도한다.

5) 강수 피해

① 출수 후 비가 잦으면 붉은곰팡이병, 수발아, 도복이 발생하고 수확기인 5월 하순~6월은 장마 등으로 강우 피해가 발생한다.

② 피해 양상은 맥주보리에서 종실이 변색하여 품질 저하된다. 붉은곰팡이병이 만연하여 종실이 부패한다.

③ 용적중, 천립중, 배유율이 감소하여 수량, 정맥률, 제분률이 저하된다.

④ 전분과 단백질이 감소하고 품질이 저하되며 수발아가 발생하고, 발아율이 저하된다.

⑤ 대책으로 수발아가 적은 조숙품종을 선택하고 배수로를 정비하며 출수 후 20일경 1% MH(Maleic Hydrazide) 살포로 수발아를 억제하며 성숙기에 작물건조제를 살포하여 조기 수확을 유도한다.

6) 도복해

① 도복(lodging, 倒伏)은 이삭이 팬 다음 비가 오고 바람이 강하게 불면 쓰러지는 것을 말한다.

② 도복의 발생은 보통 출수 후 비를 맞고 센 바람을 만났을 때와 키가 크고 대가 약하며 이삭이 무겁고 뿌리가 약할 때 도복한다.

③ 일반적으로 3-4절간의 신장 시 추비를 주면 절간이 장간화되어 도복을 조장하게 된다.

④ 뿌리의 개장 각도가 좁은 것이 도복에 약하다.

⑤ 도복의 피해로는 잎이 엉켜 광합성이 감소하고, 줄기 뿌리 등 상처로 호흡이 증대하여 저장영양의 소모가 커지며, 뿌리나 잎으로부터의 영양성분의 이동이 감소하여 수량이 줄어든다. 도복에 의한 감수는 출수 후 10일경 가장 크고 심할 경우 40~50% 감수한다.

⑥ 영양분의 전류가 저하되면 종실비대가 불충분해져서 단백질함량이 증가하고 이삭이 땅에 닿아 부패, 수발아를 초래한다.

⑦ 도복 대책으로 키가 작고 대(줄기)가 충실하여 도복 저항성이 강한 품종을 선택하는 것이 효과적인 대책이다.

⑧ 파종은 다소 깊게 하는 것이 중경(mesocotyl)이 발생하고 밑동을 잘 지탱한다.

⑨ 파종량이 많으면 면적당 경수(莖數)와 수수가 많아지는 데 비하여 수광이 적어져 뿌리와 대가 연약해지며 도복이 조장된다.

⑩ 흙넣기 및 북주기 대의 밑동을 잘 고정시킨다. 밟기 진압(답압)하면 뿌리가 발달하고 흙이 잘 다져져 밑동이 잘 고정된다.

⑪ 협조파, 협폭파와 세조파 재배로 뿌림골을 좁게 하면 수광이 좋아져서 키가 작고 대가 실해진다.

⑫ 질소 비료를 시용하면 신장, 수수, 수중이 증가하여 도복을 조장한다. 질소의 추비가 너무 빠르면 하위 절간의 신장이 증대되어 도복이 증가하므로 절간신장 개시기 이후에 시용하는 것이 안전하다.

⑬ 인산, 칼륨, 칼슘 비료는 줄기의 충실도를 증대시키고 뿌리의 발달을 조장하여 도복을 경감시킨다.

제2장 **밀**(Wheat, 소맥)

**Triticum vulgare* L. (2n=6x=(AABBDD)=42)

1. 서론

소맥이라고도 하는 밀은 화본과에 속하는 1년생초본으로 대략 23종이 알려져 있고 그 중에서 10여종이 재배되고 있다. 그 중에는 빵밀, 마카로니밀, 1립계밀 등이 있으나 빵밀이 대부분을 차지하고 있다. 빵밀이 현재 세계 전체 생산량의 90% 정도이고 주요 생산지는 러시아, 중국, 인도, 미국, 캐나다 등이다. 이 빵밀의 원산지인 중동(트랜스코카서스) 지역에서 중앙아시아와 중국을 거쳐 기원전 4~5세기경에 우리나라에 전파되었다.

① 밀(소맥)은 쌀, 옥수수와 함께 세계 3대 식량작물 중 하나로서 세계적으로는 재배면적이 가장 많다.

② 재배역사가 10,000~15,000년 전으로 오래된 식량작물 중 하나로서 단백질(밀 12%, 보리 11%, 옥수수 9%, 쌀 7%)이 많아 주식으로 가치가 높고 용도도 다양하다.

③ 우리나라의 밀 소비량(2023년도)은 36kg으로 쌀(57kg) 다음으로 요구도가 많은 중요한 식량작물이다.

④ 밀은 같은 겨울작물인 보리보다 성숙기가 늦어 벼와 겨울작물로 이어지는 이모작 체계에도 불구하고 생산단가가 높으면서도 외국산 밀에 비해 품질이 낮기 때문에 우리나라에서는 1% 정도로 거의 재배되지 않고 수요량의 대부분인 400만톤 이상을 수입하고 있다.

⑤ 경지이용률 증가는 물론 농가소득 차원과 외화절약 차원에서도 자급률 제고가 조속히 이루어져야 한다.

1) 밀의 기원

(1) 식물적 기원

① 가장 많이 재배되고 있는 보통계 밀은 이질6배체(AABBDD, 2n=42)로 보통밀이나 빵밀이다.

② 밀의 원산지는 아프가니스탄에서 코카서스에 이르는 지역, 특히 코카서스 남부인 아르메니아지방으로 추정한다.

2) 종의 분류

① 밀 속에는 20여 종이 있는데, 그중 10여 종이 재배종이고 나머지는 야생종이다.

② 밀의 야생종은 겉보리와 같은 유부성(껍질이 있는)이고 이삭이 부러지기 쉽다.

③ 재배종은 대개 쌀보리와 같은 과성(껍질이 없는)이고 이삭축이 잘 부러지지 않는다.

④ 밀 속에는 게놈이 A, B, D, G 4종류가 있는데 각 게놈은 염색체가 이질이다.

표 1-13 밀의 유전적 분류

구분	게놈 조성(2n)	2n 염색체수	배수성	결실 소화수
1립계	AA	14	2배체	1소화만 결실
2립계(듀럼밀)	AABB	28	이질4배체	2소화만 결실
티모피비계	AAGG	28	이질4배체	2~3소화만 결실
보통계	AABBDD	42	이질6배체	3~4소화가 결실

*재배의 대부분은 보통계이나 그 밖의 계에도 입질(grain texture)과 내병성이 우수하여 육종재료로 이용되기도 한다.

3) 생산

(1) 세계의 분포, 생산

① 밀은 서늘한 기후를 좋아하고, 주산지는 30~60°N, 27~40°S의 지대이고, 연평균기온이 3.8~18℃에서 재배되며, 연강우량이 750mm 전후가 되는 지역에서 수량이 많으며, 표고 한계는 3,000m 이상의 고지에서도 재배된다.

② 세계적으로 가장 재배가 많은 작물로서 러시아산이 단연 재배면적과 생산량이 많고 중국, 인도, 미국, 캐나다, 호주, 이란, 프랑스, 아르헨티나 순으로 많이 재배되고 있다.

③ 단위수량은 아일랜드가 720kg/10a으로 가장 많고, 수출은 미국이 가장 많이 한다.

표 1-14 국가별 세계의 밀생산(2018년도)

구분	국가	대륙	재배면적(천 ha)	수량(kg/10a)	생산량(천 M/T)
총합계(순위)	전세계	전세계	219,620	347	762,240
–	한국	아시아	9	400	37
1	유럽연합	유럽	26,160	578	151,140
2	중국	아시아	24,510	548	134,330
3	인도	아시아	30,790	320	98,510
4	러시아	구소련	27,370	311	85,170
5	미국	북미	15,200	312	47,580

6	캐나다	북미	8,980	334	29,980
7	우크라이나	구소련	6,640	406	26,980
8	파키스탄	아시아	9,050	294	26,600
9	호주	오세아니아	12,250	174	21,300
10	터키	아시아	7,800	269	21,000
11	아르헨티나	남미	5,800	319	18,500
12	카자흐스탄	구소련	11,910	124	14,800
13	이란	아시아	6,700	209	14,000

(2) 한국의 분포, 생산

① 가을밀은 추위에 강하여 1월 평균 최저기온이 -14℃ 선을 재배한계선으로 하고 있어 남부 평야지는 어디서나 재배가 가능하다.

② 우리나라의 평균 1인당 연간 밀소비량은 36kg로 자급률은 2022년 0.8%로서 수요량 거의 전량을 수입하고 있다. 추후 5%를 자급할 목표를 정하고 있다.

③ 밀 수입량은 2020년 기준으로 미국이 54%로 4,085억 원, 호주가 39%로 3,232억 원, 캐나다가 7%로 612억 원 상당의 밀을 수입하였다. 총액이 8,000억 원에 달한다.

④ 사료용 밀 수입량은 우크라이나가 43%로 1,157억 원, 루마니아가 21%로 611억 원, 캐나다가 13%로 387억 원으로 총 2,845억 원 상담을 수입하였다.

⑤ 식용과 사료용을 합치면 361만톤으로 1조 1천억 원이 넘는다.

표 1-15 우리나라의 밀생산과 수입량

구분	1970	1980	1990	2000	2010	2020
재배면적(천 ha)	97	28	0.3	1	12.5	5.1
10a당 수량(kg)	226	330	303	326	312	466
생산량(천 M/T)	219	92	1	2	39	14
도입량(천M/T)	1,254	1,810	2,239	3,337	4,458	25,006

4) 재배, 경영상의 특성

① 밀은 보리보다 토양적응성이 강해 척박지, 사질토, 건조지, 산성토에 대한 적응성이 크다.

② 밀은 내도복성, 내비성, 내한성 등이 강하므로 다비재배에 잘 적응할 수 있다.

③ 밀은 수확기가 보리보다 10일 정도 늦어서 벼 재배 시 불리하다. 밀은 만파재배에 더 잘 적응한다.

④ 습해에 대한 저항성이 보리보다 강하다.

⑤ 보리와는 달리 생산물의 용도에 따라 다양한 특성과 상품으로 분화되어 있다. 그러나 전통적인 한국인 식성은 식량원으로 밀보다 보리가 더 알맞다.

⑥ 밀은 보리보다 수익성이 낮고 품질이 좋은 밀을 외국에서 더 낮은 가격으로 수입할 수 있다.

2. 밀의 형태

1) 종실

① 밀 종자는 식물학적으로 영과(caryopsis)에 해당하고 엷은 과피에 종자가 싸여있다.

② 종실크기는 1,000립중이 20~45g이고, 1L 중은 700~780g, 비중은 1.25~1.35이다.

③ 밀알의 정부에 짧은 털이 밀생하며 배쪽에는 골이 있고, 잔등 쪽 기부에 배가 있다.

④ 종피는 극히 얇은 2층의 세포로 되어있고 과피는 외표피, 중간조직, 횡세포, 내표피로 되어 있다.

⑤ 외배유는 종피에 접하여 주심의 표피에서 유래한 것이며, 종피와 함께 종곡(홈, logitudinal valley)을 형성한다.

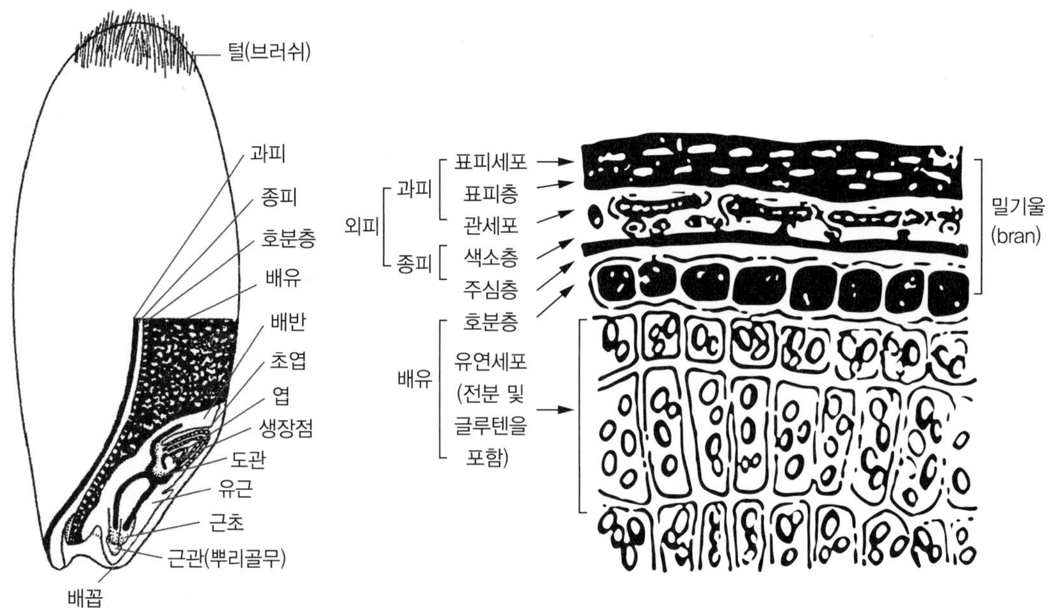

그림 1-7 밀 종자의 형태와 명칭

그림 1-8 밀알의 구조

표 1-16 밀 종실의 부위별 영양성분

부위	기능	함유 영양소	비율
종피	종실 보호	식이섬유소, 칼륨, 인, 마그네슘, 칼슘	8
호분층	배반(scutellum)과 접한 부위를 제외한 배젖 전체를 둘러쌈	니아신(비타민 B_3), 무기물(특히 P), 피틴산	7
배유	종실 저장물질	전분, 단백질, 판토텐산(비타민 B_5), 리보플라빈(비타민 B_2), 무기질	82
배와 배반	배(미분화된 뿌리와 줄기), 배반(배와 배유의 경계부분)	지질과 당, 비타민 B군, 인	3

2) 뿌리, 줄기 및 잎

(1) 잎

① 초엽은 보통 백색이지만 적자색의 줄이 있는 것도 있다.

② 밀은 보리보다 정상엽 빛깔이 진하며 끝이 더욱 뾰쪽하고 늘어지며 협착부도 더욱 뚜렷하다.

③ 엽설(ligule)과 엽이(auricle)의 발달은 보리보다 못하다.

(2) 줄기

① 형태와 구조가 보리와 유사하나 줄기가 더 굵고 단단하여 보리보다 도복에 더 잘 견딘다.

② 줄기는 마디(절)와 마디사이(절간)로 이루어져 있는데, 마디는 약간 볼록하고 여기에 잎이 발생한다.

③ 생육 중인 줄기는 엽록소를 가지고 있어 약간의 동화작용을 한다.

④ 밀의 간장은 60~120cm로 품종에 따라 차이가 크게 난다.

⑤ 주간의 마디는 보통 12~18개가 있고 상부의 4~6마디는 절간이 길게 자라기 때문에 신장절이라고 한다.

⑥ 신장절 아래 마디는 절간 신장을 하지 않고 서로 붙은 상태로 몰려 있는데 이 마디에서 분얼이 발생하므로 분얼절이라고 한다.

⑦ 절간 신장은 아래쪽 마디로부터 시작되나 절간장은 위로 갈수록 길다.

⑧ 신장 절위는 주간에서는 춘파성은 5엽절, 추파성은 8~9엽절에서 신장하며, 분얼 간에서는 최저 1엽절, 최고 6엽절부터 신장한다.

(3) 뿌리

① 종근은 보통 3개이며 보리보다 심근성이어서 양수분의 흡수력이 강하고 건조한 척박지에서도 잘 견딘다.

② 직립형 품종은 근계의 발달 각도가 작고 포복형 품종은 그 각도가 크며 한랭지 품종은 난지품종보다 뿌리분포가 넓다.

③ 내한성(drought resistance)이 약한 품종은 종자근 발생이 많고 생육 초기에 천근성이나 내한성이 강한 품종은 더 심근성이다.

④ 뿌리는 습윤한 토양보다는 약간 건조할 때 발달이 더 잘된다.

⑤ 습윤하거나 지하수위가 높은 토양에서는 곁뿌리(측근)의 발생이 지표 부근에 많고 비료가 많으면 뿌리의 분포범위가 좁아진다.

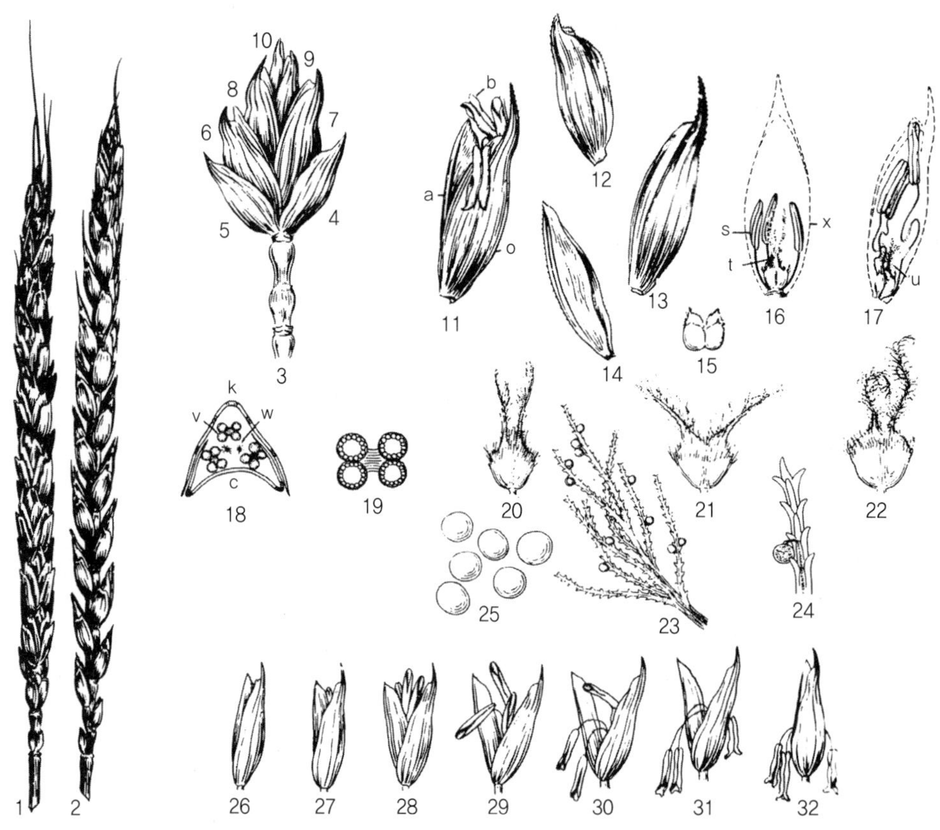

1. 수상화서(정면), 2. 수상화서(측면), 3. 소수, 4~10. 번호가 높을수록 점점 작아지는 포영, 11. 소화(측면), 12. 포영(glume), 13. 외영, 14. 내영, 15. 인피, 16. 약이 나오기 전 소화, 17. 약이 나온 소화, 18. 소화의 절단면, 19. 약의 절단면, 20. 약이 나오기 전 암술, 21. 약이 나올 때 암술, 22. 수정 후의 암술, 23. 화분이 발아하여 커진 암술, 화분이 발아하여 커진 암술의 털끝 부분, 24. 암술모의 끝부분, 25. 화분립(확대한 것), 26~32. 개화 단계에 따른 약의 변화(매 단계는 2~5분이 소요되고 전체 가 완료될 때까지는 15~40분이 소요됨)

그림 1-9 밀의 개화와 수정단계

3) 화기와 이삭

① 밀의 화기 구조는 각 마디에 작은 이삭(소수)이 호생하는 복수상화서이며 이삭줄기(수축)에는 20여 개의 마디가 있고 각 마디에 1개의 소수가 착생한다.

② 소수에는 보리와 달리 1쌍의 넓고 큰 받침껍질에 싸여 4~5개의 영화가 들어있고, 결실은 보통 3~4개가 된다.

③ 곤봉형 이삭은 기부에 소수가 성기게 착생하여 가늘고, 상부에는 밀집하게 착생하여 굵으므로 이삭 끝이 뭉툭하다. 이삭 중 하부의 밀알은 굵고 상부의 밀알은 작으므로 밀알이 고르지 못하다.

④ 봉형은 이삭이 길고 소수가 성기게 고루 착생하여 이삭 상하부의 굵기가 거의 같고 수량이 많고 밀알도 고르며 굵은 편이다.

⑤ 방추형은 이삭은 길지 않고 가운데에 약간 큰 소수가 조밀하게 붙으며, 상하부에는 약간 작은 소수가 성기게 착생하여 이삭 가운데가 굵고, 상하부가 가늘며, 밀알이 고르지 못하다.

⑥ 추형 이삭은 기부에는 약간 큰 소수가 조밀하게 착생하고 상부는 약간 작은 소수가 성기게 착생하여 이삭이 상부로 갈수록 가늘며, 밀알이 대체로 굵고 고르다.

3. 밀의 생육

1) 밀의 재배특성

① 봄밀은 수량이 낮고 숙기도 늦기 때문에 거의 재배되지 않는다.

② 최근 육성된 양절형인 조숙성 밀 품종들은 파성이 Ⅱ~Ⅲ으로 봄재배가 가능하며 성숙기도 앞당길 수 있으나 가을 재배보다는 수량이 낮아 가능한 한 가을에 파종하여 재배하는 것이 바람직하다.

③ 밀은 가을에 파종하여 포장에서 겨울을 넘기고 봄이 되면 출수개화하여 성숙한다. 월동 전에 잎이 분화된 다음 겨울 동안 생육이 정지 후 봄이 되면 다시 생육을 시작한다.

④ 봄에 기온이 올라가면 분얼이 왕성해지고 유수가 분화되며 줄기가 신장한 후 출수하고 개화한다. 출수 후에는 작물체의 영양분이 밀알로 전류되어 성숙이 완료된다.

2) 밀의 생육단계

① 밀은 가을에 파종하여 겨울을 지내며, 봄이 되면 이삭이 나온 후 꽃이 피고 성숙한다.

② 밀은 파종 후 싹이 터 겨울나기 전에 잎이 분화되고, 겨울철에는 잎의 자람이 일시적으로 멈추나 봄이 되면 생육을 다시 시작하게 된다.

③ 봄철 기온이 올라감에 따라 분얼이 왕성해지고 어린 이삭이 분화되며 줄기가 자란 후 출수하고 개화한다.

④ 이삭이 줄기 밖으로 나온 후에는 식물체의 양분이 밀알로 이동되어 성숙이 끝나면서 생활사(life cycle)를 마친다.

(1) 발아기(아생기)

파종 후 초엽이 지상에 나타나 싹이 트는 시기이며 아생기는 발아 후 주로 배유(胚乳)의 양분으로 생육하는 어린 시기를 말한다. 이 시기에는 주간 엽수는 늘어나지만 분얼은 되지 않는다.

(2) 이유기

아생기의 말기로 주간 엽수가 2~3개인 시기에 해당된다. 배유의 양분이 거의 소실되고 뿌리로부터 양분 흡수를 의존하게 되는 전환기이며 뿌리의 기능이 종자근에서 주로 관근으로 이양된다.

(3) 유묘기

이유기가 지난 후 주간 엽수가 4개가 되는 시기까지이다. 이 시기 말기에는 분얼이 시작되고 원줄기에서는 어린 이삭이 분화된다.

(4) 분얼기

① 초기분얼기는 주간 엽수가 3~6개일 때로 분얼이 시작하는 시기이다. 이때는 분얼수의 증가가 완만하다.

② 밀은 초기분얼기에 월동하게 되는데 주간 엽수가 5~6개일 때 월동기 추위에 가장 강하다.

③ 최고분얼기는 주간 엽수가 7~8개인 시기로 초기 및 중기 분얼이 같이 발생하여 분얼수의 증가가 현저한 시기이다.

④ 분얼한 얼자는 모두 이삭을 형성하지는 못하는데 이삭을 형성하는 분얼을 유효분얼이라 하고 이삭을 형성하지 못하는 분얼을 무효분얼이라 한다.

⑤ 유효분얼 한계기는 수원 지방에서 3월 하순경이며 그 이후 발생하는 분얼은 무효분얼이 된다.

(5) 유수형성기

유수 시원체의 분화 초기부터 소수와 영화의 분화가 끝나는 기간을 말하며 유수형성기의 유수의 길이는 1.0~1.5mm 정도이고 출수 전 40~45일이 된다.

(6) 신장기

신장기(elongation stage)는 절간 신장이 시작되어 출수개화기 이후까지 줄기의 신장이 계속되는 기간이다. 절간 신장은 하위 절간부터 시작하며 수원 지방의 경우 4월 상순에 절간의 신장이 시작되고 그 후 온도가 올라감에 따라 급속히 신장한다.

(7) 수잉기

넓은 의미로는 유수형성기 이후부터 이삭이 나오기 전까지의 기간을 말하며 좁게는 이삭이 나오기 전 이삭이 상당히 커져서 지엽의 엽초 속에 들어 있는 이삭이 외부에서 식별이 되는 후반기를 말한다.

(8) 출수개화기

이삭이 지엽의 엽설 밖으로 나오는 것이 출수인데 출수기는 중부 지방은 5월 중순경이다. 밀은 이삭이 나온 후 약 3~7일에 꽃이 피며, 개화 후에 수정이 된다.

(9) 등숙기

개화하고 수정한 뒤부터 종실이 완전히 익을 때까지를 등숙기라 한다. 성숙(maturation)이 끝나서 양분이 더 이상 이삭으로 전류되지 않는 시기를 등숙기(ripening stage)라 하며, 수원 지방에서는 6월 초중순경이 된다. 밀의 일생은 씨앗을 뿌린 후 등숙기까지의 소요 일수로 수원 지방에서 약 260일이 소요된다.

3) 밀의 생육

(1) 발아 조건

① 밀의 발아 온도는 최저 0~2℃, 최적 25~30℃, 최고 40℃ 정도로 다른 생육단계보다 비교적 높다.

② 밀 종자는 수분흡수를 건조 종자 무게의 30%를 흡수해야 하며 40%일 때 발아가 가장 좋다.

③ 토양수분은 포장용수량의 60% 정도일 때 발아가 가장 좋고 30% 정도의 건조 조건이 되면 발아가 늦어진다.
④ 밀과 쌀보리는 배에서 직접 눈이 나오지만, 겉보리는 배의 반대쪽에서 껍질을 뚫고 나온다.
⑤ 같은 조건에서 파종했을 때 밀이 가장 빨리 발아하고 그 다음 쌀보리, 보리의 순이다.

(2) 춘화처리

① 춘화처리(vernalization)는 밀의 최아종자를 0~3℃ 저온에서 20~40일 처리하여 파성을 없애는 것을 말한다.
② 유수의 발육과 절간 신장이 빨라지고 분얼수도 많아지는 효과가 있다.
③ 아래쪽의 절간장이 짧아지며 줄기가 굵어져서 도복저항성이 높아진다.
④ 추파성 정도와 관계가 깊은데, 추파성이 높은 품종에서 효과가 크고, 낮은 품종은 작다.
⑤ 수량 면에서 추파성이 IV인 품종은 5% 정도 증수하나 그 보다 낮은 품종은 증수효과가 거의 없다.

(3) 분얼 발생

① 분얼은 만생종과 추파성 품종이 많고, 춘파성 품종은 적게 발생한다.
② 재배환경으로 조파, 소식, 비옥토에서 분얼수가 많다.
③ 분얼수는 조파재배에서 2~3개이나, 많을 때는 5~6개 정도이다.
④ 파종 깊이를 깊게 하면 지중경이 발생하고 발아가 늦어져서 분얼수가 적어진다. 즉 빨리 나오는 분얼을 억제하는 경향이 있다.
⑤ 어느 정도의 저온은 낮은 절위의 분얼을 촉진하지만, 기온이 높을 때는 낮은 절위의 분얼발생이 억제된다.
⑥ 점뿌림(drill)과 흩뿌림(broadcast)을 비교하면 점부림이 종자가 절약되고, 가뭄저항성이 높아지며 제초작업이 용이해 수량이 증가한다.

4) 밀의 발육

(1) 개화

① 껍질이 열리고 수술대가 신장하여 화분이 껍질 밖으로 나오는 현상이다.
② 수술의 약(꽃밥)이 터져서 암술머리에 붙는 것을 수분이라고 한다.
③ 개화와 수분은 거의 동시에 일어나므로 개화과정에 수분을 포함시킨다.

(2) 개화 양상

① 먼저 분얼한 줄기의 이삭에서부터 시작된다.

② 한 이삭에서는 중앙부 부근의 꽃부터 개화하여 점차 위아래로 뻗어간다.

③ 소수 내에서는 맨 아래에 있는 1소화에서 개화해 올라간다.

④ 한 포기 내에서 전체 이삭의 개화일수는 약 8일 정도이다.

(3) 개화 조건

① 개화 온도는 최저 10~13℃, 최적 18~21℃, 최고 31~32℃이다.

② 일조가 있을 때 주로 개화하나 일조는 온도와 불가분의 관계이므로 필수조건은 아니다.

③ 습도가 70~80%일 때 개화가 많이 이루어지며 비가 올 때도 온도만 충분하면 개화한다.

(4) 배의 형성

① 수분 후 30일경에 배가 완성되는데 크기는 수분 후 35일경 최대에 달한다.

② 배가 최초의 발아력을 갖는 것은 수분 후 7~9일경이고 정상적 발아력을 갖는 시기는 수분 후 25일경으로 보리보다 더 길다.

(5) 휴면

① 재배 밀의 휴면기간(dormancy period)은 1~3개월 정도로 비교적 짧은 편이다.

② 발아억제물질이 이삭, 종실, 과피 등에 존재하는데 이 침출액을 다시 맥류의 발아상에 첨가하면 발아가 억제된다.

③ 발아억제물질은 물, 메틸알코올, 에테르 등에 용해된다.

④ 밀 종자의 휴면은 건조종자의 경우 고온에서, 물을 흡수한 종자는 저온에서 일찍 끝난다.

⑤ 후숙기간이 긴 품종을 빨리 후숙시키려면 1일간 실온 상태에서 흡수시킨 후 5℃ 저온에서 6시간 처리하면 된다.

⑥ 풍건상태의 종자는 45℃, 3~4일 처리하면 휴면을 종료시킬 수 있다.

⑦ 후숙이 끝나지 않은 종자는 저온에서 양호하게 발아하지만 후숙이 진전됨에 따라 발아가능 온도범위가 높아진다.

(6) 수발아

① 수발아(viviparous germination)는 후숙기간이 짧은 품종은 성숙기에 비를 오래 맞으면 포장 상태에서 발아하는 현상을 말한다.

② 수발아는 밀의 수량과 품질을 크게 떨어뜨린다.
③ 수발아는 품종특성에 따라 다른데 흰색밀(백립종)은 적색밀(적립종)에 비해 수발아가 쉽게 발생한다.
④ 이삭껍질에 털이 많거나 초자질인 것이 수발아 위험이 크다.
⑤ 수발아성이 낮은 품종을 선택하여 재배하거나 조생종을 재배하면 수발아를 줄일 수 있다.
⑥ 수발아를 줄이는 대책으로 발아억제제인 MH를 출수 후 20일경에 0.5~1.0%로 만들어 90L/10a 살포하거나 0.1% NAA를 살포하면 효과가 있다.

(7) 이삭

① 밀 이삭(panicle)의 성숙은 출수 후 45일 정도로 종실수분이 20% 내외일 때이다.
② 수정 후 배낭 내에 세포분열이 일어나 배유조직의 형성이 시작되면 잎과 줄기에서 전류된 당이 바로 전분으로 합성되고 그 후 계속해서 잎과 줄기로부터 당이 공급되어 곡립의 건조가 시작될 때까지 전분립이 계속 형성된다.
③ 단백질의 형성은 곡립의 건조가 시작되면서 일어난다.
④ 이삭의 집적이 되는 시기로 전분은 수분 후 7일경, 단백질은 수분 후 10~13일경부터이다.
⑤ 늦게 파종하면 성숙기가 늦어져 후작물 재배가 늦어진다.

(8) 등숙기간의 종실성분 집적과정

① 조단백 함유율이 처음에는 높으나 점차 감소되어 출수 후 32일경부터는 일정해진다.
② 부질 함유율은 40일까지 증가한 후 일정하게 된다. 그러나 1립당 함량은 45일경까지 계속 증가되고 그 후 일정하다.
③ 단백질이 부질로서 질적으로 안정화되는 것은 40일경이며 이후 입중의 증가와 함께 곡립 내에 집적이 계속된다.
④ 전분함유율 출수 후 40일경까지 증가하다가 그 후 일정하게 되고 1립당 함유율은 42일경까지 증가한 후 일정하게 된다.
⑤ 전당, 조섬유 함유율 32일경까지 감소되나 그 후 일정해진다.
⑥ 탄수화물이 전분으로 안정화되는 기간이 출수 후 40일경이며 그 후 곡립의 비대와 동시에 함유량은 변하지 않지만, 집적은 42~45일까지 계속된다.

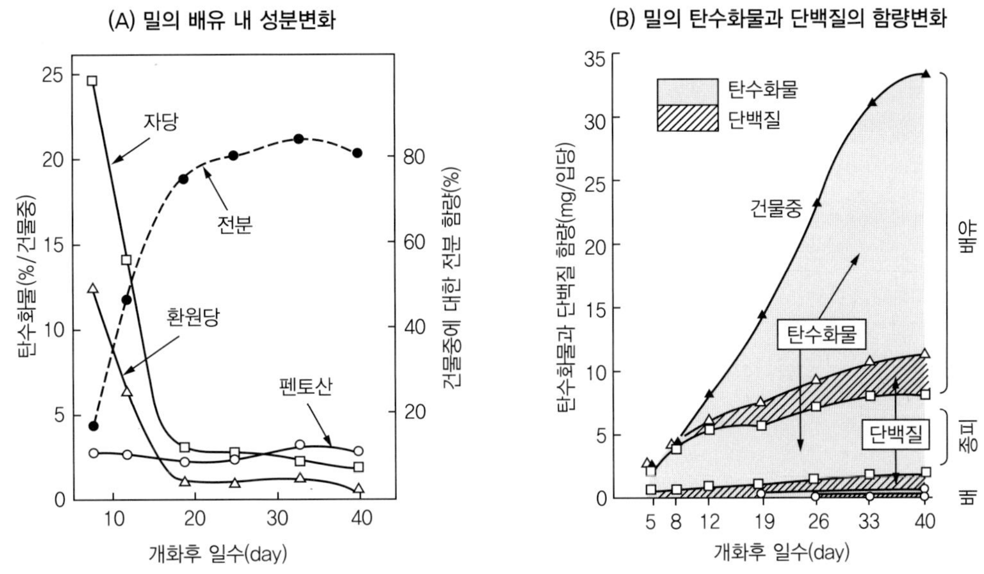

그림 1-10 왼쪽 (A) 그래프는 개화 후 밀 종자의 배유 내 성분 중에서 펜토산(○), 자당(□), 환원당(△) 및 전분(●)의 함량변화이고 오른쪽 (B) 그래프는 밀 종자의 성숙기 동안 탄수화물과 단백질 함량의 변화를 나타낸다.

4. 밀의 분류와 품종

1) 분류

① 추파성 정도에 따라 봄밀이 가을밀보다 단백질 함량이 많고 경질이 되기 쉽다.

② 입색에 따라 일반적으로 백소맥이 적소맥보다 단백질 함량이 적은 경향이 있다.

③ 입질에 따라 세포가 치밀하고 광선이 잘 투입되며 단백질 함량이 높은 초자질 밀과 공간이 많아 희게 보이는 분상질 밀로 구별된다.

④ 분질에 따라 초자질인 경질밀과 배유를 으깨면 간단히 흰가루 모양이 되는 연질밀로 구별된다.

2) 품종

(1) 품종의 선택

① 품질에는 외관특성, 유통적성, 가공적성, 소비적성 등 여러 가지 내용이 포함되나 품질에 대한 요구조건은 용도에 따라 달라지므로 용도에 맞는 양질의 품종을 선택해야 한다.

② 밀은 국수나 빵으로 가공해서 이용하므로 제분율이 높고 단백질 함량이나 침전가 등이 용도에 맞는 품종이라야 생산된 제품의 품질이 우수하다. 초자질인 경질밀리 여기에 속한다.

③ 수량은 초형, 숙기, 병해, 도복 등 많은 형태적 생리적 요인에 따라 결정되지만 주로 수량 구성요소인 단위면적당 수수, 수당 입수, 천립중 등이 크게 관여한다.

(2) 내한성

① 추위로 인해 식물체의 일부 또는 전부가 얼어 죽는 것을 견디는 정도로 품종, 재배조건, 재배년도에 따라 차이가 난다.

② 다른 특성이 우수한 품종이라도 내한성(cold hardness)이 문제가 되어 월동 중에 동해 및 한해 피해가 크다면 재배품종으로 적합하지 못하다.

③ 맥종별로 재배지역이 구분되는 것도 맥종간 내한성의 차이가 나기 때문이다.

(3) 조숙성

① 품종의 조만은 파성, 일장반응, 온도반응, 협의의 조만성이 관여한다.

표 1-17 재해 대책

동해	파종 전	• 내한성이 강한 품종 선택 및 적기 파종 • 퇴비, 인산, 가리 비료 충분히 주기 • 정밀 파종(균일 복토) • 만파 시 파종량 증가
	파종 후	• 배수구 정비 철저 • 흙넣기와 보리밟기 • 유기물 덮어 주기(씨 뿌린 직후, 생육 중)
습해	파종기	• 파종 직후 배수구를 30cm 이상 깊이 설치 • 이랑이 긴 논은 20~30m 간격으로 배수구 설치
	생육기	• 논보리 집단 재배 지역에서는 못자리 집단 설치 • 비 올 때 물빼기 작업 • 요소 엽면 시비
가뭄	파종 시	• 골타기 직후 바로 파종하고 진압 후 복토 • 로터리 파종은 흙을 잘게 부술 것
	겨울 가뭄	• 흙넣기와 밟기로 수분 보존, 생장 억제 방지
	봄철 가뭄	• 가뭄이 심할 경우 물대기를 하되, 세조파 포장은 물을 흘려대고, 휴립광산파 포장은 배수구에만 물을 댄 후 바로 배수할 것
쓰러짐	파종 시	• 내도복성 품종 선택 및 적정 파종량 파종 • 3요소 균형 시비
황화 현상 및 생육 부진	습해로 인한 경우	• 뿌리의 양분 흡수 기능이 떨어져 황화되므 물빼기를 잘하고, 요소 2%액을 10a당 100L씩 2~3회 살포
	동해, 생육 부진인 경우	• 조기 회복을 위하여 속효성 유안을 웃거름으로 주어 생육 촉진

② 단일반응이 둔감한 것, 협의의 조만성이 짧은 것, 온도에 둔감한 것일수록 숙기가 빠르다.

③ 조숙성인 것이 일찍 수확할 수가 있어서 후작물 재배 등 작부체계상 유리하다.

④ 밀 수확기에 장마 전에 수확할 수 있는 조숙성 품종을 선택한다.

(4) 도복

① 식물체가 비바람에 쓰러지는 것을 도복이라고 하는데 이럴 경우 수량이 떨어지고 품질이 나빠지며 수확작업이 불편하다.

② 질소비료를 많이 주고 빽빽하게 심으면 약한 바람에도 잘 쓰러지므로, 키가 작으면서 대가 튼튼한 품종이 좋다.

③ 콤바인으로 수확작업을 할 때 키가 너무 작아도 수확작업이 어려우므로 키가 70cm 이상 되는 품종을 선택한다.

④ 비가 자주오고 일조가 부족하면 표피세포의 규질화가 나빠지고 줄기가 연약해져 도복이 되기 쉽다.

표 1-18 밀 품종의 특성

구분	곡종	특성	수량	재배 사진
국수용	금강밀	조숙성, 파성 Ⅲ(춘·추파형), 백립계, 1997년도 육성, 제분율 높음, 전국재배가능	530kg/10a	
	새금강밀	답리작, 다수성, 대립종, 파성 Ⅲ(춘·추파형), 2015년도 육성, 제분율 높음, 전국재배 가능	559kg/10a	
빵용	조경밀	조숙성 대립, 경질밀, 백립계, 파성 Ⅱ(춘파가능), 2004년도 육성, 1월 평균 −10℃ 이상 지역, 전국재배가능	519kg/10a	
	백강밀	조숙성, 답리작, 다수성 파성 Ⅱ(춘파형) 백립계, 2015년도 육성, 1월 평균 −10℃ 이상 지역, 전국재배가능	505kg/10a	
과자용	고소밀	조숙성, 다수성, 연질밀, 적립계, 2010년도 육성	573kg/10a	
취반용	아리진흑밀	조숙성, 항산화성분, 통밀용, 2020년도 육성, 폴리페놀과 안토시아닌이 많음	429kg/10a	
양조용	우주밀	다수성, 주정용, 백립계, 2020년도 육성	606kg/10a	

5. 밀의 품질

1) 밀재배와 품질

(1) 영양성분

① 영양성분 면에서 보면 단백질, 전분, 지방, 회분, 비타민, 무기물 등이 많은 것이 좋다.

② 이용과 가공면에서 배유율, 제분을, 가루의 품질(특히 단백질의 양과 질), 입질, 분질, 회분, 백도 등이 관련되어 있다.

③ 질소시용량이 많으면 단백질 함량이 증가하는데 특히 출수기 전후의 만기 추비가 가장 단백질 함량을 증가시킨다.

⑤ 관개를 하면 단백질 함량이 저하되고 수량 및 1,000립중은 토양수분 75%일 때 최고이지만 단백질 함량은 최저이다.

(2) 기상환경

① 등숙기에 냉랭하고 토양수분이 많을 경우 저단백질의 밀이 생산된다.

② 고온건조한 지대에서는 고단백질 밀이 생산된다.

③ 비가 자주 올 때는 입자(grain)의 외관이 나빠지고 1L 중이 저하된다.

④ 등숙기 강우는 단백질, 회분 함량은 증가하지만, 제분성과 밀가루의 성상이 현저히 불량해진다.

2) 밀알의 품질

(1) 배유율

① 배유율은 배유중량을 전체 입중으로 나눈 후 100을 곱한 값이다.

② 밀알이 굵고 껍질이 얇은 것이 배유율이 높고 양조용으로도 유리하다.

③ 보통밀의 배유율은 81~89%이다.

(2) 제분율

① 제분율은 밀가루의 중량을 (밀기울의 중량+밀가루의 중량)으로 나눈 후 100을 곱한 값이다.

② 밀알이 굵고, 통통하여 1,000립중이 크고, 밀알이 단단하여 1L 중도 크며, 껍질이 얇아서 배유율이 높은 것일수록 제분율도 높다.

③ 제분 시 밀알의 수분함량을 일정하게 조절(강력분 15, 중력분과 박력분 14%)하므로 밀알의 건조도가 높을수록 제분율은 높아진다.

④ 등숙기의 기상조건이 고온, 건조, 과조하면 제분율은 떨어진다.

⑤ 우리나라 장려품종들의 제분율은 63~70%로서 품종 간 차이가 현저하다.

(3) 잔분율

① 제분할 때 배유 중에서 밀기울로 묻어가는 전분을 말한다.

② 호분층 바로 아래에는 단백질이 많으면서 전분을 싸고 있는 경질 전분 세포가 호분층에 고착되어 있는데 경질 전분 세포가 발달한 것은 잔분율이 높아져서 배유율에 비해 제분율은 낮아진다.

6. 밀의 성분 및 이용

1) 종실 성분

① 밀의 물리적 구조로 초자질, 중간질, 분상질로 구분한다.

② 밀가루 입자는 크기, 색, 반죽 특성 및 가공특성에 대한 품질로 다양한 용도로 사용한다.

③ 밀알의 물리적 특성은 밀가루의 화학적 조성(단백질 함량 및 조성)과 밀접한 연관이 있으므로 밀가루의 품질을 종합적으로 평가하기 위해서는 화학적 조성을 바탕으로 물리적 특성을 이해해야 한다.

(1) 탄수화물

① 밀의 70%는 탄수화물이고 이 탄수화물의 90%는 전분으로 단백질 함량과 반비례하고 연질밀이 경질밀보다 전분 함량이 높다.

② 밀 전분의 아밀로스(amylose) 함량은 23~30%, 찰밀은 5% 정도이다.

③ 전분 입자가 작은 것(2~10㎛)과 큰 것(20~35㎛)이 존재하므로 밀 전분의 호화는 그 단계로 일어난다.

④ 밀 제분 시 같은 입도로 분쇄할 경우 경질밀의 손상 전분이 증가하고 경질밀에서 단백질이 많을수록 손상이 커지는데 손상 전분은 밀가루의 5~17%이며, 손상 전분과 단백질은 밀가루의 물 흡수율에 영향을 미친다.

⑤ 펜토산(pentosan)은 밀가루의 2~3%이며, 그중 수용성은 20~25%이다.

⑥ 펜토산은 분자량이 크고, 수산기(-OH)가 물 분자와 잘 결합하여 밀가루 단백질보다 15~20배 더 높은 점성을 가진다. 이것은 일반 전분과 달리 15배의 물을 흡수하여 높은 점성을 가진다.

⑦ 수용성 펜토산은 빵의 노화를 억제하고, 불용성 펜토산은 흡수율을 약간 증가시키지만, 제빵적성을 낮춘다.

(2) 단백질

① 밀가루의 가공적성은 환경의 영향이 큰 단백질의 함량(7~20%)과 유전적으로 결정되는 질적 특성에 의해 좌우된다.

② 밀 단백질의 80%가 글루텐(gluten, 부질)이며 글루텐이 제빵적성을 좌우한다.

③ 글루텐은 점성을 지닌 글리아딘(gliadin, 총단백질의 40~50%)과 탄성을 지닌 글루테닌(glutenin, 총단백질의 40%)으로 구성된다.

④ 밀 단백질의 12~20%가 수용성으로 비글루텐(non-gluten)인 알부민(albumin)과 글로불린(globulin)이 있으며 불용성인 글루텐(gluten)인 글리아딘(gliadin)과 글루테닌(glutenin)은 밀가루 반죽을 물에 씻어도 잔류한다.

⑤ 종실의 발달 시기에 비가 많이 오면 단백질 함량이 낮아지고 반면에 건조하면 높아진다.

⑥ 종실 발달과정 중 적절한 시기에 요소비료를 엽면시비하면 밀의 단백질 함량이 증가한다.

⑦ 초자율, 경질, 한랭지 재배, 조기 수확, 질소 비료 시용은 밀 단백질 함량을 높인다.

⑧ 밀 단백질의 성질은 고분자량인 글루테닌에 대한 저분자량인 글리아딘의 비율로 설명하는데, 글리아딘이 많을수록 신장성이 커진다.

⑨ 밀가루 점탄성을 높이려면 글루텐 함량을 높이거나 밀가루를 숙성시켜 산화를 촉진하면 된다. 산화제를 첨가해도 된다.

표 1-19 용해성에 따른 밀 단백질의 분류

수용성 여부	단백질의 종류	용해성
비글루텐 (수용성)	알부민(albumin)	열에 의해 응고된다.
	글로불린(globulin)	묽은 중성염 용액에 녹는다.
글루텐 (불용성)	글리아딘(gliadin)	중성염 용액에 녹지 않으며 60~70% 에탄올에 녹는다.
	글루테닌(glutenin)	중성염 또는 에탄올 용액에 녹지 않으며 묽은 산과 알칼리에 녹는다.

표 1-20 단백질 함량에 따른 밀가루 구분

구분	단백질 함량	용도
듀럼(Durum)	14~15% 이상	파스타
강력분(hard strong flour, 경질)	13~15%	경질밀 제빵용-식빵, 고단백가루
중력분(medium flour, 중간질)	10~13%	제빵 및 제면용-중화면, 건면
박력분(soft flour, 연질)	9~10% 이하	제과용 및 튀김용-케이크, 비스킷

*용해성에 의한 밀 단백질의 특성과 종류별 함유비율

(3) 지질

① 밀의 지질함량은 2~4%로, 배에 8~15%, 배유에 1~2%, 종피에 6% 정도 함유하고 있다.

② 밀은 조직에 따라 지질함량과 조성이 다른데 제분 조건에 따라서도 지질함량이 달라진다.

③ 유리 지질은 빵의 부피를 증가시키나 결합 지질은 부피를 감소시키는데 유리 지질 중 당지질은 빵의 부피를 증가시킨다.

④ 지질이 제빵에 미치는 영향은 밀 품종과 관계없이 미미하나 인지질은 쿠키를 만들 때 중요하다.

(4) 회분 함량

① 회분(ash)은 밀가루를 태우고 난 후 남는 부분에 대한 중량비로 측정한다.

② 회분 함량이 많으면, 부질의 점성을 경감시켜 가공적성이 낮아지고 백도도 낮아지므로 보통 회분함량이 낮은 것이 좋은 밀가루이다.

③ 회분은 품종, 토양, 제분율에 의해 영향을 받는데 제분율을 높여서 밀기울이 밀가루에 혼입되면 회분함량이 증가된다.

④ 국내 밀가루의 등급은 회분 함량에 따라 가공성 등급을 나누는데 1등급은 0.6% 이하이고 2등급은 0.9% 이하, 3등급은 1.6%, 기타는 2.0% 이하 등으로 구분한다.

(5) 밀가루색

① 일반적으로 밀가루는 희고 맑은 것을 좋아하는 경향이 있다.

② 회분 함량이 많으면 분색이 검어지고, 배유에 카로티노이드(carotenoid) 색소가 많으면 황색을 띤다.

③ 밀가루의 백도, 밀가루의 명도, 배유 색소의 착색도 등을 측정하여 고유한 밀가루색을 나타낸다.

2) 밀의 가공

(1) 제분(flour milling)

① 밀을 분쇄하고 외피 섬유질을 분리하여 가루로 만드는 과정이다.

② 밀은 외피를 제거하면 내부가 부서지고 밀알의 골이 깊어 외피를 제거하기 어려우므로 도정을 하기보다는 제분을 한다.

(2) 제분 과정

① 정선(cleaning)은 공정 원료 밀이 분쇄 분리 공정에 투입되기 전 이물질을 분리 제거하는 과정이다.

② 조질(tempering)은 공정 최적의 제분 조건에 이르게 하기 위한 가수처리 과정이다.

③ 조쇄(breaking)는 공정 원료 배합된 밀이 여러 대의 분쇄기를 거치도록 하면서 밀 표면에 자국을 내어 누르고 비벼서 배유 부분이 가루가 되도록 하는 과정이다.

④ 분쇄(crushing)는 공정 미들링(middling)을 활면롤(smooth roll)로 누르고 비벼서 순차적으로 가루를 만드는 과정이다.

⑤ 체질 공정은 조쇄와 분쇄된 가루를 체로 쳐서 밀가루와 밀기울을 분리하는 과정이다.

(3) 입질(grain texture)

① 초자질부는 밀알의 횡단면에 세포가 치밀하고 광선이 잘 투입되어 반투명하게 보인다. 초자질립은 밀알 단면의 70% 이상이 초자질부로 되어있는 것을 말한다.

② 분상질부는 세포 간극이 많아 공기가 많이 함유되어 있어 광선이 난반사되기 때문에 희게 보인다. 분상질립 밀알 단면의 70% 이상이 분상질부로 되어있는 것을 말한다.

③ 초자율(glassiness percentage)이 70% 이상인 것을 초자질 밀이라고 한다. 중간질 밀은 초자율이 70~30%, 분상질 밀은 초자율이 30% 이하인 것을 말한다. 초자율 계산으로, 공시입수 50개 중에서 초자질립이 25개, 중간질립이 15개, 분상질립이 10개일 때 초자율은?

초자율=$(25+15/2+0)\times 100/50=65\%$이다.

④ 초자질일수록 단백질 함량이 높고, 지방과 전분 함량은 낮으며, 종실의 비중이 크다.

⑤ 입질은 유전성에 크게 지배되지만 재배 환경향도 영향을 미친다.

⑥ 고온건조한 지대에서 초자질밀, 강우량이 많은 다습한 지대에서는 분상질밀이 생산된다.

⑦ 질소(N) 비료를 많이 주거나 성숙기의 건조로 임실이 충실치 못할 때도 초자율이 높아진다.

(4) 분질(flour texture)

① 분질은 밀가루 내 수분, 단백질, 지방, 탄수화물, 조섬유, 회분 함량과 조성을 기준으로 영양학적, 화학적 조성에 따라 나눈다.

② 경질분은 단백질과 부질함량이 높고 장시간에 걸쳐 신전성이 있으므로 빵을 만들 때 잘 부풀어서 알맞다. 밀가루 중에 결정입자가 있어서 손끝으로 비벼보면 거칠거칠한 촉감을 준다. 초자율이 높고 밀알의 압쇄강도가 크기 때문에 경질밀이라고 한다.

③ 반경질분은 결정입자 및 단백질 부질 함량이 경질분보다 다소 적다. 비교적 장시간에 걸쳐 신전성이 있으므로 빵을 만드는 데(빵 배합용으로 적합) 이용된다.

④ 중간질분은 단백질 부질 함량이 경질분과 연질분의 중간 정도이다. 그중에서 신장력이 있는 것은 가락국수용으로, 신장력이 약한 것은 제과용으로 알맞다.

⑤ 연질분은 단백질과 부질함량이 적으며, 신전성이 다소 강한 것은 가락국수에 알맞고, 신전성이 약하며 단백질 함량이 낮은 것은 카스텔라, 비스킷, 튀김용으로 알맞다. 밀가루 중에 결정 입자가 없으므로 손으로 비벼보면 매우 매끄럽다.

표 1-21 곡종별 영양성분 비교(100g 기준)

곡종	열량(kJ)	단백질(%)	지방(%)	탄수화물(g)	칼슘(mg)	철(mg)	니아신(mg)
보리	1390	11.0	1.8	73	33	3.6	5.5
경질밀	1390	13.8	2.0	70	37	4.1	5.4
연질밀	1390	10.5	1.9	74	35	3.9	4.3
쌀	1495	7.5	1.8	77	15	1.4	4.6
옥수수	1490	9.5	4.3	73	10	2.3	2.0
호밀	1335	11.0	1.9	73	38	3.7	1.3
귀리	1625	11.2	7.5	70	60	5.0	1.0
기장	1485	9.7	3.4	73	32	4.5	3.5

3) 밀의 이용

① 밀가루 등급이 떨어질수록 껍질 혼입률이 높아 단백질과 회분 함량이 증가한다.

② 제빵용 밀가루는 단백질이 많고, 국수용은 중간, 과자용은 낮다.

③ 우리나라에서 생산되는 밀가루 중 강력분은 제빵용, 중력분은 제과 및 다목적용, 박력분은 제과용으로 이용한다.

④ 혼합 밀가루는 제면용으로 중력분이고, 전립 밀가루(통밀가루)는 특수 제빵, 제과용(밀 전체를 분쇄한 것으로 껍질이 포함됨)으로 이용한다.

⑤ 밀의 소비는 74%가 식용, 15% 정도는 사료용, 6% 정도는 종자용, 나마지는 기타 다른 용도로 이용한다.

표 1-22 원료 소맥 및 밀가루와 용도

분질	입질	단백질(%)	습부율	건부율	밀가루 종류	용도	생산지
경질밀	초자질	12 이상	36 이상	12 이상	강력분	제빵용, 중화면용	캐나다밀
반경질밀	초자질	11~12	25~36	8~12	준강력분	빵배합용	호주밀, 미국밀(경질)
중간질	중간질	10~11	25~36	8~12	중력분	가락국수, 비스킷용	우리나라밀, 일본밀
연질	분상질	8~10	25 이하	8 이하	박력분	제과용, 케이크용	미국밀(연질)
듀럼밀	초자질	12~15	–	–	–	마카로니, 스파게티, 파스타	이탈리아, 캐나다
양조밀	중간질	부질 함량이 많은 것이 양질				간장, 된장	

*건부량: 건조된 글루텐의 양

(1) 제빵

밀의 성질에 따른 경질밀과 연질밀의 구분은 제빵과 제면 적성에 가장 중요한 기준이다.

① 품질은 등숙기 평균기온과 최고기온이 중요한데 단백질 함량과 침전가에 영향을 주고 수량은 일조시간과 강우량의 영향이 크다.

② 단백질 함량과 침전가의 환경요인에 대한 안정성은 경질밀이 연질밀보다 환경 영향을 크게 받는다.

③ 경질밀은 연질밀보다 단백질 함량과 침전가가 높고, 빵의 용적 품질이 양호하지만, 수량은 적다.

④ 제빵에 이용되는 경질밀은 단백질 함량이 12% 이상에서 좋은 빵이 만들어진다.

(2) 제면

① 제면성을 결정하는 중요 요인은 단백질 함량과 전분 특성이다.

② 단백질 함량이 높으면 면발의 백색도가 저하되며, 유연성이 낮아 단단한 조직감을 나타낸다.

③ 전분의 호화 최고 점도는 국수 식미와 높은 상관이 있는데, 아밀로스(amylose) 함량이 낮을수록 호화 전분의 점도가 증가한다.

④ 국수는 연하고 매끄러운 것이 좋고 냉면은 쫄깃쫄깃하고 질긴 것이 좋으며 라면은 쫄깃쫄깃하고 연하고 부드러운 조직감이 좋다.

제3장 **호밀**(Rye, 흑맥)

* *Secale cereale* L. (2n=2x(RR)=14)

1. 서론

호밀은 화본과의 호밀속에 속하는 1~2년생 작물로 원산지는 코카서스, 튀르키에로 이란의 북서부, 아프가니스탄이다. 우리나라에서는 사료작물 외에는 많이 재배하지 않으나 러시아, 폴란드, 독일 등에서 많이 재배된다. 밀과 근연종으로 교잡이 가능한 유일한 재배식물이어서 밀을 모본, 호밀을 부본으로 하여 얻은 잡종을 염색체 배가시킨 복이질배수체를 라이밀(triticale, 트리티케일)이라고 하며 인간이 만들어 낸 최초의 작물로 추위에 강한 작물이다. 주요 재배지역은 유럽이 45%, 러시아가 27%, 다음으로 폴란드, 독일 순이다.

1) 기원

① 식물적 기원으로 호밀은 화본과 호밀 속의 월년초로서 염색체수는 2n=14이고, 밀과 근연으로서 교잡이 가능하여 최초의 속간잡종인 트리티케일이 1888년 독일에서 육성되었다.

② 지리적 기원은 트랜스 코카서스, 터키, 이란 북서부 지역이 원산지이다.

2) 생산

(1) 세계의 분포, 생산

① 호밀은 내한성(cold hardness)이 아주 강하고, 토양적응성도 대단히 크기 때문에 다른 작물이 자라기 어려운 불량한 환경조건에서도 재배가 가능하다. 따라서 재배 북한계선은 북위 60~70°까지이고 주산지는 북위 47~57°지대이다. 봄호밀은 고산지대에서도 적응하며 표고가 3,000m에 이른다.

② 러시아에서 재배가 가장 많은데 전세계 재배면적의 60%를 차지하고 러시아를 포함한 북부 유럽이 세계 호밀 생산의 대부분을 차지하고 있으며 이 지역에서는 감자와 함께 중요한 식량자원이다.

(2) 한국의 생산

① 식량이나 경제성으로 보리나 밀보다 현저히 떨어지기 때문에 특수한 경우에 재배한다.

② 호밀은 밀이나 보리보다 수량과 품질이 낮고 수확기가 늦어 작부체계상 불리하며 수익성도 낮아 사료나 녹비용으로 재배되고 있으나 사료적 가치도 특별히 좋지 못하다.

3) 호밀의 성분과 이용

① 호밀의 주성분은 당질이고 단백질과 지방함량은 밀과 거의 같으며, 비타민 B도 풍부하다.

② 호밀을 주식량으로 하는 지대에서는 주로 빵을 만들어 식용하지만 호밀의 단백질은 부질이 형성되지 않아 빵이 잘 부풀어 오르지 않고 빛깔이 검어서 흑빵이라고 한다. 흑빵은 맛이 떨어지지만 저장성이 좋다.

③ 우리나라에서는 메밀가루 대신에 냉면을 만들기도 하며 과자 또는 장류를 만들기도 한다.

④ 맥각병에 의해 화기에 생기는 맥각독(ergot alkaloids, 흑자색의 곰팡이 균핵인 맥각에 들어있는 알칼로이드 독소, 그러나 자궁 출혈의 지혈제, 진통 촉진제로도 사용)은 혈관수축으로 혈압상승, 수족 괴저를 유발한다.

⑤ 우리나라에서는 청예사료나 녹비로 이용되기도 한다.

그림 1-11
맥각병균(*Claviceps purpurea*)에 감염된 호밀 이삭 2개와 위쪽 정상립과 아래쪽 감염립 (infected grain)

표 1-23 호밀의 성분(시료 100g 중)

구분	열량(kcal)	수분(g)	당질(g)	섬유질(g)	단백질(g)	지질(g)	회분(mg)
곡립	331	12.5	69	1.9	12.7	2.3	1.7
가루	349	13.5	75	0.7	8.5	1.2	0.7

4) 재배, 경영상의 특징

(1) 호밀의 재배적 특성

① 내동성이 아주 강해 온도가 −25℃ 정도인 지대에서도 재배할 수 있는데 내동성은 호밀〉밀〉보리〉귀리 순으로 강하다.

② 내건성도 극히 강해 강우분포가 고른 경우에는 연강우량이 500mm 이상이면 정상생육을 할 수 있고 사질토에서도 잘 자란다. 호밀〉밀〉보리〉귀리 순으로 내건성이 강하다.

③ 토양반응에 대한 적응성이 크므로 알칼리 토양으로부터 강산성에 이르기까지 잘 적응한다.

④ 흡비력이 강해 척박한 토양에서도 잘 적응한다.

⑤ 저온발아성이 높은데 발아최저온도는 1~2℃, 지온 4~5℃에서 발아할 때 밀은 6~7일 걸리지만 호밀은 4일 만에 발아한다.

⑥ 환경적응성이 아주 우수함에도 호밀의 재배면적이 낮은 이유는 단위면적당 생산량이나 수익성이 보리나 밀보다 현저히 떨어지기 때문이다.

⑦ 식용이나 밀가루로서의 용도가 보리나 밀에 따르지 못하며 품질이 매우 떨어져 재배면적이 적다.

2. 호밀의 형태와 생태

1) 형태

① 종실은 밀과 비슷한데 좀 더 가늘고 길며, 표면에 주름이 잡힌 것이 많다. 1,000립중은 30g, 1L 중은 710g, 비중은 1.3 정도이다.

② 뿌리의 종근은 4개이며 뿌리의 발달이 왕성하고 심근성이다. 유숙기까지 계속 뿌리가 증대된다.

③ 줄기는 맥류 중 가장 길고, 분얼력은 밀보다 떨어진다.

④ 초엽은 붉은빛을 띠고 엽색은 청록색으로서 납질이 현저하다.

⑤ 엽신은 보리, 밀보다 넓고 길지만 지엽은 다른 잎보다 작다.

⑥ 엽설은 백색으로 작고 엽이도 아주 작다.

2) 호밀 화서

① 호밀의 꽃은 수상화서(spike)로서 이삭이 밀보다 납작하고 가늘고 길며, 이삭의 단면은 납작한 사각형이며 두줄보리와 비슷하다.

② 이삭 모양은 수축 마디의 장단에 따라 다르고 밀처럼 봉형과 방추형으로 구별할 수 있으며 이삭이 직립, 경사, 만곡 등이 있다.

③ 수축에는 25~30개 마디가 있고, 각 마디에는 1개의 소수가 착생하고, 소수는 3소화로 되어있는데, 최상부의 소화는 보통 불임이고 1이삭에는 50~60립의 종자가 달린다.

3) 호밀 생태

호밀은 -25℃의 저온에서도 동해를 별로 받지 않는다. 발아 온도는 최저 1~2℃, 최적 25℃, 최고 30℃ 정도이다.

(1) 개화, 등숙

① 개화는 주간의 이삭에서부터 시작되며, 한 이삭에서는 중앙부의 소수가 최초로 개화하고 점차 상하부의 소수에 이른다.

② 밀과 같이 완전히 출수한 다음 개화가 시작되며, 개화는 12℃ 이상에서 시작되는데, 오전 중에 많고 밤에도 개화한다.

③ 호밀은 풍매화로서 타가수정을 하며, 자식할 때는 임실률이 현저히 낮아진다. 채종할 경우 300~500m 격리재배를 해야 한다.

④ 개화 후 40일경에 종실이 완숙하고, 배나 배유의 발달양상은 밀과 유사하다.

(2) 자가불임성

① 타화수정작물로 자가불임성이 매우 높다. 다른 개체의 꽃과 교잡이 잘 이루어지지만, 같은 꽃의 화분이 주두에서 발아는 하지만 화분관이 난세포에 도달하지 못한다.

② 품종의 자가임성 정도는 야생종보다 재배종이 높고 러시아 남방 품종보다 북방 품종이 높다.

③ 호밀의 자가불임은 우성인 경향이 있으며 개체간 유전적 변이가 인정된다.

(3) 결곡성

① 호밀에서 나타나는 결곡성(schartigkeit)은 미수분으로 인한 불임현상이다.

② 원인은 수분이 안되는 것인데 포장 주위의 개체나 바람받이에 있는 개체는 미수분이 되기 쉽고 개화 전의 도복이나 강우에 의해서도 결곡이 일어난다.

③ 결곡성은 유전되는데 불가리아 호밀의 결곡성은 염색체 이상에 의한 것이다.

④ 화분불임성과 암술(자성)불임성 두 가지가 다 있다.

3. 호밀의 품종

① 호밀은 가을호밀과 봄호밀로 구별되며 우리나라에서는 주로 가을호밀이 재배된다.

② 주로 사료용이므로 일찍 수확하는 조생종이 대부분이다.

표 1-23 보급종 호밀

곡종	특성	수량
금강호밀	조생종, 내한성, 병해에 강함, 용도는 답리작 및 옥수수 전작, 청예조사료 생산용	303kg/10a
곡우	조생종, 내한성, 병해에 강함, 용도는 답리작 및 옥수수 전작, 청예조사료용, 곡우는 24절기의 하나로 4월 20일경 수확함	303kg/10a

*라이밀(triticale)에 대하여

① 밀과 호밀의 속간잡종을 라이밀(triticale)이라고 한다. 듀럼(durum) 밀(AABB)×호밀(RR)의 교배에 염색체를 배가시켜 이질6배체인 트리티케일(AABBRR)을 얻었다. 이 6배체 라이밀이 보통밀(AABBDD)×호밀(RR)의 교배에 의해 이질8배체 트리티케일(AABBDDRR)보다 더 재배가 많다.

② 라이밀(트리티케일)은 밀의 단간, 조숙, 양질성과 호밀의 내한성, 왕성한 생육력, 긴 수장, 내병성 등을 조합시켜 만들어졌다.

③ 생육특성은 호밀과 비슷하지만 품질은 밀과 호밀의 중간 정도이므로 호밀지대에서는 호밀 대신 보급될 수 있다.

④ 라이밀은 호밀에 가까운 특성을 가지며 내동성이 강하고 자가임성이다.

⑤ 라이밀은 밀보다는 착립률이 낮고 수량도 적으며 품질도 떨어진다.

4. 호밀의 재배환경

① 저온발아성이 높아 발아최저온도는 1~2℃이고, 지온 4~5℃에서 발아시킬 때 밀은 6~7일에 발아하지만, 호밀은 4일 만에 발아한다.

② 내동성이 아주 강해 겨울에 -25℃의 저온으로 내려가는 지대에서도 월동할 수 있다.

③ 내건성이 강하여 연강우량이 500mm 이상인 곳에서는 정상적인 생육을 할 수 있고 사질토에 대한 적응성도 매우 높다.

④ 토양반응(pH)에 대한 적응성이 높아서 알칼리성~산성토양에 이르기까지 잘 적응한다.

⑤ 척박지에 대한 적응성이 매우 높으며 흡비력이 강하여 사질토양이나 점질토양에서도 잘 적응한다.

⑥ 다습한 환경을 싫어하며 강우나 바람 등에 의해 도복이 잘된다.

5. 호밀의 재배기술

1) 일반 재배

① 채종포는 일반포장에서 300~500m 떨어진 곳에 설치하는 것이 좋으며 채종은 집단선발을 한다.

② 호밀은 밀 보리보다 조파나 만파에 잘 적응하며 종자가 작으므로 파종량은 10a당 12kg으로 한다. 흡비력이 강해 도복의 우려가 있으므로 시비량은 밀보다 적게 10a당 질소 12kg, 인산 9kg, 칼륨 7kg을 표준으로 하여 시비한다.

③ 수확기는 밀보다 늦어서 6월 하순경이 된다.

2) 병충해

① 맥각병이 주로 발생하는데 병징은 이삭에 모가 난 검은 덩어리 즉 맥각이 생기는 병으로 이는 밀이나 보리에서도 발생한다.

② 맥각병의 전염경로 병원균의 균핵인 맥각이 포장에서 월동하여 이듬해 봄에 자낭포자를 형성한 후 주두에 도달하여 씨방에 침입하고 번식하여 분생포자를 만드는데 이것은 점착성이 있고 꿀이 섞여 있어 곤충이 이것을 다른 꽃에 옮긴다.

③ 맥각병의 방제법으로는 무병지에서 채종하고 종자를 비중선하여 피해종자를 제거한다. 심경을 하면 월동 균핵의 자낭체 형성이 억제되어 전염성이 적어진다. 휴반잡초를 제거하여 매개 곤충을 적게 한다.

④ 맥각에는 유해성분이 있어 인축에 해롭지만, 에르고톡신(ergotoxin) 성분이 있어 수축제, 혈압상승제 등의 약용으로 이용되기도 한다.

3) 청예 재배

① 파종은 적기에 하며, 파종량은 10a당 12kg을 기준으로 하고 만파 시에는 다소 늘린다.

② 시비량은 10a당 퇴비 1,000kg, N-P-K는 12-9-7kg이 알맞고 질소 비료의 절반은 봄에 추비한다.

③ 청예사료로 이용할 때는 호밀만을 단파하는 것보다 베치 등과 함께 혼파하는 것이 청예수량도 많고 사료의 영양가도 높고 다양화할 수 있다.

(1) 사료로 이용

① 호밀은 적기에 수확하면 양질의 녹사료를 생산할 수 있는데, 풋베기용(청예사료)으로 할 때는 수잉기에, 사일리지(또는 ensilage)로 이용할 때는 유숙기가 수확적기이다.

② 늦게 수확하면 섬유질이 많고 조직이 단단하여 사료가치가 떨어진다.

(2) 녹비로 이용

① 호밀을 논에 재배하여 녹비로 갈아 넣으면 지력증진과 누수방지 효과가 커서 사질누수답에서 아주 유리하다.

② 만파적응성이 강해 녹비로 재배할 때는 두과작물을 재배할 수 없는 중부지방에서도 벼재배에 지장없이 답리작을 할 수 있다.

③ 호밀을 녹비로 갈아 넣으면 부식과 비료분을 보급하고, 누수답에서 물을 절약하고 수온을 높이는 효과도 있다.

④ 호밀 녹비는 10a당 1,000kg 이내로 시용하고 이앙 전에 주어야 한다. 그러나 이앙 직전에 너무 많이 시용하면 벼의 활착이나 생장을 저해할 수 있다.

(3) 토지이용도 증대

청예재배를 하려면 전국적으로 답리작이 가능하다. 벼의 후작으로 중부지방은 호밀, 남부지방은 이탈리안라이그래스를 많이 재배한다.

제4장 **귀리**(Oat, 연맥)

**Avena sativa* L. (2n=6x(AACCDD)=42)

1. 서론

귀리는 메밀이나 호밀 등과 마찬가지로 척박한 땅에서도 파종과 재배, 수확이 용이하기 때문에 동유럽이나 북유럽 등지에서 많이 재배하며, 최대 산지는 러시아이다. 귀리는 청예사료용(90%)와 식용(10%) 등으로 다양하게 이용된다. 일반재배용 귀리인 보통종(겉귀리, Avena sativa)과 붉은귀리(Avena byzatina) 종이 대부분 재배되고 있으며 쌀귀리(Avena nuda)나 메귀리(Avena fatua)도 일부 재배된다. 오옥신 호르몬의 특성을 나타내는 아베나 테스트(Avena test)가 귀리로 실험한 것이다. 식용으로 쌀밥 한 공기 정도의 포만감을 느끼기 위해 섭취해야 하는 귀리죽에 들어가는 귀리의 양은 약 40~50g이면 되므로 건강식품으로 인기가 있다. 이렇게 포만감이 높은 이유는 귀리에 포함된 글루텐 때문에 소화가 더디고 섬유질이 워낙 많아 물을 많이 흡수하고 부피가 커지기 때문이다.

2. 귀리의 기원

① 귀리의 원산지는 서아시아와 중앙아시아 및 아르메니아 지방으로 본다.

② 귀리 속의 기본 염색체수는 n=7이며 재배종과 야생종에서 염색체수가 2n=14, 28, 42의 변이가 나타난다.

③ 재배종은 6배체(2n=42개)로 보통귀리(*Avena sativa*, 겉귀리), 붉은귀리(*Avena byzantina*), 쌀귀리(*Avena nuda*), 메귀리(*Avena fatua*) 등이 재배되고 있다. 세계적으로 가장 많이 재배되는 것은 보통귀리와 붉은귀리이다.

④ 귀리의 야생형은 종실이 쉽게 탈락하나 재배종은 종실과 소수가 쉽게 탈락하지 않는다.

3. 귀리의 생산

① 귀리는 여름철 서늘한 기후에 적응하며 열대지방과 같은 고온건조한 기후에는 알맞지 않으며, 생육기간도 길기 때문에 고위도나 고지대에 대한 적응성이 낮아서 분포범위는 다른 맥류보다 좁은 편이다. 유럽에서 북위 45~65°, 표고는 3,000m에 이른다.

② 세계적인 주산지는 2022년 현재 유럽연합이 30%로 가장 많고 러시아 17%, 캐나다 14%를 차지하고 있는데 유럽의 중북부에서는 식량보다는 사료로서 더 중요하다.

③ 전 세계적으로 약 1,000만 ha에서 2,531만 톤이 생산되고 10a당 수량은 230kg 정도이다.

④ 우리나라는 과거에 여름이 서늘하고 다습하여 감자와 귀리 재배에 알맞은 북한의 고원지대에서 많이 재배되었고 지금 우리나라에서는 2~3만톤이 생산된다.

4. 귀리의 성분 및 이용

① 귀리(겉귀리)의 주성분은 당질(66%)이나 단백질(17%)과 지질(6.9%)이 많은 편이고 소화도 잘되며 비타민 B도 풍부하다. 쌀귀리는 100g당 열량 334kcal, 단백질 14.3g, 탄수화물 70.4g, 지방 3.8g이며 겉귀리에 비해 당질은 높고 단백질과 지질은 낮다.

② 종실 중 수용성 식이섬유 함량이 맥류 중에서 가장 높고 지질함량도 가장 높다.

③ 곡립은 도정하여 식량으로 이용하고 납작귀리쌀(압맥)로 만들어 밥을 지어 먹으며 죽이나 오트밀(oat meal)을 만들어 조식용으로 하기도 한다. 최근에는 건강식품으로 인기가 있다.

④ 귀리는 종실이나 풋베기한 것이 모두 우수한 사료가 되며, 특히 말(horse) 사료로 우수하다.

⑤ 청예귀리(green oat)는 풋베기한 것으로 사료용이나 녹비로도 이용한다.

5. 귀리의 재배와 경영상의 특징

① 단백질과 지방이 풍부하고 품질이 우수한 화본과 곡류이다.

② 사료나 녹비로서도 우수한 특성을 많이 지니고 있어 대부분 사료용으로 재배한다.

③ 척박한 토양이나 산성이 강한 토양에도 잘 견디고, 특히 다른 맥류가 적응하기 어려운 여름

철 냉습한 기후를 잘 견딘다. 그러나 내동성과 내건성, 내도복성이 약하다.

④ 단점으로 다른 맥류에 비해 수량이 낮고 도정하기가 까다로우며 수확시기가 늦기 때문에 작부체계상 불리하다.

6. 귀리의 형태 및 생태

① 귀리의 종실은 다른 맥류처럼 영과이며 소화(floret)의 위치에 따라 영화의 크기가 다르며, 기부의 영화가 더 크다.

② 뿌리의 종근은 3본이고 초엽절위부터 관근이 발생하고 근계발달이 좋으며, 심근성이고, 흡비력이 강하다.

③ 줄기는 보리와 비슷하나 굵고 더 즙이 많다.

④ 잎이 넓고 엽초에는 납질이 많으며 흰빛을 띤다. 엽설은 짧고 백색의 엽은 막으로 되어있으며 엽이는 없다.

⑤ 이삭은 복총상화서(compound raceme)로서 한 이삭에 20~40개의 소수가 착생한다.

1) 소수

① 소수는 넓고 긴 받침껍질로 싸여있고, 1소수에 3개 꽃(3영화)이 들어 있는데, 최상위 꽃은 불임인 경우가 많다.

② 꽃은 암술 1, 수술 3, 인피 1쌍, 안껍질 1, 바깥껍질 1개로 구성되고 까락이 바깥껍질의 잔등에 달린 것이 다른 맥류와 다르다.

③ 소수당 3립이 임실하면 상위립을 내립, 하위립을 외립, 중간은 중간립이라 하며 외립 종실이 굵지만 내립은 부피가 5~7%로 낮다.

④ 소수당 2립이 임실할 때 상위립을 내립, 하위립을 외립이라고 하고 정복립은 정상적으로 2개의 꽃이 임실한 것이다.

2) 생태

① 발아온도는 최저온도가 0~2℃, 최적온도는 26℃, 최고온도가 38~40℃이다.

② 귀리는 완전히 개화한 다음에 이삭 선단의 꽃부터 개화하기 시작하며, 개화기간은 1이삭이 8일, 1포기는 30일 내외이다.

③ 개화에 알맞은 온도는 20~24℃, 습도는 57~88%이며, 다른 맥류와 달리 고온에서 저온으로 변할 때 개화가 많아서 오후 2~4시에 개화가 많으며, 비가 올 때도 개화한다.

④ 자가수정(self pollination)이 정상적이지만 품종과 환경에 따라 0~10% 내외의 자연교잡률을 나타내기도 한다.

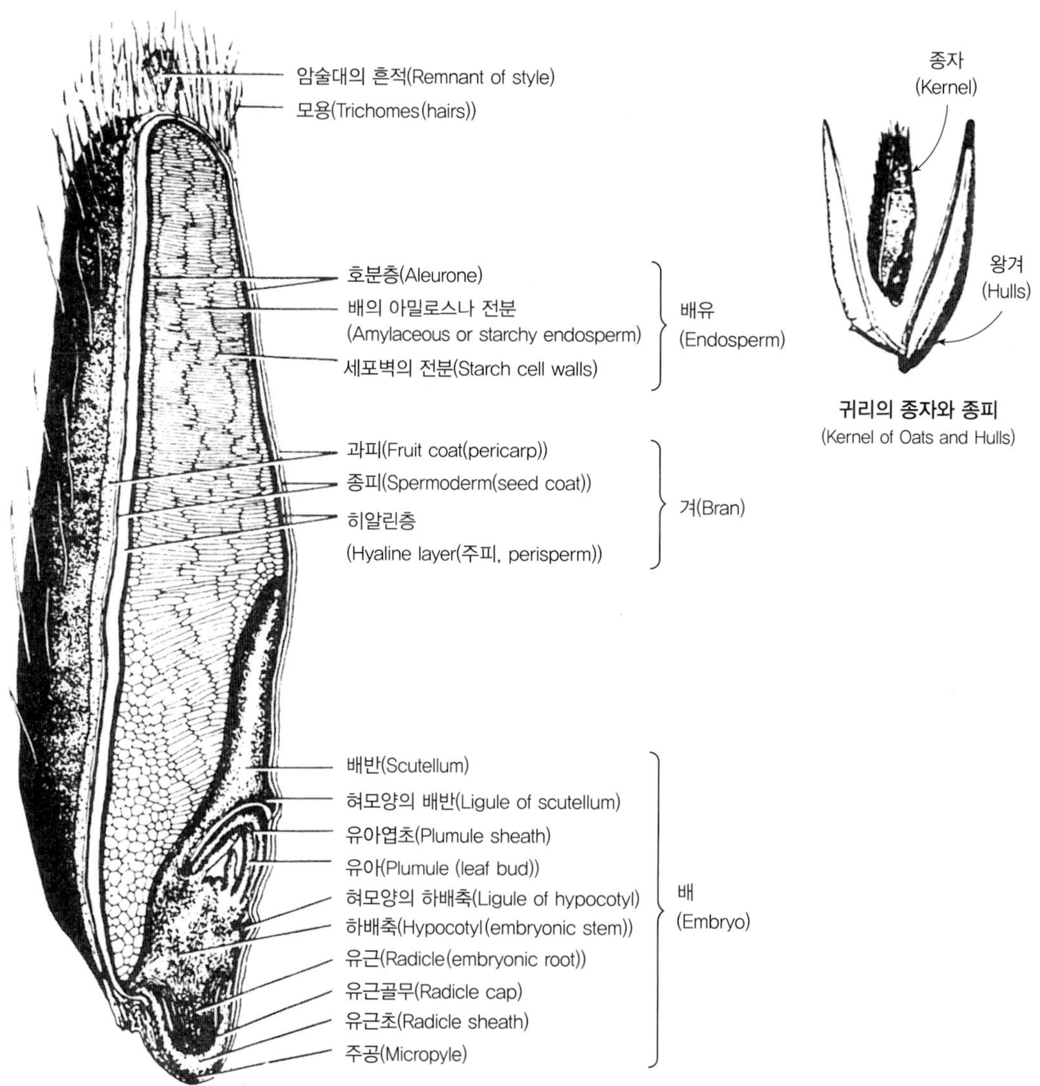

그림 1-11 귀리종자를 세로로 자른 모습

3) 백수현상

① 귀리에서 나타나는 불임현상으로 귀리가 출수할 때 백색의 불완전 소화(백수)가 생겨 성숙함에 따라 퇴색하고 위축하여 떨어지는 현상이다.

② 백수(white head)의 원인은 양수분의 공급이 잘되지 않기 때문이다.

③ 백수의 발생은 대체로 주간의 소수가 많을수록 많이 발생하고 이삭의 기부로 갈수록 많이 발생하며 출수기에 상대적으로 세력이 약한 소화일 경우 많이 발생한다.

7. 귀리의 재배

1) 품종

① 우리나라에서는 봄귀리가 일반적으로 재배되어 왔지만 품종은 발달하지 못하였고, 기후가 잘 맞지 않아 주로 외국 도입품종들이 재배되어 왔다.

② 최근 선발육성된 메귀리, 삼절귀리가 장려품종이 되었다.

2) 환경

① 내동성이 보리, 밀, 호밀보다 약하여 생육기간중 온도가 −8℃ 이하이면 월동이 불가능하다. 따라서 우리나라는 가을귀리는 재배하지 못하고, 봄귀리만 재배한다.

② 내건성이 약하여 생육기간 중 강우량이 적고 건조한 지대에서는 생육이 좋지 않으며, 최적 토양함수량은 최대용수량의 60~80%이고, 5~7월의 월간강우량이 60~80mm가 알맞다.

③ 내도복성이 약해 비옥지에서 재배되거나 다비재배를 할 경우 등숙기에 비바람이 심하면 도복이 될 우려가 있다.

④ 냉습한 기후에서 잘 생육하므로 여름철 냉습한 산간지에서는 다른 맥류보다 재배하기가 쉽다.

⑤ 토양적응성이 강하여 척박지나 산성토양에 대한 적응성이 밀보다 강하다.

⑥ 붉은귀리(red-oat) 품종이 발아가 느리고 지연되어 입묘가 떨어지는 경향이 있다.

⑦ 겨울귀리(winter oat) 품종은 봄귀리(spring oat) 품종보다 휴면이 강하다.

3) 귀리의 재배기술

(1) 일반재배

① 귀리의 재배는 대체로 봄보리에 준하여 재배한다.

② 파종은 해동 후 될수록 빨리하며, 파종은 3~4월에 하고, 파종량은 10a당 10kg 정도이다.

③ 시비량은 도복의 우려가 있으므로 밀, 보리보다 20~30% 줄인다.

④ 수확은 6월 하순~7월 중순에 하고 도정은 여름에는 5~6시간, 겨울에는 10시간 물에 담갔다가 밥처럼 될 때까지 삶아서 잘 건조시킨 다음 도정한다.

(2) 청예재배

① 귀리도 호밀처럼 사료용, 녹비용으로서의 청예재배(green oat)에 알맞으며, 녹비로서의 효과는 호밀과 비슷하다.

② 단파를 많이 하지만 헤어리베치나 완두 등과 혼파하는 것이 유리하며 되도록 일찍 파종해야 수량이 많다.

③ 풋베기 재배 시 출수기~유숙기 사이에 수확하는 것이 알맞다.

4) 귀리의 병충해

① 귀리 깜부기병(smut)은 소수에 진한 갈색 포자가 내영(lemma)과 외영(palea)에 침투해 발생한다. 습도가 높을 때 발생이 많은데 저항성 품종을 재배한다.

② 귀리 녹병(rust)은 밀의 줄기 녹병과 유사한데 매자나무(barberry)와 기주교대를 한다. 저항성 품종을 재배한다.

③ 귀리는 보리와 밀보다는 병충해가 적지만 바이러스, 선충, 응애(mite), 총채벌레(thrip), 과실파리, 거세미나방, 메뚜기 등 대부분의 병충해가 발생한다.

제2편 잡곡류

제1장 **옥수수**(Maize, 강냉이)

*Zea mays L.(2n=20)

1. 서론

세계 3대 작물의 하나인 옥수수는 타식성 작물로 잡종강세현상이 강하고 건물생산이 아주 깊은 C4 작물이다. 콜럼버스가 신대륙을 발견하였을 때 이미 인디언들의 주요 식량작물이었고(약 7,000년 전부터 재배된 것으로 추정) 지금도 멕시코와 중남미 여러나라에 중요한 식량작물로 재배되고 있으나 식물학적 기원에 대해 논란이 많다. 우리나라는 강원도에서 재배가 많고 주요 사료작물이기도 하다. 우리나라 재배면적은 15,000ha에 78,000톤 정도가 생산된다.

① 중앙아메리카 및 남아메리카에서 재배가 시작된 옥수수는 열대지방에 잘 적응하지만 온대지방에서도 많이 재배된다. 현재 유럽에서는 북위 50°, 캐나다에서 북위 45°에도 재배되고 있다.

② 세계적인 주산지의 재배와 생산은 미국이 20%, 중국이 19%, 브라질이 8%, 인도가 5%이고 재배면적이 계속 확대되고 있다.

③ 세계 3대 식량작물의 하나이고 원예용으로 찰옥수수나 튀김옥수수(팝콘)가 있다.

④ 옥수수의 중에서 우리나라에서는 사료용 또는 종실용 옥수수로 불리는 마치종이 많이 재배되고 있다.

1) 기원

(1) 식물적 기원

① 테오신테설(teosinte grass), 감마그래스설(gama grass), 야생 유부종설, 이들의 공동선조설, 삼부설 등이 있으나 멕시코 부근일 것이라는 것이 가장 유력하다.

② 유력한 삼부설은 세포유전학에 중점을 두고 옥수수의 계통발생을 구명한 것으로 옥수수에는 야생의 유부종에서만 유래한 퓨어옥수수(pure maize) 군이 있다. 테오신트는 옥수수와 가마그래스의 교잡으로 생겼다는 것이다.

③ 옥수수 중에는 퓨어옥수수(pure maize)와 테오신트와의 교잡 또는 그 교잡종과 퓨어옥수수(pure maize)와의 교잡종 등에 의해 발생하여 간접적으로 가마그라스의 계통을 이은 트리사쿰이 혼입된(*Tripsacum* contaminated) 옥수수가 있다.

④ 옥수수의 전파로 유럽에는 콜럼버스(Columbus)가 쿠바에서 스페인으로 전파한 것이 시초(15세기 말)이며, 우리나라는 16세기 이후 도입된 것으로 추정한다.

2) 분포와 생산

① 옥수수는 세계 3대 작물의 하나로 재배가 가장 많은 곳은 미국으로 세계 총생산량의 30%를 생산하고 있으며 단위 수량이 가장 높은 나라는 뉴질랜드이다.

② 옥수수는 온난다조를 좋아하지만, 환경적응성이 크고 종류와 품종이 다양하게 분포되어 있으며 생육기간의 변이폭이 커서 조생종을 재배하면 높은 위도나 고도에까지 재배가 가능하며, 표고한계도 3,500m에 달한다.

③ 우리나라는 대관령에서 마치종이 700m까지 재배되고 그 이상에서는 재래종이 재배되고 있다. 우리나라 산간지대에서는 식량으로, 평야지대에서 간식용으로 재배되고 강원도가 34%, 충북이 20% 정도 재배한다.

④ 축산업의 발달로 대부분 사료로 이용되며 강원도에서 집중적으로 재배되어 60% 이상을 차지하고 자급률은 1%에 내외에 불과하다.

3) 옥수수 재배의 특징

(1) 일반적 특징

① 보통 통기성이 좋고 지하수위가 높지 않으며 물빠짐이 좋아 습해 우려가 없는 유기질 토양이 다수확과 고품질 생산에 유리하다.

② 다른 작물에 비해 병충해가 적고, 영양 흡수력이 강해 토양의 과잉 비료분을 흡수한다.

③ 다른 작물에 비해 재배와 기계화가 용이한 키가 큰 작물이다.

④ 토양을 별로 가리지 않으며, 토양산도는 pH 5.5~8.0에서 적응하나 적정 산도는 pH 6.5 정도이다.

⑤ 단옥수수(간식용)는 답전작으로 조기재배가 가능하고, 찰옥수수는 1년 2기작 재배로 경지이용률을 높일 수 있다.

(2) 경제성

① 세계 3대 작물 중 생산성이 가장 높고 단위면적당 광합성 능력도 아주 높다.

② 일반 옥수수를 재배하면 수량은 많으나 수확이 1개월 늦고 가격경쟁력이 낮다.

③ 식용 풋옥수수를 재배하면 소득을 높일 수 있고, 단옥수수로 초당옥수수나 대학찰옥수수는 비닐하우스에서 조기재배하면 수익성이 높다.

④ 사일리지용 옥수수로 조사료의 원활한 공급을 목적으로 축산농가의 생산비를 낮추어 국제 경쟁력을 높일 수 있다. 일부 논에 벼 대체작물로 옥수수를 재배하면 조사료 자급률을 높일 수 있다.

(3) 파급효과

① 수입 농산물에서 옥수수의 곡립의 비중이 크므로 산간지나 휴경지에 옥수수를 재배하면 일정량 수입대체효과를 거둘 수 있다.

② 간식용 풋옥수수는 벼 재배 이전(1월~5월)에 1기작 재배를 하면 소득 제고와 조기공급이 가능하다.

③ 찰옥수수의 2기작 재배는 노지에서 4월 중순 파종~7월 하순 수확, 후작은 10월 하순에 수확이 가능하다.

④ 멀칭재배를 하면 노지재배보다 생육일수를 5일 정도 단축시킬 수 있다.

2. 옥수수의 형태

1) 종실

종실은 영과로서, 과피와 종피가 밀착해 있고 과육은 발달되지 않는다.

(1) 옥수수 구조

① 과피는 보통 딱딱하고 투명한 껍질이다.

② 과피 안의 종피는 얇은 층으로 되어 있으며 배유는 종피에 싸여있다.

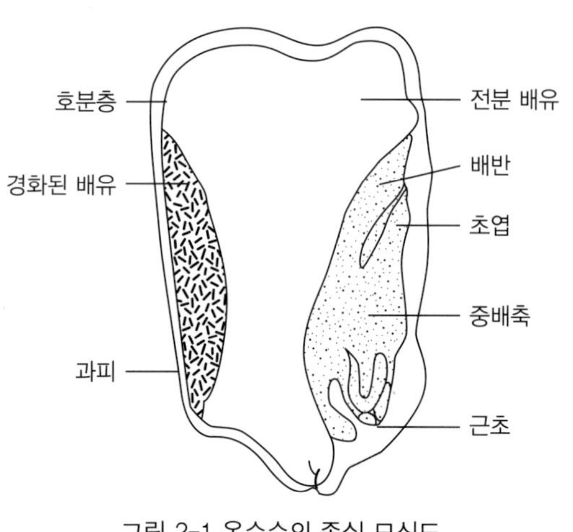

그림 2-1 옥수수의 종실 모식도

③ 배유의 외층은 호분층으로서 단백질과 지방이 많다.

④ 호분층 안의 전분세포층은 배유의 주부로서 단백질과 다량의 전분립이 들어있다.

⑤ 입색은 과피와 호분층의 색소에 의해 나타난다. 옥수수는 비타민 A 함량이 많다.

(2) 배와 배유

① 배는 종실의 10~14%를 차지하고, 33~40%의 지질을 함유하고 있으며, 비중은 1.22 정도이다.

② 분상질부는 백색으로서 불투명하고 연하며, 단백질을 거의 함유하지 않는 연질 전분 조직으로 되어 있다.

③ 각질부는 반투명하며 단단하고, 단백질을 함유하는 경질 전분의 조직으로 되어 있다.

2) 잎과 줄기

① 발아할 때 초엽이 먼저 나오고 다음부터 본엽이 나오며, 종자를 깊게 파종하면 지중경을 형성한다.

② 엽초는 옥수수 대를 싸고 있고 엽신은 크고 장대하며 엽설은 둥근 환상이고 엽이는 작은 막으로 된 단편 모양이다.

③ 줄기는 굵고 둥글며 둘레에 단단한 껍질이 싸여있고, 내부에 속이 차 있다.

④ 우리나라 재래종의 초장은 1.5~2m, 엽수는 보통 12~14매 정도이다.

3) 뿌리

① 발아하면서 1개의 종근이 발생하고, 이어 그 부근 마디에서 2~3개의 부정근이 나와 초기 흡수작용을 한다.

② 발아 후 7~10일부터 관근(수염뿌리)이 발생하여 수분흡수 및 식물체 지지 등 본격적인 뿌리 기능을 한다.

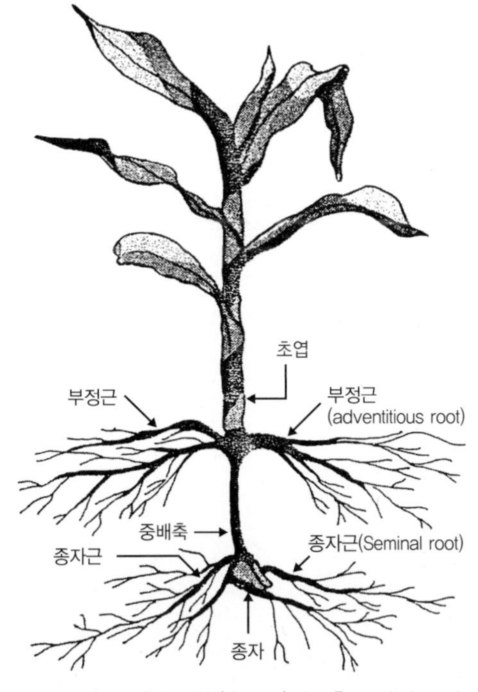

그림 2-2 단자엽 작물(옥수수)의 2층 모양의 뿌리

③ 근계는 섬유상이고 땅속 70cm 이내에 주로 분포하며 일부가 더 깊이 뻗어 들어간다.

④ 지표 가까운 1~2마디에서 굵은 측근(brace root, 곁뿌리)이 발생하여 땅속으로 뻗어 들어가 세근이 분기하는데 이 측근은 식물체 지지하여 도복을 방지하고 양수분을 흡수하는 역할을 한다.

(1) 화서

① 줄기 끝에 수이삭(staminate spike, 웅성화서)이 달리고 줄기 중간마디에는 암이삭(carpellate spike, 자성화서)이 달리는 자웅동주 이화식물(monoecious plant)이다.

② 수이삭(tassel)은 긴 이삭줄기가 있고 1이삭에 보통 2,000개의 소수가 착생하여 약 2,000만개 정도의 화분립을 가진다.

③ 웅성 소수는 1쌍의 받침껍질에 싸여 2개의 수꽃이 있으며 수꽃은 바깥껍질과 안껍질에 싸인 3개의 수술과 1쌍의 인피가 있다.

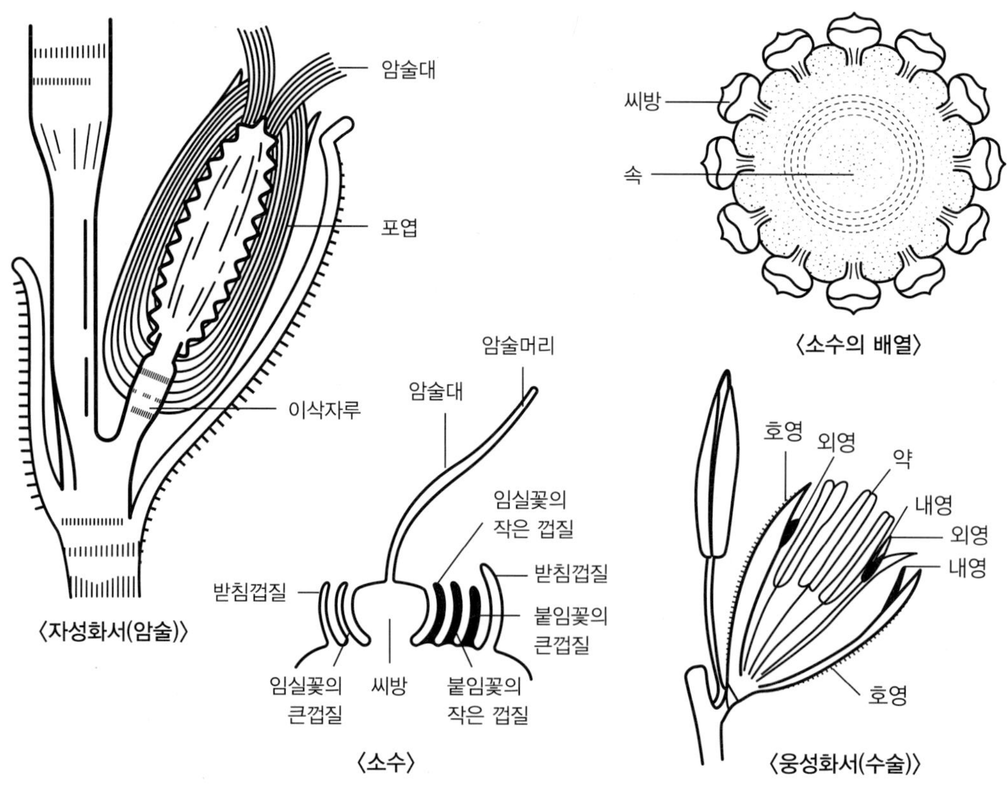

그림 2-3 옥수수의 화기구조

④ 수이삭의 긴 수축에서 10~20개의 1차지경이 분기하고 다시 2차지경이 분기하여 각 마디에 2개의 웅성소수가 착생하는데 그중 하나는 유병소수(pedicellate spikelet)이고 다른 하나는 무병소수(sessile spikelet)이다.

⑤ 암이삭은 줄기 중간마디에 1~3개 착생하나 품종과 재배환경에 따라 여러 개가 달리기도 한다.

⑥ 암이삭 기부에 수병(이삭 자루)이 있고, 7~12매의 포엽(husk)으로 싸여있다.

⑦ 자성 소수는 1쌍의 받침껍질에 싸여 2개의 암꽃이 있는데, 그중 하나는 바깥껍질과 안껍질뿐인 불임화이고, 다른 하나는 바깥껍질과 안껍질에 싸여서 1개의 암술이 있는 임성화이다.

⑧ 자방에는 50cm까지 달하는 수염(silk)이 자라서 포엽 밖으로 나온다. 수염은 암술대와 암술머리 역할을 하며 암이삭의 자방선단부위가 신장한 것으로 수염전체가 화분이다.

3. 옥수수의 생리재배

1) 발아

① 발아온도는 최저 6~11℃, 최적 34~38℃, 최고가 41~50℃ 정도이다.

② 발아 시 최소흡수량은 전립은 30% 배는 60%이고 최대흡수량은 감미종은 113% 마치종은 74% 정도이다. 종자흡수는 대부분 종자의 첨모(tip cap)의 기부를 통해 이루어지며 다른 곳의 표면은 각질화되어 있어 흡수하기 힘들다.

③ 종자수명 항온에서 2~3년, 건조종자의 밀봉저장 시 10℃에서 5~10년의 단기저장, 0℃에서 10~30년의 중기저장, -10℃에서 반영구 장기저장이 가능하다.

2) 분얼(곁가지)

① 웅수종자(tassel seed)는 곁가지의 수이삭에 암술이 있는 자성소수를 함께 착생시키는 웅수(수이삭에 수정되어 달리는 암이삭의 종자)를 말하며, 곡실용 재배에서는 곁가지가 없는 품종이 유리하다.

② 분얼간의 이삭은 크지 않기 때문에 따주는 것이 일반적이지만, 조생종일 경우 따주면 도리어 주간이삭이 작아지는 경향이 있다.

③ 곁가지(얼자)는 품종에 따라 차이가 큰데, 줄기 기부의 엽액에서 자란 곁가지는 보통 암이삭이 달리지 않는다.

3) 출수와 개화

① 옥수수는 고온단일 조건에서 출수개화가 촉진된다.

② 옥수수는 수이삭의 개화가 암이삭의 개화보다 앞서는 웅예선숙인 것이 보통이지만, 자웅동숙 또는 자예선숙인 계통도 있다.

③ 수이삭은 출수 3~5일 후에 중앙 상부의 꽃부터 개화하기 시작하며, 개화기간은 7~10일 정도이며 평야지 기온이 높은 곳에서는 오전 10~11시에 가장 많이 개화하고 오후에는 적다.

④ 암이삭의 수염은 중앙 하부에서 시작하여 상하로 나오는데 선단부분이 가장 늦다. 암이삭의 수염은 수이삭의 개화보다 3~5일 늦는 것이 보통이며 재배여건이 나쁠수록 수염추출이 늦어지고 심하면 나오지 않아 불임개체가 많아진다.

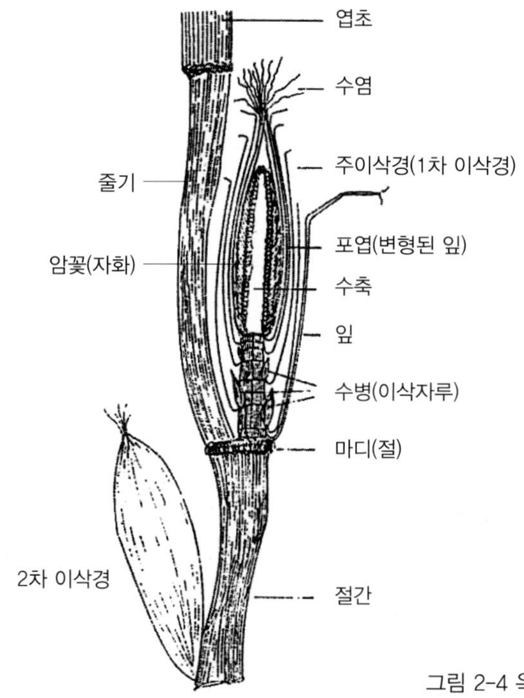

그림 2-4 옥수수의 이삭구조와 줄기의 종단면

4) 수분와 수정

① 수분거리로 옥수수는 풍매수분을 하며, 바람이 불지 않을 때는 2m, 불면 300~800m에 도달한다.

② 수분능력으로 꽃가루는 꽃밥을 떠난 뒤 24시간 이내에 사멸하고, 암이삭의 수염은 10~15일간의 수분능력을 갖는다.

③ 수정은 1개의 수염에서 여러개의 꽃가루가 발아할 수 있지만 배주에 도달하는 것은 하나로 24시간 정도 걸린다.

5) 등숙

① 종실은 수정 후 5일부터 커지며 두께(2주차), 너비(폭, 3~4주차), 길이(조금 뒤) 순으로 발달한다. 참고로 벼와 보리는 길이→너비→두께 순으로 발달한다.

② 옥수수의 생체중은 수분 후 급속히 증가하여 40일 경에 최고에 달하고 출아력은 20일부터 가능하고 35일 경부터 정상 출아력을 보인다.

③ 옥수수 종실의 배유에서는 백색립에 황색립이나 감미종, 초당종, 나종 등과 같은 열성인자를 가진 옥수수에 보통 옥수수의 꽃가루가 수정되면 모체의 일부분인 배유에 화분의 영향이 직접 당대에 바로 나타나는 크세니아(xenia, 화분직감) 현상이 나타난다.

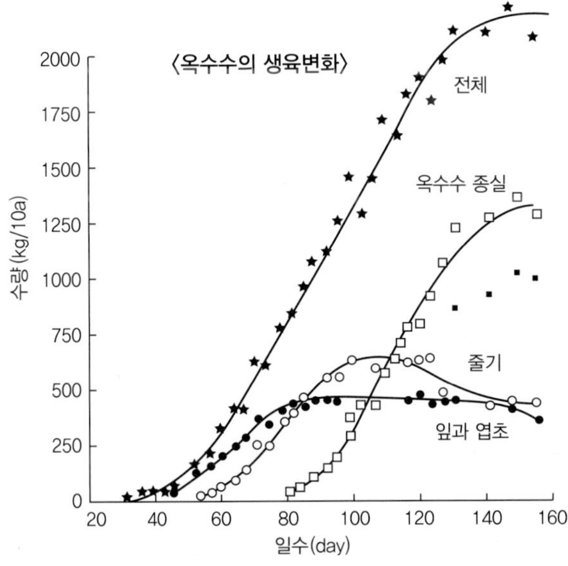

그림 2-5
재배기간에 따른 옥수수 구성 부위의 생장 변화

④ 지나치게 밀식하거나 장마기에 일사량이 적어 수광량이 부족하면 암이삭 비대가 나쁘거나 수염추출이 안되어 불임자수가 발생한다. 수염추출 20일간의 조건이 불임에 가장 영향이 크다.

6) 광합성능력

① 옥수수는 재배작물 중에서 가장 다수성 작물에 속하는데 이는 광합성을 통한 건물생산이 많기 때문이다.

② 다수확을 위한 최적엽면적은 대체로 4~6 정도(벼는 7)이지만 광합성능력이 매우 우수하다.

③ 광합성능력이 높은 원인 광합성 초기단계에 C_4 식물로 엽신의 유관속초 세포가 잘 발달하고 다량의 엽록소를 가지고 있어 C_3 식물보다 동화량이 많다.

④ C_4 식물인 옥수수는 광이나 온도의 이용한계가 매우 높으며 광호흡이 적기 때문에 저농도의 CO_2 중에서도 외견상 광합성이 높게 유지되는 특성이 있다.

7) 잡종강세

① 옥수수는 자웅동주 이화식물이고 풍매수분, 타가수정을 하기 때문에 자연상태에서는 유전적으로 이형질이다.

② 교잡이 용이하기 때문에 잡종강세(heterosis)를 효과로 교배종이 다양하게 발달하였다.

(1) 자식열세와 잡종강세

① 자식열세는 방임수분품종이나 교잡종의 자식된 후대는 대의 길이나 암이삭이 작아지고 저항성도 떨어지는 현상이다.

② 자식계통으로 자식을 반복할 때 5~10세대에 이르면 열세현상이 정지하게 되며 유전적으로 각 형질의 순도가 높아진다.

③ 자식계통간 교잡된 1대잡종은 자식계통의 양친 품종보다 생육과 생산력이 높고, 저항성도 높아지는 잡종강세종자는 고정이 어려워 매년 새로 교잡종자(hybrid seed)를 구입해야 한다.

④ 옥수수의 1대잡종 종자는 생육이 왕성하고 균일하며 생산량이 많은데 이 종자를 수확해 다시 심으면 생육이 고르지 않고 수량도 감소한다. 따라서 옥수수는 1대잡종 종자를 매년 새로 구입하여야 한다.

표 2-1 C_3, C_4 및 CAM 식물 간에 광합성과 물질대사 특성 비교

순번	요인	특성	C_3 식물	C_4 식물	CAM 식물	부가설명
①	광	광포화점	최대 일사의 1/2 이하로 낮음	최대 일사 이상으로 높음	사실상 없음	보통 30,000 lux 정도임
		광합성능력 (μmol/㎡/s)	10~25로 낮음	22~50로 높음	-	
		광합성 최적온도(℃)	10~25℃로 낮음	30~40℃로 높음	35℃ 내외	
		광호흡	높음	낮음(유관속초 세포에만 있음)	오후에 관찰됨	광호흡이 생산량에 크게 영향을 미침
		O_2에 의한 광합성 억제	있음	없음	있음	산소농도는 대기와 같은 21%일 때
②	수분	수분이용효율	낮음	높음	가장 높음	요수량의 역수임
		요수량	450~950	250~350	18~125	증산계수와 같은 개념임
③	온도	생장적온	낮음	높음	-	
④	CO_2	CO_2 흡수시간	낮	낮	밤	CAM 식물은 밤에 기공을 열어 흡수
		이산화탄소(CO_2) 고정효소	루비스코 (Rubisco)	루비스코(Rubisco)와 PEP carboxylase	낮에는 Rubisco이고 밤에는 PEP carboxylase임	Rubisco는 Ribulose 1, 5 bisphosphate carboxylase /oxygenase의 약자임
		이산화탄소(CO_2) 보상점(㎕/ℓ)	40~70으로 높음	0~10으로 낮음	0~5	보통 1,000ppm까지 높을수록 수량이 증가함
		최초 CO_2 고정물질	인글리세르산 (PGA)	말산, 옥살아세트산, 아스파르트산	말산	
		CO_2 고정회로 (장소)	캘빈회로 (엽육세포)	캘빈회로 C_4회로 (유관속초세포)	캘빈회로 C_4회로 (엽육세포)	
⑤	영양	질소이용효율	낮음	높음	-	
		무기영양으로 Na^+ 요구여부	없음	있음	있음	
⑥	생장	최대군락생장속도 (g/㎡/day)	20 정도로 낮음	30 정도로 높음	-	최대 작물생장률(CGR)임
		최대순생산량 (ton/ha/year)	22±3.3 정도로 낮음	38.6±16.9 정도로 높음	낮으며 변화가 심함	
⑦	구조	엽록소 a/b 비율	2.8±0.4	3.9±0.6	2.5~3.0	
		잎의 해부	유관속초 세포가 뚜렷하지 않음	유관속초 세포가 뚜렷함	책상조직 세포가 없고 엽육세포에 큰 액포가 있음	
		크란츠(kranz) 구조	없음	있음	-	크란츠는 독일어로 왕관이라는 뜻으로 화환(wreath) 모양을 나타냄
⑧	에너지	이론적 요구량 (CO_2 : ATP)	1 : 3	1 : 5	1 : 6.5	C_4 식물과 CAM 식물은 1단계 더 거치므로 ATP가 많이 필요함
⑨	해당 작물	지역(작물)	온대 (벼, 보리, 콩 등)	고온건조(옥수수, 한국잔디, 명아주, 사탕수수 등)	사막(선인장류, 호접란, 칼랑코에, 파인애플 등)	C_4는 열대지방 작물이 많음

(2) 조합능력과 잡종강세

① 조합능력 교배조합에 따라 F_1이 나타내는 잡종강세의 정도를 나타내는 척도 우수한 교배종을 육성하기 위해서는 좋은 모집단에서 조합능력이 높고 다른 형질이 우수한 자식계통을 육성해야 한다.

② 일반조합능력(general combining ability, GCA) 다수의 자식계통과 교잡하였을 때 어느 자식계통에 대해서도 어느 정도의 잡종강세를 나타내는 자식계통을 일반조합능력이 높다고 한다.

③ 특수조합능력(specific combining ability, SCA) 특정한 자식계통에 대해서만 높은 잡종강세를 나타내는 자식계통을 특수조합능력이 높다고 한다.

④ 조합능력 검정은 Top교배(일반조합능력을 검정), 단교배(특수조합능력을 검정), 이면교배(일반조합능력+특수조합능력을 검정), 다계교배(영양계식물의 일반조합능력을 검정)를 실시한다.

⑤ 조합능력은 순환선발법, 계통간 교배법, 여교배법, 집중개량법을 이용한다.

8) 기상생태형

① 기상생태형(meteorological ecotype)은 기본영양생장성(B), 감온성(T), 감광성(L)로 구성되고 생장과 개화, 결실에 큰 영향을 미친다.

② 옥수수는 단일성 작물로 8시간 단일은 출수를 촉진하나 16시간 이상 단일은 출수를 지연시킨다. 파종 20일 이후부터 8시간 전후의 단일처리를 40일간하면 출수가 가장 촉진된다.

③ 고온(대조구보다 4~5% 높음)에 의한 출수촉진의 정도는 단일효과보다 낮다.

④ 우리나라에서 조생종은 주로 감온성이고 만생종은 감광성이다. 이는 다른 작물에서도 동일하게 나타나는 기상생태형의 전형적인 모습이다.

4. 옥수수의 품종과 육종

1) 옥수수 품종

옥수수 품종은 육성방법과 과정에 따라 여러 종류가 있다(방임수분품종, 1대교잡종품종, 합성

품종, 복합품종 등). 종자회사에서 개발하여 상업적으로 판매하는 품종은 대부분 1대교잡종품종이며 일부는 합성품종이다.

(1) 방임수분품종 재래종

① 육성과정은 전년도에 골라낸 이삭들을 육종포장에 섞어 심고 불량한 형질을 보유한 개체는 도태시킨 후 자연상태에서 상호교잡에 의해 결실맺히는 이삭 중 일부를 선발하여 다음해 종자로 사용하는 방법이다.

② 일반농가에서 전해져 내려오는 재래종 품종들이 이에 해당한다.

③ 품종개량의 효과는 미미하며 자연상태에서 오랫동안 지속적으로 선발되어 왔기 때문에 그 지역에 대한 환경적응성과 안정성이 높은 장점이 있다.

(2) 교잡종(hybrid)

① 품종간교잡종, 품종계통간교잡종(톱교잡)은 품종개량 초기 단계에 사일리지나 종실용으로 이용한다.

② 방임수분품종이나 합성품종, 복합품종 등은 채종조직이 발전하지 못한 개도국에서 실용품종으로 사용된다.

③ 합성품종은 다수의 자식계통을 교잡하여 방임수분시킨 것이다.

④ 합성품종의 초기 육성은 1대교잡품종과 비슷하게 자식계통들을 만든 뒤 상호간에 차례로 조합을 구성하여 인위적으로 교잡시킨다. 우수한 모본을 혼파한 후 자연상태에서 상호교잡을 시킨다.

⑤ 합성품종의 후기에 육성은 방임수분품종과 유사하게 하되 조합능력이 우수한 유사 계통들을 선발한 뒤 자연상태에서 교잡시키므로 제웅작업이 필요없고 개량의 효과가 더 크다.

⑥ 합성품종은 잡종강세의 발현도가 다소 낮고 개체간 균일도도 떨어지지만 종자생산이 쉽고, 지역적응성이 우수한 장점이 있다.

⑦ 복합품종은 다수의 방임수분품종을 교잡하여 만든 집단이다.

2) 교잡 방식별 특징 비교

① 단교잡종은 잡종강세가 크고 균일도나 수량이 가장 높아서 옥수수는 최근 육성품종 거의 대부분 단교잡종이며, 사일리지나 종실용으로도 이용된다. 종자생산이 적어서 종자가격이 비싸다.

표 2-2 옥수수의 교잡 유형별 수량 비교

교접 유형	지식계통	단교잡종	3개교잡종	복교잡종	방염수분 품종
수량(kg/10a)	257	657	626	616	573
지수(%)	45	115	109	108	100

② 3계교잡종 단교잡종과 복교잡종의 중간적 성격을 갖는다.

③ 복교잡종 종자는 첫해에 단교잡 2개를 만들고 다음해에 생산력이 높은 2개의 단교잡을 이용하여 종자를 생산하기 때문에 종자 생산량이 많아 종자가격을 낮출 수 있다.

④ 복교잡종의 단점은 단교잡종보다 생산력과 균일도가 떨어지고, 채종작업과 육종이 복잡하여 줄어들고 있는 경향이다.

⑤ 복교잡의 단점을 보완하기 위해 생산력이 우수한 자식계통을 이용한 단교잡종이나 형매계통을 이용하여 종자생산량을 많게 하는 변형단교잡종 또는 3계교잡 종이 많이 이용되고 있다.

표 2-3 옥수수의 교잡 방식별 특성

구분	교잡방법	특징	잡종강세 발현도, 균일도, 생산력	종자생산량, 환경적응성	주요품종
단교잡	AXB	교잡 쉽고, 수량 높고, 균일도 우수	1순위	150~200, 5순위	청다옥, 강일옥
변형단교잡	(AXA')XB	교잡 다소 복잡, 채종량 증가	2순위	250~300, 4순위	양주옥
3계교잡	(AXB)XC	교잡 다소 복잡, 채종량 많음	3순위	400~450, 3순위	횡성옥, 진주옥
복교잡	(AXB)X(CXD)	교잡 복잡, 채종량 많음	4순위	450~500, 2순위	복교2호 (폐기)
다계교잡 (합성품종)	AXBXCXDX… XN 다수계통의 합성	내재해성 우수, 채종단계 단순, 균일도와 수량이 낮음	5순위	1순위	황옥3호

(1) 우리나라 장려품종의 주요 특성

① 황옥1, 2, 3호는 미국에서 합성품종을 도입하여 선발 육종한 품종이다.

② 복교1호는 1962년 보급되었으나 채종상 어려움으로 인해 보급이 되지 않았다.

③ 수원 19, 20, 21호는 1976년 식량과학원에서 육성한 단교잡종으로 모본인 KS5는 자식계통이지만 수량성이 높아 채종에 유리하고 도복에 강하고 호마엽고병 등에 대한 저항성이 높다. 수량이 많아 널리 재배되고 있다.

④ 우리나라에서 육성한 장려품종은 거의 1대교잡종(F_1 hybrid) 품종이다.

3) 채종

옥수수는 타식성 작물로 모본(자방친)과 부본(화분친)을 교잡하여 F1 종자를 생산하므로 자식성 작물보다 채종이 어렵다. 채종포를 격리시켜야 하고, 기본식물에 대한 각 채종단계(원원종→원종→보급종)를 거쳐 농가에 보급할 교잡종을 생산한다. 현재 정부 보급종 생산은 중단되고 민간기업이 종자 생산 판매를 한다.

(1) 기본식물

① 옥수수 기본식물(breeder's seed)은 품종을 개발한 육성기관이 직접 재배하여 특성검정하며 유지 증식하는데 매년 생육특성을 조사하여 순도가 높은 우량종자를 생산해야 한다.

② 기본식물은 격리시킨 후 1수1열법으로 재배하고 인공교배로 자식시켜 종자를 유지한다.

③ 자식을 계속하면 자식열세가 심화되므로 3년 1회로 근친교배(같은 계통의 서로 다른 개체간 교배)로 자식열세 현상을 차단한다.

(2) 원원종과 원종

① 기본식물에서 넘어온 종자는 인공교배나 격리재배하여 원원종과 원종(foundation seed)을 생산한다.

② 채종포 내 이형개체로 특성이 다른 개체나 불량 개체는 철저히 제거한다.

③ 가뭄이나 습해 등 재해에 특히 약한 개체, 성숙시기가 다른 개체, 이병개체, 개화기가 다른 개체, 자웅이숙이어서 자식이 어려운 개체, 이형개체나 성숙기가 다른 개체를 제거한다.

(3) 단교잡종

① 대부분 우리나라의 보급종은 단교잡종(single cross cultivar)으로, 2개의 자식계통 간 교잡으로 잡종1세대(F_1)를 생산한다.

② 단교잡종은 식물체 이삭이 매우 균일하고, 수량이 높으며, 생산성이 가장 높다.

③ 자식 6~7세대에 인공 자가수분시켜 호모인 개체를 선발하여 고정된 계통은 식물체 이삭과 종실이 작고 생육도 떨어진다.

④ 종자친은 이삭이 크고, 수염 출현이 잘되어 수정이 용이하며 불량환경에 민감하지 않고, 이삭썩음병에 강해야 한다.

⑤ 화분친은 키가 크고, 도복에 강하며 수꽃 분지수가 많아 화분량이 많아야 하고 화분의 비산기간도 길어야 한다.

⑥ 채종방법은 자방친 2열마다 화분친 1열씩 파종하거나 웅주간파법으로 종자친 2열마다 종자친의 열과 열 사이에 화분친을 사이에 파종하는 데 웅주간파(male interplanting)를 하면 종자채종량이 33% 증가하지만 화분친 세력이 약하면 2:1 일반재배법이 유리하다.

⑦ 자방친과 화분친 비율은 화분친 능력에 따른다. 단교잡 3계교잡처럼 화분친이 자식계통인 경우 2:1이나 4:2 비율로 파종한다. 복교잡 품종간교잡은 단옥수수처럼 화분친 능력이 높은 경우 3:1이나 6:2 비율로 파종한다.

⑧ 자방친과 화분친의 개화기를 일치시키기 위해 시차를 달리하여 파종을 하는데 개화기가 늦은 계통을 먼저 파종하여 자방친을 먼저 파종하고 10일 정도 지난 후, 자방친의 유묘가 지상으로 50% 이상 출현하고 초엽이 2~3cm 되었을 때 화분친을 파종한다. 이런 시차파종 기술은 기상환경, 연차, 지역 간 변이가 심한 단점을 극복하기 위해 양친 중 개화기가 늦은 계통은 비닐로 피복을 하여 개화기를 일치시킨다.

⑨ 비닐피복을 하면 토양수분을 적정하게 유지시키고 토양온도를 상승시키고 잡초발생을 억제하며 뿌리 발달과 생육을 촉진시켜 개화기를 10일 이상 앞당긴다. 그러나 비닐피복을 이용한 동시파종법은 비닐 비용과 피복잡업에 비용이 들어가는 단점이 있다.

4) 3계교잡종과 복교잡종

① 종자생산량이 적은 단교잡종의 단점을 보완하기 위해 개발되었는데 종자생산단계가 단교잡종보다 복잡하지만 종자친을 단교잡종으로 이용하기 때문에 종자생산량이 2~3배 많고 생산비가 절감되어 종자가격이 낮아진다. 여러 형질을 보유한 자식계통이 관여하기 때문에 새로운 병이 발생할 때 유리하다.

② 단점은 작물체의 균일도, 수량은 다소 낮아지고 품종개발도 어렵다.

③ 재식방법으로 3계교잡종(three tiered hybrid) 채종 시 자방친은 세력이 왕성한 단교잡종이지만 화분친은 세력이 약한 자식계통이기 때문에 화분친의 생육이 위축되지 않게 재식비율을 4:2로 하여 생육공간을 확보해준다. 웅주간파 재배는 화분친의 생육공간이 부족해 키도 작고 화분 공급도 저조하다.

④ 복교잡종(double cross hybrid)은 (A×B)×(C×D)와 같이 교잡하는 것으로 잡종강세(heterosis) 육종에 이용된다.

5) 방임수분품종 채종

① 1수1열잔수법(ear-to-row selection)을 가미한 집단선발법이 이용되기도 하였으나 조작이 복잡하고 노력이 많이 들어 실용화되지 못하고 있다.

② 다른 옥수수와 200~300m 격리되어 있는 재배지에서 우량개체만 선발하는 집단선발법을 이용한다.

③ 포장을 작게 나누어 재배하여 지력의 불균일성에서 오는 문제를 줄이도록 개량집단선발법을 이용한다.

④ 합성품종이나 복합품종 채종도 이 방임수분품종 채종에 준한다.

6) 채종포 선정과 관리

(1) 채종포 선정

① 자식계통을 생산하는 원원종, 원종 포장은 다른 옥수수 포장에서 400m 이상 격리하여 재배하고, 교잡종을 생산하는 보급종 포장은 200m 이상 격리해야 순도 높은 종자 채종이 가능하다.

② 채종포 가장자리에 화분친을 더 많이 파종하면 화분 공급이 원활하다.

③ 교잡종 채종에 쓰이는 양친은 자식계통이 많기 때문에 가뭄과 습해 우려가 없는 비옥하고 일조가 좋은 포장을 선정해야 한다.

(2) 재배 관리

① 세력이 약한 자식계통을 재배하여 F_1 종자를 생산하기 때문에 발아율과 초기생육이 떨어지므로 파종 전 종자소독은 필수이며, 토양을 잘 정리하고 살충제를 살포한다. 경운 시 퇴비를 시용하고 본엽 6~7장일 때 추비를 시용한다.

② 교잡종 종자 생산에 이용되는 계통 중 이형주가 1개체만 있더라도 포장검사 시 불합격 판정이 되므로 개화 이전에 제거한다.

③ 교잡종 채종 시 화분이 생산되지 않는 웅성불임계통을 이용하면 제웅작업이 생략되지만 웅성불임이 아닌 경우는 종자친이 자가수분되지 않도록 종자친의 수꽃을 제거해야 한다.

④ 수꽃 제거방법은 꽃이 피기 전에 한 손으로 줄기를 잡고 한 손은 수꽃을 뽑아야 하는데, 수꽃 밑부분까지 완전히 제거해야 한다.

⑤ 화분은 오전 9~11시에 왕성하게 비산하므로, 당일 아침 일찍 또는 전날 오후 늦게 미리 제웅해야 한다.

7) 교잡종(교배종)의 채종법

(1) 자식계통의 유지와 증식

① 순도가 높은 자식계통(5~7세대 자식)을 유지하고 대면적에서 교잡종자를 생산할 교배친의 종자증식이 교잡종자생산의 기본이 된다.

② 자식계통의 유지에는 일수일열법을 적용하여 열성형질의 제거는 물론 타화수정(outcrossing)된 개체를 제거하여야 하며, 일반적으로 인공수분을 하게 된다.

③ 자식열세가 심한 경우에는 형매수분(sib pollination)을 하여 세력(vigorness)을 회복시켜야 한다. 자식계통의 증식에 있어서 이형주를 철저히 제거해야 한다.

④ 채종포의 선정 채종포는 다른 옥수수밭과 400m 이상 떨어져 있고, 건습해의 우려가 없으며, 비옥한 곳이어야 한다.

(2) 재식방법

① 재식비율 단교잡이나 3계교잡과 같이 화분친이 자식계통인 경우 2:1 또는 4:2의 비율로 심고, 복교잡이나 품종간교잡 및 단옥수수와 같이 화분친 능력이 충분한 경우에는 3:1 또는 6:2 비율로 심는다.

② 개화기 조절을 위해서는 모본은 적기에 파종하고 부본은 그 개화기와 모본 암이삭의 수염 추출기와의 차이를 고려하여 양자가 일치하도록 조절해야 한다. 일반재배보다 약간 성기게 파종하고, 화분친은 수분이 끝나면 제거하여 모본의 생육공간을 넓혀 등숙을 촉진한다.

④ 관리 자식계통은 생육이 빈약하므로 충분한 시비 배수 제초 병충해와 그 밖에 재해방지에 힘쓰고, 이형개체의 제거는 빠를수록 좋고 늦어도 개화하기 전에 완전히 제거해야 한다.

⑤ 제웅은 종자친의 수이삭을 개화하기 전에 제거하는 작업으로 수이삭 개화는 오전 10~11시에 가장 왕성하게 이루어지므로 아침 일찍 제거한다. 제웅의 노력을 덜기 위해 웅성불임인 모본을 이용하기도 한다.

4. 옥수수의 종실분류

1) 마치종(dent corn, 사료용 옥수수)

① 굵고 길며 황색이 많고 연질전분이기 때문에 등숙되면서 종실수분이 감소되면 정단부가 수축되어 오목하게 말의 이빨처럼 굽어든다.

② 경질전분이 적고 과피(껍질)가 두꺼워서 식용으로 맞지 않지만 장간, 만숙, 대립, 다수성이어서 사료 및 공업원료로 많이 재배한다.

③ 장려품종으로 수원19호, 횡성옥, 광안옥, 수원옥, 청안옥, 풍미옥, 장다옥 등이 있다.

2) 감미종(sweet corn, 간식용 옥수수)

① 광합성에 의해 생성된 동화물질인 당류가 전분으로 전환하는 것을 억제하는 유전인자를 갖고 있는 변이종으로서 보통 단옥수수(sweet corn)와 초당옥수수(super sweet corn) 등이 있다.

② 성숙하면 반투명의 주름이 생기며(쭈글쭈글해짐), 당분함량이 높고 섬유질이 적으며 과피(껍질)가 얇기 때문에 수확 후 풋이삭을 간식용으로 쪄 먹거나 통조림으로 이용된다.

③ 장려품종은 단옥2호, 단옥3호, 초당옥1호, 금단옥 등이 있다.

3) 폭렬종(pop corn, 튀김용 옥수수)

① 종실이 작고 대부분이 경질전분으로 되어 있으며 끝이 뾰족한 쌀알형(타원형)과 끝이 둥근 진주형으로 구별된다. 경질전분이 많아 잘 튀겨지는 특성을 지니고 있어 팝콘 등 간식용으로 이용된다.

② 대체로 만숙종이며 수량은 마치종의 절반정도로 낮다.

③ 종자의 수분함량이 13.5~14.5%일 때 가장 잘 튀겨진다. 튀김배수는 30배 정도이다.

④ 섬유질이 많고 당이 적은 알칼리성 식품이다.

4) 경립종(flint corn, 콘플레이크용 옥수수)

① 마치종 다음으로 굵고 정단부가 둥글며, 과피가 다소 얇고 대부분이 각질로 되어있어 식용으로 재배되며, 사료 또는 공업원료용으로도 재배되고 있다.

② 종자가 단단하고 매끄러우며 윤기가 난다.

③ 마치종에 비해 키가 작고(단간)이며 조숙종이고, 고위도나 고표고(높은 산)까지 재배할 수 있다.

표 2-4 옥수수의 입형과 입질의 특성에 따른 분류

분류명	마치종 (dent corn)	감미종 (sweet corn)	폭렬종 (pop corn)	경립종 (flint corn)	연립종 (flour corn)	나종 (waxy corn)
학명	*Zea mays indentata*	*Zea mays saccharata*	*Zea mays everta*	*Zea mays indurata*	*Zea mays amylacea*	*Zea mays ceratina*
암이삭의 입형						
종실의 입질	배 연질전분 경질전분	배 당질전분	배 연질전분 경질전분	배 연질전분 경질전분	배 연질전분	배 찰성전분
특성	종실의 엽면은 경질이나 윗면은 연질이므로 성숙함에 따라 수축하여 말의 이빨(마치) 모양이 된다.	종실 전체가 반투명 당질로 단맛이 강하며 건조 시 주름이 생긴다. 조직이 치밀하지 않고 조숙한다.	종실 대부분 경질이나 배의 양측에 소량의 연질부와 수분이 있어 높은 열을 가하면 폭열한다. 팝콘용으로 종자가 가장 작다.	종실은 윗면이 둥글고 대부분이 경질이고 내부 약간이 연질이다. 대부분 조생종이다.	종실의 모양은 경립종처럼 윗면이 둥글지만 종실의 전분이 경질이 아니고 거의 다 연질이다.	종실이 찰성을 나타내고 배유는 요도반응을 나타낸다. 찰옥수수로 중국, 필리핀에 재배가 많다.
용도	사료용, 공업용	캔닝, 식용	간식용	사용, 공업용	과자용, 공업	식용(떡)

5) 연립종(flour corn, 과자용 옥수수)

① 종실에 경질전분(honey starch)이 없고 거의 연질전분(soft starch)만으로 구성되어 있다.

② 모양이 둥글고 크기가 중간 정도이며 백색이나 청자색 등이 있다.

③ 연질전분이어서 분쇄하기 쉬우며 과자나 공업용으로 사용한다.

6) 나종(waxy corn, 찰옥수수)

① 식물체와 종실이 경립종과 비슷하고 찰성전분으로 되어 있지만 유백색으로서 불투명하여 경립종과 구별된다.

② 찰기가 있어서 풋옥수수로 수확하여 식용으로 이용하는 종이다. 보통 옥수수는 아밀로펙틴(amylopectin) 함량이 78%인데 찰옥수수는 98~100%이며, 요오드칼륨(KI)을 처리하면 전분과 꽃가루가 적색의 찰반응을 나타낸다. 참고로 아밀로스는 청색, 아밀로펙틴은 보라색을 나타낸다.

③ 일반적으로 조숙성이고 종실크기는 중간정도 타원형이다.

④ 현재 우리나라 재배되고 있는 보급종이나 재래종의 대부분이 흰찰옥수수이다.

⑤ 장려품종은 찰옥1호, 찰옥2호, 찰옥3호, 신찰옥, 두메찰, 흑점찰, 미백찰 등이 있다.

7) 유부종(pod corn)

① 종실 하나하나가 일반 옥수수의 포엽과 비슷한 껍질(유부)에 쌓여 있다.

② 종실은 경질전분으로 되어있고 크기가 작으며 배의 비율도 작다.

③ 과거에는 미국의 원주민이 재배하였으나 지금은 잡종강세가 크게 나타나는 1대잡종품종(F_1 hybrid)이 재배되고 있다.

8) 오페크투(opaque 2) 옥수수

① 일반 교잡종 옥수수보다 단백질 구성에 있어서 글루텔린(glutelin) 함량이 제인(zein)의 함량보다 상대적으로 높고 리신(lysine) 함량도 2배 정도 많다.

② 옥수수를 식용으로 하거나 동물의 사료로 이용하면 단백질 효율이 획기적으로 증대될 것으로 기대하였으나 종실이 연질로 병충해, 기계적 상해를 잘 입고 일반 옥수수보다 생산력이 떨어지기 때문에 거의 재배하지 않고 있다.

③ 옥수수 7번 염색체상에 있는 유전자로 라신과 트립토판 함량이 높은 돌연변이체이다.

5. 옥수수의 재배 환경

1) 기상

(1) 온도

① 옥수수는 열대원산으로 고온이면서 높은 일조를 좋아하며 강우량도 많아야 생육이 좋다.

② 생육이 가능한 온도는 8~45℃, 6~8월 평균온도는 20~30℃이며, 야간평균온도가 14℃ 이상인 지역에서 많이 재배된다.

③ 생육적온은 토양수분의 영향을 많이 받는데 보통 25~35℃이나 양수분이 충분한 경우는 30~40℃까지도 왕성한 생육을 한다.

④ 야간기온이 높으면 호흡에 의한 동화물질의 소비가 많아 생육이 떨어지게 된다.

⑤ 고온(35℃ 이상)에서는 꽃밥에서 나온 꽃가루가 1~2시간 내에 사멸하기 때문에 화분발산기에 고온이 계속되면 수정장해를 입어 수량이 감소한다.

(2) 수분과 광

① 옥수수는 심근성이므로 수분 흡수력이 강하지만 엽면적이 커서 증산량이 많기 때문에 상당한 강우량이 필요하다.

② 옥수수는 6~8월 월평균강우량이 90~120mm 이상이어야 하는데 출수개화기 전후 약 1개월간의 가뭄이 가장 심한 피해를 준다.

③ 안개는 우리나라 산간지에서 많이 발생하는데, 일조시간을 적게 하고 습도를 높게 하여 그을음무늬병 등의 병해를 많게 한다.

④ 햇빛의 강도 강할수록 유리하고 충분한 토양수분이 있는 한 일조시간도 길수록 좋다.

2) 토양

① 알맞은 토양은 비옥하고 배수가 잘되는 양토이지만, 토양적응성이 높아 사양토~식양토에서도 잘 자란다.

② 토양반응은 pH 5.5~8.0이 알맞지만, 산성 및 알칼리성에 대한 적응성도 비교적 높다.

③ 토양수분은 최대용수량의 60~80%, 특히 토양통기가 잘 되어야 하고, 지나치게 습기가 많은 토양은 부적당하다.

6. 옥수수의 재배기술

1) 작부체계

① 옥수수는 흡비력이 강해 지력소모가 크기 때문에 질소성분의 수탈이 심하므로 윤작이 바람직하다. 옥수수 주산지에서는 감자, 메밀, 수수, 조 등의 여름작물과 윤작한다.

② 옥수수는 연작을 해도 기지현상이 적은 편이지만 유기물을 충분히 시용하고 두과작물과 윤작하는 것이 좋다.

③ 종실을 목적으로 하는 옥수수 재배는 강원도를 중심으로 경기, 충북, 경북의 산간지에서 단작으로 하는 것이 일반화되었다.

④ 감자나 두과작물과 혼작하는 경우도 있지만 비배관리나 수확 등 작업의 불편함이 있어 점차 감소하고 있다.

⑤ 두과작물과 혼작을 하면 콩은 옥수수의 그늘로 인하여 충분한 수량을 못 내지만, 옥수수는 재배상 유리하여 혼작의 효과가 인정된다.

⑥ 감자와 혼작을 하면 감자에 유리한 온도가 만들어져 두 작물의 수량이 모두 증가한다.

⑦ 단옥수수의 이용이 많아지면서 평야지의 채소밭 주위나 주택 근처에 재배하여 간식용으로 이용하는 방식도 늘어나고 있다.

2) 종자

① 교배종 종자는 종자검사기관의 검사를 거쳐 보증된 종자를 소독하고 포장한 것이므로 안심하고 이용할 수 있다. 벤레이트티, 캡탄과 같은 종자소독제를 처리한다.

② 방임수분품종, 합성품종, 복합품종은 농가가 스스로 채종하여 이용할 수도 있다.

3) 파종

① 옥수수는 조방재배에도 잘 적응하지만 심경을 하고 곱게 쇄토를 해야 뿌리의 발달이 좋아지고 토양통기도 잘되어 생육이 왕성하고 증수된다.

② 심경에 의한 증수효과는 다비가 수반되어야 하며 보통 3년째부터 나타나는 것이 보통이다.

③ 출아 직후의 어린 옥수수는 생장점이 지하에 있어 늦서리의 피해를 입더라도 재생하여 생육에 별영향이 없으므로 포장조건이 좋으면 되도록 일찍 심는 것이 좋다.

④ 평야지는 4월 상순부터, 산간지는 4월 하순부터 파종하며, 5월 하순 이후에 파종하면 수량이 크게 떨어진다.

⑤ 재식밀도로 이랑넓이(휴폭)는 작업관리에 지장이 없는 한 좁게 하는 것이 수량이 많으며 휴폭 60cm, 주간 30~45cm가 알맞다.

⑥ 파종량은 종실수량(2kg/10a)은 교잡종 4,000~5,500본/10a, 재래종 3,500~4,000본, 합성품종 4,000~4,500본이 알맞다.

⑦ 파종법으로 재래종이나 합성품종일 경우 일반적으로 2~3립씩 점파하고 발아 후 보통 1본을 남긴다.

4) 결주 대책

① 옥수수는 곁가지가 없거나 적기 때문에 개체간 보상작용이 적어 결주 대책이 필요하다.

② 건전한 종자를 선택하여 복토심을 균일하게 하고, 파종 종자가 종자에 닿지 않도록 한다.

③ 토양수분이 적을 때는 복토 후 진압하여 수분과 접촉하도록 유도한다.

④ 토양 해충에 대한 살충제를 살포하고 조수해 우려 시 비닐멀칭이나 방조망을 설치한다.

⑤ 결주 발생 시 비닐포트나 지피포트에 1~2립씩 결주된 곳에 옮겨 심는데 이는 이식 적응성이 낮아 포트에 육묘하여 이식해야 한다.

5) 시비

① 옥수수는 식물체가 크고 광을 최대한 이용하는 광합성능력이 월등한 작물로서 흡비력이 강하고 영양분에 대한 효과가 크므로 척박지에서도 시비량에 따라 많은 수량을 올릴 수 있다.

② 영양흡수는 질소(N)의 흡수량이 가장 많고, 다음은 칼륨(K), 인산(P)이 가장 적다. 생육시기별로 칼륨(K)은 출수개화기까지 거의 흡수되고, 질소와 인산은 성숙기까지 계속 흡수된다.

③ 토양비옥도나 양분의 보비력, 수분의 보수력을 크게 하기 위해 퇴비와 같은 유기질비료를 충분히 시용해야 한다.

④ 시비량은 50%는 기비로 시용하고, 남은 50%는 암이삭 분화기에 추비한다. 암이삭 분화기는 키가 50cm, 전개엽수가 7~8매가 되는 시기이다.

⑤ 사질토에서는 추비를 2번으로 나누어 시용하는 것이 효과적이고, 개간지에서는 특히 인산(P) 비료의 효과가 크다.

표 2-4 옥수수 잎에서 칼륨(K)의 함량과 광합성

칼륨 공급여부	엽수(숫자가 작을수록 어린잎임)	K함량(㎍/g 생체중)	광합성량(mg CO_2/㎠/h)
칼륨(K) 공급	2(어린 잎)	6,100	40
	6 ↓	5,500	38
	7	5,000	36
	11(노화된 잎)	4,350	36
칼륨(K) 결핍	2(어린 잎)	2,150	33
	6 ↓	800	15
	7	600	14
	11(노화된 잎)	250	1

7. 옥수수의 기상재해

1) 상해

① 옥수수는 생육초기에 갑자기 내리는 서리에 약한데, 한랭지나 고랭지에서 파종적기보다 일찍 심은 경우 늦서리 피해가 발생하는 것을 상해(frost injury)라고 한다.

② 옥수수는 일평균 기온이 15℃ 정도(4월 중하순)일 때 파종하는 것이 좋다.

③ 생육초기에 서리가 오면 지상부 잎 1~2장 고사하나 생장점이 땅속에 있기 때문에 식물체는 죽지 않고 지상부가 얼더라도 곧 새잎이 나와서 자란다.

2) 냉해

① 옥수수 냉해(cold injury) 는 장해형 냉해는 거의 없고, 생육 지연이나 불량형을 유발한다. 남부지방의 하우스 조기재배 시 1월 하순~2월 중순에 파종하면 일조량 부족과 냉해가 자주 발생한다.

② 영양생장기 냉해는 줄기가 가늘어져 내도복성이 약해지고, 등숙기 냉해는 줄기의 수분함량이 증가해 연약해진다.

③ 발아 후 초기에 저온에 처하면 잎이 담황색이 되고 생육이 정지되나 온도가 상승하면 곧 회복된다.

④ 유수형성기의 냉해는 수량 감소가 크다. 위쪽 잎일수록 작아져 암이삭도 작아지고 이삭 끝부분의 끝달림률이 낮아진다.

표 2-5 냉해 대책

구분	요인	대책
기본대책	품종 선정	적당한 숙기, 내냉성 품종 선택
	파종	가급적 적기에 깊게 파종하고 비닐피복 재배
	토양개량	적습 토양으로 개선, 지력 배양
	시비	유기물 시용량 증대, 질소 분시, 인산질 비료 시비
	작부체계 개선	윤작(토양비옥도 증진과 잡초방제 효과)
응급대책	생육조절	질소 추비를 줄임, 얕게 중경제초, 과습 시 배수대책 강구
	장해 회피	아연 비료 시비
	병충해 방제	해충과 잡초 방제

3) 가뭄해

① 옥수수는 키가 크고, 잎이 넓어 물을 많이 필요로 하고 가뭄해(drought injury, 한해)에 약하다.

② 첫 번째 이삭이 수정되지 않으면 곁이삭도 많이 발생하여 피해가 발생한다.

③ 가뭄은 생육 저해로 감수하는데 유수형성기 이후에는 암이삭 출수가 늦어져 수분이 어렵고 수정이 안된 불임이삭이 발생한다.

④ 생육초기에 김매기를 다소 깊게 하여 지표 근처의 뿌리를 끊고 뿌리가 깊게 자라도록 유도한다.

⑤ 가뭄으로 발아가 늦어지면 일부 관수하여 발아를 유도할지라도 생육촉진에는 효과가 거의 없으므로 관수는 충분히 하는 것은 좋다.

⑥ 일반적으로 7~8엽 이후나 개화기는 물이 많이 필요하므로 이랑사이에 충분히 관수한다.

⑦ 등숙기에 한해가 발생하면 이삭의 상부에 착립되는 종실이 피해를 받아 충실도가 떨어지고 작아져 수량이 현저히 감소한다.

4) 풍해

① 바람의 효과는 이산화탄소 공급, 증산 촉진, 군락 내 습도 조절에 의한 병해 발생 억제, 화분비산을 촉진한다.

② 풍해(wind injury) 대책으로 내도복성 품종을 선택하여 재배하고 조기 파종을 하여 밑줄기 강건하게 유도한다.

③ 적절한 수분관리와 시비를 하며 밀식을 하지 않도록 한다.

5) 관리

① 발아한 다음 본엽이 2~3매일 때 솎아주어서 한 포기에 1~2본 정도를 남가도록 하고 빈 곳은 보식을 한다.

② 옥수수는 습해에 약하고 토양통기가 좋아야 하므로 초기부터의 제초효과가 크며 또 제초할 때마다 가볍게 북주기(배토)를 하면 도복이 경감된다.

③ 옥수수에 알맞은 제초제는 글루포시네이트암모늄(바스타), 벤타존, 펜디메탈린(스롬프), 알라클로르(alachlor, 라쏘) 등이 있다.

8. 옥수수의 병충해

1) 깜부기병

① 깜부기병(smut, 흑수병)은 병징은 지상부의 모든 부위에 발생하며 병에 걸린 부분은 혹이 되어 처음에는 광택있는 흰 막에 싸여 있으나 후에 막이 터져 검은가루(후막세포)가 날린다.

② 전염경로 어린식물로부터 시작하여 개화결실기에 크게 발생하는데 후막세포는 토양에서 월동하고 공기에 의해 병균이 전파되고 습한 환경에서 많은 피해를 준다.

③ 방제는 종자를 소독하고 무병주에서 채종하며 피해주를 제거한다.

④ 마치종은 깜부기병에 강하다.

2) 그을음무늬병

① 그을음무늬병(sooty mold, 매문병)의 병징은 생육 중기에 잎에 작은 반점이 생겼다가 커져서 방추형의 큰 병반이 되는데, 둘레는 갈색이고 내부는 암색이다. 병반 표면에 벨벳 모양의 곰팡이(진균성병)가 밀생한다.

② 전염경로는 포자 형태로 피해엽에서 월동하여 이듬해 전염된다.

③ 7~8월 고온다습 시(18~27℃)에 많이 발생하지만, 깨씨무늬병보다 서늘한 산간지에서 많이 발생한다. 질소나 칼륨이 부족하면 많이 발생한다.

④ 방제는 내병성 품종을 선택하는 것이 가장 효과적이다. 비료를 충분히 시용하고 살균제로 만코지(mancozeb)를 1주 간격으로 2~3회 살포한다.

3) 깨씨무늬병

① 깨씨무늬병(brown spot, 호마엽고병)의 병징은 주로 잎에 발생하는데 잎 표면에 갈색을 띤 작은 반점이 생기고 이것이 확대되어 방추형 또는 타원형의 병반(진균병)이 되는데, 주위는 자색 또는 홍색이고 내부는 암갈색이며 2~3층의 동심으로 윤문이 생긴다.

② 발병환경은 7~8월 고온다습한 조건(20~32℃)에서 많이 발생하고 산간지보다 평야지에서 더 많이 발생한다.

③ 방제는 종자를 디페노코나졸 수화제나 베노밀 수화제로 소독한 후 파종하며 발병 식물체는 제거한다.

④ 저항성 품종을 선택하여 재배한다

표 2-5 옥수수의 병해충

병명	피해 증상	발생 지역	방제 대책
그을음무늬병	잎에 회색의 작은 반점으로 시작하여 방추형으로 커짐	강원도 지역 저온 다습 조건	병에 강한 품종 선택, 돌려짓기
깨씨무늬병	잎에 갈색의 작은 반점으로 시작하여 타원형으로 커짐	중부, 남부 지역 고온 다습 조건	병에 강한 품종 선택, 돌려짓기
검은줄오갈병	키가 작아지고 잎 뒷면에 줄이 나타나며 애멸구가 옮김	남부 평야지	병에 강한 품종 선택, 병에 걸린 개체 제거
깜부기병	병에 걸린 부위가 혹처럼 부풀 어 오르며 흰색의 막으로 싸임	전국	토양 및 종자 전염, 이어짓기를 피하고 살균제로 종자 처리

그림 2-6 그을음무늬병

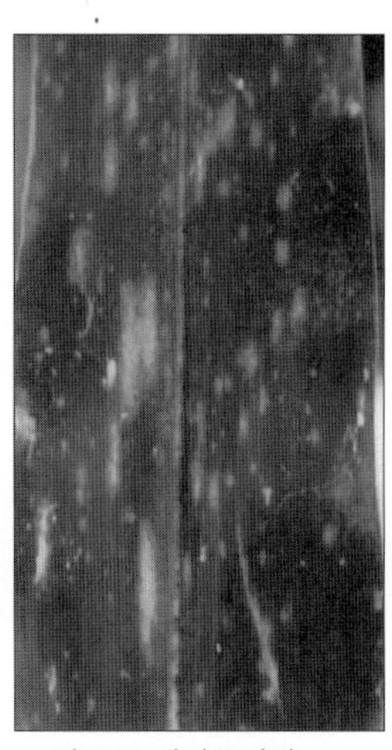
그림 2-7 깨씨무늬병

그림 2-8 검은줄오갈병

그림 2-9 깜부기병

4) 검은줄오갈병

① 검은줄오갈(black streaked dwarf virus) 바이러스병의 병징은 잎이 짙은 녹색(농록색)으로 변하고 엽신이 짧아져서 늘어지지 않고 뻗치며 식물체의 마디사이가 짧아져 왜화되고 상위엽 뒷면의 엽맥이 돌출하여 줄이 나타난다.

② 전염경로는 애멸구에 의해 매개 기주식물은 벼, 보리, 둑새풀, 바랭이 등 대부분 화본과 식물에 많다.

③ 방제는 진주옥 같은 내병성 품종의 재배하고 조파하여 애멸구 2화기 피해를 회피한다.

④ 카보퓨란과 같은 살충제를 살포하여 애멸구를 방제한다.

5) 조명나방

① 조명나방(corn borer)은 거의 모든 밭작물을 가해하는 잡식성 유충으로 잎 뒷면 연한 엽육을 먹기 시작하여 줄기나 이삭에 유충이 먹어 들어가서 심엽과 이삭을 말라 죽게 하며 옥수수에서는 종실에 큰 피해를 끼친다.

② 유충의 길이가 25mm 정도이고 머리는 흑갈색, 몸은 담갈색, 각 관절은 작은 반점이 있다. 1년에 2~3회 발생하며 기주의 줄기 속에서 유충 형태로 월동한다.

③ 방제는 수확 후 피해주를 소각하고 성충발생 최성기에 침투성 살충제를 2회 살포한다.

④ 옥수수의 잎이 10매 전후인 시기에 애벌레가 많으면 인독사카브, 에토펜프록스, 클로란트라닐리프롤 등을 뿌려 방제한다.

6) 멸강나방

① 멸강나방(army worm) 발생은 유충이 떼를 지어 다니며 주로 밤에 옥수수, 조, 벼, 보리의 화본과 작물이나 목초를 폭식하여 식해한다.

② 중국에서 비래하는 주요 해충으로 2차 이동기인 5~6월에 많이 날아와 벼과작물에 큰 피해를 준다.

③ 유충의 길이는 45mm 정도이고 흑갈색이나 흰 배선이 있고, 1년에 2~3회 발생하며 번데기로 토양 속에서 월동한다.

④ 방제는 발생초기에 집단으로 모여 있는 유충을 포획하거나 침투성 살충제를 살포하는데 목초지에서는 예취 후 약제를 살포하여 가축을 보호하도록 한다.

⑤ 성충 발생 뒤 5~13일 사이에 인독사카브, 펜토에이트, 플루벤디아마이드 등으로 방제한다.

9. 옥수수의 수확과 조제

① 생리적 성숙기는 황숙기의 끝에 있는 시기로 생리적 성숙기부터 영양의 이동이 차단되어 건물중은 더 증가하지 않는 시기이다.

② 수확은 생리적 성숙기로부터 1~2주 후에 한다.

③ 수확은 이용 목적에 따라서 간식용일 때는 포엽이 녹색이나 수염이 마른 때에 이삭만 수확하고 완숙한 것을 수확할 때는 포엽이 황변하고 종실을 터트려도 잘 깨지지 않을 때 수확한다.

④ 저장할 종실은 수분함량이 16% 이하가 되도록 건조하여 정선한 다음 저장한다.

10. 옥수수의 특수재배

1) 사일리지용 옥수수

(1) 품종

① 사료용은 총 건물생산량이 많아야 하는데 대체로 종실용으로 수량이 많은 품종은 사일리지(silage)용으로도 수량이 많으며 종실용보다 빨리 수확하므로 숙기가 다소 늦은 품종이라도 상관이 없다.

② 사일리지(silage)용은 종실용보다 밀식재배를 하므로 내도복성이 강하고 평야지에서 많이 발생하는 검은줄오갈병에 강한 것이 좋다.

(2) 파종기와 재식밀도

① 종실용에 준하여 조식재배를 하는 것이 수량이 많다. 겨울작물의 후작으로 심을 때는 온도와 토양수분이 허용되는 한 빨리 심는 것이 좋다.

② 종실용보다 20~30% 더 밀식하는데 도복과 병충해의 발생이 많을 수 있으므로 6,700본/10a 전후가 알맞다.

표 2-6 재식밀도에 따른 수량관련 요소의 변화

재식밀도 (본/10a)	생체수량 (kg/10a)	건물수량 (kg/10a)	건물률 (%)	가소화영양수량 (kg/10a)	소화율 (%)	종실 비율 (%)
4,000	467	141	30.2	943	67.3	43.0
6,700	568	168	29.7	1,058	63.0	39.3
10,000	570	169	29.9	1,036	61.3	30.0

*공시품종은 수원 19호이며 최대 종실 생체수량은 700kg/10a임

(3) 시비와 수확

① 시비량은 종실용에 준하거나 10~20% 더 많이 시비한다.

② 생초수량은 유숙기나 호숙기가 가장 높지만 건물수량이나 가소화영양수량은 생리적 성숙 단계인 황숙기가 높고 수분함량도 사일리지 제조에 적합한 시기이다.

③ 호밀의 경우 생초수량은 출수기에 가장 높고, 건물수량은 유숙기 때 가장 높아서 사일리지 제조도 유숙기가 적합하다.

표 2-7 사일리지용 옥수수의 수확시기별 수량

구분	생초수량 (kg/10a)	건물수량 (kg/10a)	가소화영양수량 (kg/10a)	암이삭 비율 (%)
유숙기	8,319	1,534	1,019	20
호숙기	8,332	1,875	1,156	38
황숙기	7,686	2,137	1,383	40
완숙기	5,875	2120	1,152	49

2) 단옥수수

① 일반 단옥수수(sweet corn)와 초당옥수수(super sweet corn)로 나눌 수 있으며, 대부분 쪄 먹으며 일부는 통조림 가공용으로 이용되고 있다.

② 작형은 주로 멀칭재배가 실시되고 있으며 특히 최근에는 조기출하를 목적으로 하는 비닐하우스재배도 크게 늘어나고 있으며 터널재배도 하고 있다.

③ 품종에는 단옥1호, 단옥2호, 골든크로스반탐(극조생종) 등이 있다.

표 2-8 일반 옥수수와 단옥수수의 비교

구분	당분(%)	전분(%)	100립중	입수(개/g)	발아율(%)
일반 옥수수	3	72	31	3.2	98
단옥수수	14	51	24	4.2	96
초당옥수수	35	17	13	7.7	60

(1) 파종

파종기 하우스재배는 2월, 직파재배는 4월 상중순, 가을재배는 7월 하순에 파종한다.

(2) 육묘

육묘 옥수수는 이식적응성이 낮기 때문에 이식재배시 포트에서 육묘하여 본엽 4~5매기에 정식해야 한다. 결주보식용으로 이용하기도 한다.

(3) 재식밀도

재식밀도는 7,000본/10a 내외로 하며 너무 밀식하면 품질이 떨어질 우려가 있다.

(4) 시비

유기질비료를 충분히 시용하고 N-P-K는 12-11-11kg 정도 시비한다. 생육기간이 짧기 때문에 전량 기비로 시용해도 되고, 엽색을 관찰하여 약간의 추비를 시용한다.

(5) 곁가지 치기

단옥수수는 곁가지가 많이 나오는데, 그 자체의 잎에서 동화작용을 하여 영양을 빼앗는 일이 없기 때문에 곁가지를 제거할 필요는 없다. 곁가지 치기의 경우 첫가지가 나오는 때에 일찍 제거하는 것이 좋다.

(6) 수확

① 출사 후 20~25일에 수확하고 간식용 풋옥수수는 유숙기 초기~중기가 좋으며 통조림으로 이용할 경우는 유숙기 말기가 적당하다.

② 너무 빨리 수확하면 옥수수알이 덜 차고, 너무 늦게 수확하면 당분함량과 신선미가 떨어져 품질이 떨어진다.

③ 초당옥수수는 단옥수수보다 단맛과 수분이 많아 2~3일 늦게 수확해도 된다.

④ 온도가 낮은 아침 일찍 수확하여 시장에 출하하고 냉동저장을 하지 않는 한 수확 후 30시간 이내에 식용으로 하거나 가공처리를 해야 전분화가 절게되어 맛이 좋다.

11. 옥수수의 성분과 이용

① 옥수수 종실을 전체로 볼 때 성분은 전분(당질) 72%, 단백질 10%, 지방 5%, 섬유소 3%, 당분 2% 등으로 구성된다.

② 옥수수 종실은 다른 작물에 비해 상대적으로 배(embryo)가 차지하는 비중이 매우 크다.

③ 종실 부위 중 배유(endosperm)에는 주로 전분이 함유되어 있는 반면, 배에는 단백질과 지방함량이 특히 높다.

④ 옥수수 종실에서 배는 전분 9%, 단백질 18%, 지방 34.5%, 회분 10% 등으로 구성되어 있고 배유는 전분 86%, 단백질 9%, 지방 0.9%, 회분 0.8%로 구성되어 있다.

표 2-9 옥수수 종실의 구성 성분

구분	전분(%)	단백질(%)	지방(%)	회분(%)
전체	72.0	9.2	4.8	1.4
배유	86.0	9.0	0.9	0.8
배	9.0	18.0	34.5	10.0
종피	7.5	3.5	1.0	0.5

1) 옥수수의 성분

① 전분용으로 메옥수수는 아밀로스(amylose) 25%, 아밀로펙틴(amylopectin) 75%로 구성된 반면, 찰옥수수는 아밀로펙틴만으로 구성되어 있다. 최근에는 아밀로스 비율이 50~70%인 옥수수도 개발되었다.

② 단백질 급원으로 필수아미노산의 구성이 불량하여 식량으로 이용하는 경우 감자나 콩 등과 섞어서 이용하는 것이 좋다.

③ 옥수수기름은 대부분 배에서 추출한다. 옥수수기름 속에는 95%의 트리글리세라이드와 기타 지방산 외에도 토코페롤(비타민 E, 천연항산화물질)이 들어있어 장기간 저장해도 품질 변화가 적고 맛이 부드러우며 세포의 산화를 방지한다.

④ 황색종은 비타민 A가 풍부하며 배유의 유전자형이 크세니아(xenia, 화분의 우성 형질이 바로 당대에 나타나는 것) 현상으로 비타민 A 함량이 많다. 비타민 B_1, B_2, B_6, 판토텐산, 피리독신, 비오틴, 니코틴산, 플라보노이드가 함유되어 있다.

⑤ 메이신(maysin)은 글로불린에 속하는 옥수수의 종자에 존재하는 단백질로 옥수수수염 속에서 추출된 플라보노이드의 일종이다. 항산화 기능성이 매우 높고 옥수수 이삭을 해치는 유충의 생장을 억제하는 작용이 있다.

2) 옥수수의 이용

(1) 직접 식용

① 옥수수는 호숙기에 수확하여 생식용으로 바로 식용하는 단옥수수, 초당옥수수, 찰옥수수, 경립종이 있다.

② 옥수수를 주식으로 할 경우에는 단백질(zein)의 필수아미노산의 구성이 불량하여, 감자나 두류와 섞어서 이용하는 것이 좋다.

③ 암이삭(자수)이 발달하기 전, 즉 출사기에 따서 이용하는 베이비콘(baby corn)도 근년에 수요가 늘고 있다.

(2) 가공식품

① 감립종(sweet corn)은 통조림, 분말 등으로 가공하거나 냉동저장한 뒤 이용하기도 한다.

② 폭열종은 튀겨서 팝콘(popcorn)으로, 경립종은 눌러서 콘플레이크(cornflakes)를 만들기도 한다.

(3) 공업용

① 옥수수를 제분하여 빵, 과자, 물엿 등을 만들고, 전분을 가공하여 과자, 포도당, 알코올, 방직용풀 등을 만든다.

② 옥수수 배에서 추출한 옥수수기름은 식용유로 품질이 좋으며, 글리세린 등의 원료로도 이용된다.

③ 미국은 2007년 통계로 세계 옥수수 생산량의 43%를 생산하고 이 중에서 25% 정도를 바이오에탄올(자동차 연료) 생산에 사용한다.

(4) 사료용

① 옥수수 종실은 농후사료로서 매우 중요하고 품질도 우수하며, 가소화 영양성분이 많을 뿐만 아니라 비타민 A가 풍부하여 가축의 발육과 번식에 유용한 사료사 된다. 옥수수는 전분질 사료로서 조섬유가 1%에 불과하여 소화가 잘 된다.

② 옥수수 단백질의 주체는 제인(zein)으로 아미노산 구성이 좋다고 할 수 없기 때문에 단백질 보충이 필요하다.

③ 청예사료로 풋베기옥수수는 출수 전에 베어 먹이는 경우도 있지만 보통 사일리지로 이용한다. 등숙이 진전되어 전분이 많은 황숙기에 수확한 전곡(whole crop)은 농후사료와 같은 고에너지 사료이면서 다수성이고 가축의 기호성도 매우 높기 때문에 특히 젖소 사료로 많이 이용된다.

④ 단위면적당 에너지 수량은 사료작물 중 가장 높아 목초에 비하면 1.5배 이상이 된다.

(5) 기타 이용

① 옥수수수염은 신장병약의 원료, 음료수(옥수수수염차 등), 생장조절제인 시토키닌 계열의 지아틴(zeatin)도 옥수수에서 추출한 것이다.

② 과거에는 포엽은 바구니나 방석, 슬리퍼 등을 만들거나 진충재료로 이용되기도 하였다.

③ 옥수수대는 제지원료나 연료 등에 이용되며, 이삭의 속대는 칼륨비료의 제조에 이용한다.

표 2-10 잡곡류의 특성 비교

작물명	옥수수	수수	조	피	기장	메밀
번식방법	타식	자식	자식	자식	자식	타식
C_4 여부	C_4 식물	C_4 식물	C_4 식물	C_4 식물	C_4 식물	C_4 식물
종근수	1	1	1	1	1	1
1,000립중	100~400	25~30	2.5~3.0	2.8~3.8	4~5	25~30
암술:수술	자웅동주이화	1:3	1:3	1:3	1:3	1:8
온도와 광	고온다조	고온다조	고온다조	내냉성과 냉습성이 강함	고온다조	–

제2장 **수수**(Sorghum, 고량)

*$Sorghum$ $bicolor$ L.(2n=2x=20)

1. 서론

전 세계적으로 수수는 밀, 쌀, 옥수수, 보리 다음으로 많이 재배하는 작물로 생산량은 6,138만톤, 재배면적은 4,212만 ha에 달한다.

촉나라에서 재배하는 기장(서)이라는 수수는 중국의 고량주를 만드는 재료로 고량이라고도 한다. 염색체 수가 2n=2x=20으로 메마른 토양이나 습지에도 잘 자란다. 세계적으로 미국(16%), 나이지리아(11%), 인도(9%), 수단(7%) 순으로 재배면적이 많다. 우리나라의 고농서인 금양잡록과 과농소초에 문애수수, 미망서 품종에 대한 기록이 있고 용도는 곡용수수, 당용수수, 소경수수로 이용한다. 우리나라는 3,000ha에 3,000톤 정도 생산한다.

1) 세계의 분포, 생산

① 수수는 열대원산(중앙 아프리카)으로 고온 다조를 좋아하며 환경적응성이 크고 생육일수도 60~70일로부터 150~160일에 이르는 것(100~130일 정도)까지 짧고 변이폭이 크기 때문에 조생종을 택하면 상당히 고위도까지 재배할 수 있다. 재배는 북위 50°에 이르고 풋베기용은 더 북쪽에서까지도 재배된다.

② 단일성 작용료 10~11시간이 최적일장이나 일장이 길어지면 영양생장을 계속하므로 전 세계적으로 무감광성 품종을 육성해 재배하고 있다.

③ 우리나라에서는 전국적으로 고르게 조금씩 재배되고 있지만 특히 충북, 강원도에서 많이 재배된다.

2) 이용

① 수수의 주성분은 당질로 찰수수는 단백질과 지방이 많이 함유되어 있으며 밥과 섞어서 별식으로 이용하지만 메수수는 식용으로 적합하지 않아 사료나 양조용으로 쓰인다. 떡이나 술, 조청, 빵 등으로 다양하게 이용한다.

② 종피에 타닌(tannin) 함량이 적어야 사료용으로 유리한데 갈색립〉황색립〉백색립 순으로 타닌 함량이 적다.

③ 당용 수수(사탕수수)는 줄기에 단(sweet) 즙액이 풍부하여 사일리지용, 청예용으로 알맞고 성숙하면 줄기 속에도 7~13%의 당분을 함유하고 있어서 즙액을 짜서 시럽(syrup)을 만들거나 물엿, 제당원료로도 이용한다.

④ 청예용 수수는 재배가 쉽고 생육량도 많으며 재생력도 강하여 풋베기 사료로 이용되지만 청산(HCN)이 들어 있어 생초를 일시에 많이 주면 중독될 우려가 있다. 그러나 건초나 사일리지로 만들면 독성이 없다. 청산 성분의 함량은 곡물용 수수〉단수수〉수단그라스 순으로 적다.

⑤ 수단그래스는 1년생 벼과 식물로 다얼성인 목초이고 존슨그래스는 숙근성 다년초로 수단그래스와 비슷한 모양이며 월동이 되는 지역에서는 숙근성 잡초가 된다.

⑥ 소경 수수(broom sorghum)는 빗자루 수수 또는 장목 수수라고도 하며, 지경이 길고 한쪽으로 몰려 있어 수수빗자루를 만들기에 알맞다.

⑦ 양조용 수수는 세계적으로 전통술의 원료로 이용되는데 중국의 고량주(메성 수수를 이용), 한국의 문배주가 그 예이다. 최근에는 이 수수에서 바이오 에탄올을 생산하기도 한다.

3) 재배와 경영상의 특성

① 수수는 토양적응성과 내건성이 강하여 척박지, 모래땅, 저습지 등에서도 잘 재배된다.

② 수수는 C_4 식물로 건물생산능력이 큰 작물적 특성을많이 가지고 있다.

③ 수수와 두과의 혼작은 보편적인 혼작방식으로 발달되어 왔다.

④ 용도면에서도 보조식량이나 주조원료, 가공식품, 그 밖의 다양한 용도로 이용되고 있어서 전국적으로 조금씩 재배되고 있다.

2. 수수의 형태

(1) 종실

① 수수 종실은 영과(caryopsis)이며 단단하고 광택이 있는 받침껍질에 싸여 있다. 천립중은 대략 25~30g, 비중은 1.3 정도이다.

② 종자 모양은 좁은 타원형 중간형, 원형이고 조, 피, 기장보다 크다.

③ 영과(수수 낟알)는 껍질(과피)이 6%, 배가 10%, 배유가 84% 정도로 구성되어 있다.

④ 수수 껍질은 배유에 강하게 부착되어 있고 3개층으로 구성되어 있는데 외과피의 색소가 포함되어 낟알 색깔을 결정한다.

(2) 잎과 줄기

① 잎은 길이가 50~90cm에 이르고 너비는 8~12cm 정도이며, 중륵이 흰색이다. 엽이가 없으며 엽설은 흑갈색 환상의 막편으로 되어 있다. 잎은 약 22개가 생기고 옥수수보다 가늘다.

② 줄기 내부는 속이 차 있고 표면은 납질(wax)이며 상처를 입으면 적갈색 색소가 침적된다.

③ 줄기는 1m 내외이나 2~3m에 달하는 것도 있다.

(3) 뿌리

① 종근이 1개 있고 제4엽이 신장할 때부터 최하위절에서 관근이 발달한다.

② 뿌리는 심근성으로 흡비력과 내건성이 강하다.

③ 지표에 가까운 지하부 제1, 제2 마디사이에서 부정근이 다수 발생해 물과 영양소를 흡수한다.

(4) 화기와 이삭

① 꽃은 꽃자루가 없는 무병소수가 임실되며 암술 1개에 수술 3개, 인피가 1쌍이며, 주두는 둘로 갈라져 있다.

② 소수의 지경에는 2개의 소수(작은 이삭)가 쌍을 이루는데, 하나는 무병소수이고 다른 하나는 유병소수(pedicellate spikelet)이다.

③ 이삭의 수경(ear length)은 7.5~50cm이고 폭도 2~20cm나 된다. 절수가 약 10마디에 5~6개의 지경이 윤생하고, 다시 2~3차 지경이 착생하여 소수가 달린다.

3. 수수의 생리생태

1) 생리

① 수수의 발아온도는 최저 7~10℃, 최적 21~35℃, 최고 온도는 40~48℃이다.

② 분얼은 청예전용 수수인 수단그라스(sudan grass)나 존슨그라스(johnsongrass)를 제외한 수수는 분얼이 적으며 분얼간 이삭은 결실되기 어렵고 수량도 낮다.

③ 출수 후 3~4일에 이삭 선단부분부터 개화하기 시작하여 4~6일에 개화성기에 달하고 한 이삭의 개화가 끝나는데 10~15일이 소요된다. 꽃은 한밤중부터 이른 새벽에 걸쳐 개화하는 것이 보통이며 꽃 1개의 개화시간은 20분 정도이다.

④ 자가수정 작물로 분류하나 자연교잡률도 2~35%로 높은 편이어서 평균 6%에 이른다.

⑤ 수수 꽃은 작고 단단하여 인공제웅이 어렵지만 웅성불임을 이용하면 교잡 시에 제웅이 필요 없다.

⑥ 인공제웅할 때에는 한 이삭에 50개 정도의 소수만 남기고 온탕처리법(44℃ 온탕에 10분간 침지)이나 플라스틱밀봉법(다습으로 화분 비산 억제)을 이용한다.

⑦ 웅성불임은 유전적 및 세포질적 웅성불임을 이용하는데 1대교배종의 재배가 일반화되었다.

4. 수수의 재배 환경

1) 기상

① 수수는 열대원산으로 고온다조를 좋아하고 잎 표면에 왁스층이 있고 중륵을 따라 기동세포(moter cells)가 있어 내건성이 극히 강하다. 출수 후에 비가 많이 오면 좋지 않다.

② 옥수수보다 저온에 대한 적응성은 낮지만 고온에 잘 견디어 40~43℃에서도 수정이 가능하고 생육기간이 100~130일 정도이다.

③ 수수는 온도가 20℃ 이하에서는 생육이 매우 느리고 생육 최적온도는 38℃ 정도이다.

2) 토양

① 배수가 잘되고 비옥하며 석회함량이 많은 사양토~식양토로 넓은 범위의 다양한 토양이 알맞다. 건조에도 잘 견디지만 과습, 관수, 침수에도 잘 견디며 내염성도 높은 편으로 불량환경에 대한 적응성이 크고 척박지에도 잘 적응한다.

② 알맞은 토양산도는 pH 6.5~7.8이며 강산성 토양은 싫어하나 알칼리성 토양에는 강하다.

표 2-11 작물의 내염성 정도

내염성	작물
강	유채, 목화, 순무, 사탕무, 양배추, 라이그라스
중	수수, 보리, 호밀, 벼, 밀, 고추, 토마토, 포도, 무화과
약	완두, 녹두, 가지, 감자, 고구마, 사과, 배, 복숭아, 귤

3) 내건성

(1) 수수의 내건성

① 수수는 아프라카의 반건조지대가 원산지인 작물로 잔뿌리의 발달이 좋고 심근성이다.

② 건물 1g 생산하는 데 필요한 요수량은 310으로 300인 벼와 비슷하고 360 정도인 옥수수보다 작은데 잎과 줄기의 표피에 각질이 잘 발달되고 납질이 많기 때문에 수분증산이 적다.

③ 옥수수, 두과작물, 유지작물보다 수분이용효율이 높으며 내건성이 극히 강하다.

④ 잎과 줄기 표면에 얇은 왁스층이 있고 잎 상부표면에 중록을 따라 기동세포(motor cell)가 발달하여 잎을 말아 수분증산을 억제한다.

⑤ 최대 수분이용량은 유수분화기(이삭이 만들어지는 시기)와 개화기에 가장 높으며, 이후 수확기까지 점차 감소한다.

⑥ 넓고 깊은 뿌리 조직으로 수분 사용을 최적화하고 최고의 수량을 생산하려면 600~700mm의 수분이 필요하며 연간 800mm 이상 강우량이 필요한데, 유수분화기, 개화기와 등숙기에 요구량이 높다.

5. 수수의 품종

1) 고은찰과 소담찰의 생육 특성

품종명	출수일수 (일)	간장 (cm)	이삭길이 (cm)	이삭중 (g/이삭)	천립중 (g/1,000립)	종실수량 (kg/10a)	지수
고은찰	63	94	29	72	29	374	126
소담찰	70	81	24	63	25	296	100

① ‘고은찰’은 출수가 일반 품종인 ‘소담찰’보다 일주일 정도 빠르다.

② 간장과 이삭 길이가 각각 13cm와 5cm 더 길다.

③ 이삭중은 72g, 천립중은 29g으로 ‘소담찰’보다 더 무겁다.

④ 10a당 종실 수량은 ‘소담찰’ 대비 126%로 다수성이다.

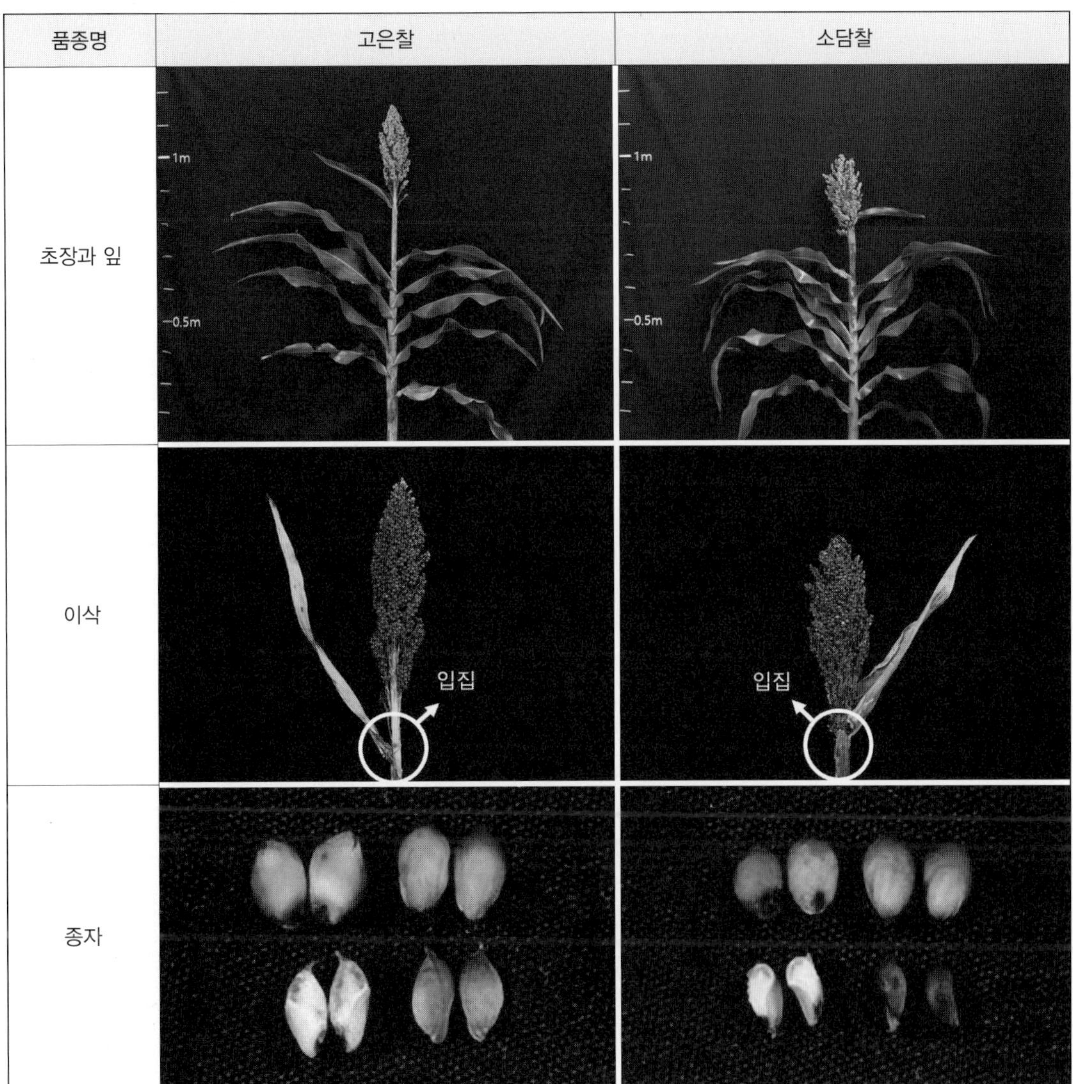

그림 2-10 고은찰과 소담찰 수수의 특성 비교

6. 수수의 재배 기술

1) 종자준비

① 종자량은 적게 요하므로 일반적으로 재배지에서 좋은 이삭을 수확해 두었다가 탈곡하여 종자로 하는 것이 일반적이다.

② 종자는 1.10에서 비중선을 하고 깜부기병 등의 방제를 위해 카복신, 티오벤다졸, 베노람 수화제, 지오람수화제, 티시엠 유제 등에 침지한 후 건조시키거나 분의소독하여 파종한다.

2) 재배방식 및 파종

① 수수는 두과작물과 혼작이 일반적으로 실시되며 특히 중남부지방에서는 육묘 이식하여 혼작하는 것이 보통이나 직파하기도 한다.

② 파종기는 4월 하순~5월 중순, 맥후작으로 직파는 6월 중하순이 된다.

③ 파종량은 점파 시 1~1.5kg/10a, 조파 시 1.5~2kg/10a 정도가 알맞다.

④ 중남부지방에서 맥후작(麥後作)으로 콩밭에 수수를 혼작(混作)하는 경우에는 수수의 모를 키워서 이식한다.

3) 시비와 관리

① 수수는 비료를 적게 주며 조방재배(extensive cultivation)를 하는 것이 일반적이므로 거름을 별로 주지 않는데 개간지에서는 인산(P)과 칼슘(Ca)이 결핍되지 않도록 유의한다.

② 알라클로르(라쏘)와 같은 제초제를 파종 직후에 뿌려서 잡초방제를 한다.

7. 수수의 병충해

1) 탄저병

① 수수에 큰 피해를 주는 탄저병(anthracnose)으로 고온다습 조건에서 잎, 줄기에 적색~적갈색의 작은 반점이 부정형으로 커지는데, 병반 둘레는 적갈색, 내부는 담황갈색이며 표면에는 많은 흑점이 발생한다.

② 피해주의 제거, 윤작과 가을재배(추경) 실시, 질소과용을 피한다.

2) 줄무늬세균병

① 줄무늬세균병(bacterial stripe)은 생육초기부터 발생하지만, 특히 출수기경에 엽신과 엽초의 엽액을 따라 적색, 자색, 황갈색의 선명한 줄무늬가 발생한다.

② 무병지에서 채종, 종자소독, 윤작 실시로 방제한다.

3) 깜부기병

① 잎에 둥글고 작은 반점이 생기고, 반점 둘레는 농자홍색, 내부는 회백색이며 구름무늬를 이룬다. 방제는 탄저병에 준한다.

② 깜부기병(smut)은 출수기 이후에 소수나 이삭에 발병한다.

③ 병징 및 방제는 배수가 잘되게 하고 돌려짓기를 하며 디페노코나졸(푸르겐), 피라클로스트로빈(카브리오), 플루아지남 수화제 등 등록약제(http://psis.rda.go.kr)를 살포한다.

4) 이삭곰팡이병

① 이삭곰팡이병(grain mold)의 병징은 씨알에 비정상적인 착색과 곰팡이가 자라며, 특히 푸사리움(*Fusarium* spp.)의 경우 흰색에서 분홍색으로 꽃과 씨앗 가장자리에 군집하며, 꽃가지와 씨알대는 적색에서 어두운 갈색으로 변색된다.

② 병원균의 전염은 붉은 종자를 가진 품종보다 흰색, 노란색, 갈색이 더 감수성이며, 따듯하고 습한 기후의 씨알에서 주로 나타난다.

③ 꽃이 필 때 감염이 시작되어 씨알이 익어가는 동안 계속 이어지며 사람과 가축에 독성을 나타내는 푸모니신, 니발레놀, 데옥시니발레놀, 제랄레논 등의 독소를 생성하는 것으로 나타났다.

④ 방제방법은 붉은 계통의 저항성 품종을 재배하거나 건조한 달에 꽃피는 시기를 맞추는 것이 좋다. 현재 등록된 약제는 디페노코나졸, 프로피코나졸 유제, 보스칼리드 입상수화제가 있으며 사용법은 개화기부터 7일 간격으로 경엽처리를 하면 된다.

⑤ 유숙기에 밭이 침수될 경우 푸사리움(*Fusarium*) 곰팡이 독소인 제랄레논과 푸모니신의 생성이 증가하므로 배수로 정비를 통해 집중호우 등에 의한 침수를 예방하는 관리가 필요하다.

⑥ 감염된 종자는 파종 전에 등록된 종자소독제 베노밀, 티람 수화제, 티오파네이트메틸, 트리플루미졸 수화제를 이용하여 종자 소독을 한다.

5) 조명나방

① 나방(성충)의 몸길이는 13~15mm이며 색깔은 황갈색이고, 앞날개에 물결무늬가 있다. 애벌레(유충)의 길이는 20~25mm 내외로 몸 전체가 담황색 내지 암갈색이다.

② 발생 시기는 1년에 2~3회 발생하며 애벌레는 노숙 유충으로 겨울나기를 한다. 제1회 나방은 5월 하순~6월 중순에 걸쳐 나방이 되며 볏과식물에 알을 낳는데 보통 수수 길이가 20~30cm인 어린 식물체에 알을 낳고, 제2회 나방은 7월 중순~8월 초순에 나방이 되어(우화) 옥수수, 율무, 조 등의 잎 뒷면에 알을 낳는다. 제3회 나방은 8월 중순~9월 초순에 나방이 되고 추운 지역은 이보다 10일 정도 늦게 발생한다.

③ 피해는 제1회 애벌레는 지면과 가까운 부분의 잎이나 줄기를 갉아먹는다. 잎의 피해증상은 잎 끝부분에 가로로 나란히 여러 개의 구멍이 난다. 줄기의 피해증상은 부화한 애벌레가 줄기에 구멍을 내고 속을 파고 들어가 생활하면서 배설물을 밖으로 배출하기 때문에 피해를 쉽게 알 수 있다. 특히 수수 줄기에서는 피해 부분이 빨갛게 되기 때문에 구별이 쉽다. 조명나방의 피해를 받으면 바람에 의해 쉽게 도복되고, 피해가 심하면 줄기가 고사한다.

④ 방제방법은 조명나방 방제를 위해 등록된 약제는 없다. 따라서 성페로몬 트랩을 이용한 정확한 발생예찰을 통해 1회 성충의 발생 최성기가 5월 하순과 6월 상순이라면 방제시기는 각각 6월 상순과 중순에 고삼 등을 함유한 유기농자재를 1주일 간격으로 2회 살포하면 효과가 있다. 또한 조명나방은 질소를 분시하면 피해가 많으므로 조명나방 피해가 심한 곳에서는 기비로 주면 피해를 낮출 수 있다.

6) 왕담배나방

① 왕담배나방(Matsumura corn earworm)의 형태는 나방 길이는 15mm 내외이며, 담배나방과 비슷하나 왕담배나방은 날개 부분에 고리무늬가 없거나 희미하며, 갈색 횡선 사이에 7개의 유백색 무늬가 있다. 애벌레 머리 주위에 흰 털이 있고, 네 번째 마디와 머리 뒤쪽 색이 어둡다.

② 비래해충으로 발생 시기는 연 2~3회 발생하며, 땅속에서 흙으로 고치를 짓고 번데기로 겨울나기한 후 이듬해 5월경 나방이 된다. 특히 7월 중순의 2번째 및 8월 하순의 3번째 애벌레 발생에 주의하여 조기방제에 노력한다. 주로 수수 이삭 패는 시기를 전후하여 나방이 날아와서 이삭 부근에 알을 낳고, 알을 깨고 나온 애벌레가 꽃피는 시기와 여무는 시기에 걸쳐 피해를 준다. 애벌레는 주로 6령(애벌레 나이)까지 경과하고, 3령 이후의 애벌레는 약제에 대한 견딜성(내성)이 커서 방제가 어렵다.

③ 피해증상은 1~2령의 애벌레는 주로 꽃피는 시기 수술과 암술을 가해하고, 3령 이후부터는 종자를 가해하여 피해를 준다. 특히 배설물이나 피해를 받은 이삭이 비에 젖어 썩으면 이삭곰팡이병이 발생되어 2차 피해를 준다.

④ 방제방법으로 델타메트린 유제, 클로르페나피르 액상수화제 및 피리달릴 유탁제 등이 방제약제로 등록되어 있다. 5%의 수량감소를 기준으로 한 3령충의 요방제 밀도는 20 이삭당 출수기 1.5마리, 개화기 5마리, 등숙기 11마리로 설정되어 있으며, 고삼추출물을 함유한 유기농자재의 처리효과가 있다.

7) 멸강나방

① 멸강나방(mythimna separata)의 형태는 나방의 몸길이 18mm, 날개를 편 길이는 40mm 정도의 중형 나방으로 담갈색의 앞날개 중앙에 백색 반색의 사선이 있고 뒷날개는 광택을 띤다. 애벌레는 길이가 45mm 정도이고, 머리에는 8자형 흑색무늬가 있다.

② 발생 시기는 1년에 1~2회 발생하는데, 5월 하순 저기압 통과일로부터 2~3일 사이에 나방이 날아와 알을 낳고, 2주 정도 지나면 애벌레가 발생한다. 비래해충으로 해에 따라 발생 차이가 심한데, 1차 비래는 5월 하순~6월 상순, 2차 비래는 7월 중순~7월 하순 정도이다. 비래 시기는 당년도의 기상상태 및 지역에 따라 차이가 큰데, 봄철 기온이 높은 해가 발생시기가 빠르다. 비래성충은 꽃의 당밀을 섭식한 후 오래된 잎에 알을 700개 정도 낳는다.

③ 피해는 1~2령 애벌레는 식물체에서 생활하며 주로 잎을 갉아먹지만, 4령 이후 애벌레는 밤에 활동하는 야행성으로 변하여 낮에는 땅에 숨어 있다가 밤에 나와서 줄기 및 잎을 폭식하여 큰 피해를 준다.

④ 방제방법으로 등록된 약제는 없으며, 국내에서 월동하지 못하고 비래하는 해충으로 기상 조건에 따라 발생시기 및 발생량에 차이가 있다. 성충은 흑색등에 잘 유인되므로 유인등을 이용하여 예찰할 수 있으며, 주로 사료작물, 옥수수, 맥류 등에 발생하여 피해를 준다.

8. 수수의 수확

① 수확적기는 9월 하순~10월 중순이며 수확 시 이삭을 먼저 잘라낸다.

② 규모가 크면 줄기를 베어 2~3일간 세워서 말린 다음 이삭을 수확한다.

③ 도정률은 용량 기준으로 65%, 중량 기준으로는 69% 정도이다.

9. 청예재배

① 수수품종에서 청산함량(HCN)이 적은 것을 풋베기 사료로 재배하기도 한다. 어릴수록 청산함량이 많지만 건조시키면 무독하게 된다.

② 수수는 60×15cm 간격으로 조파하고, 곡용보다 다비 재배한다.

③ 건초용 수수를 재배할 때는 출수기경에 풋베기를 한다.

④ 수수를 녹사료로 예취 시 2~3회 예취하며 밑동을 15~20cm 충분히 남겨야 재생력이 왕성하고 이후 추비나 관수를 하면 재생이 빠르다.

제3장 **조**(Italian millet, 속(粟))

**Setaria italica* (L.) P. Beauvois(2n=18)

1. 서론

조의 원산지는 동부 아시아, 인도로 알려져 있고 생산량은 인도가 28%, 니제르가 22%, 나이지리아가 12% 정도이다. 식물학적 이름이나 열매 이름도 조이며 껍질을 벗긴 낟알을 좁쌀이라고 한다. 생산은 중국, 인도, 나이지리아 등의 아프리카 국가에서 생산이 많다. 우리나라는 삼국사기에 조를 상으로 주었다는 기록이 있을 정도로 전통적인 작물이어서 고려시대까지는 쌀보다 생산량이 많았다고 한다. 과거에는 술(문배주 등)과 떡(오메기떡 등)을 만들어서 먹었고 최근에는 건강식품으로 인기가 높다.

1) 기원

① 조의 원형이 강아지풀(*Setaria viridis* Beauvois)이라는 견해가 있다.
② 강아지풀은 조와 동일한 염색체수의 2n=18이며 교잡하면 임성이 높다.
③ 중국의 서북부가 조의 원산지로 추정되며, 중국에서는 유사이래 작물로 알려져 있다. 기원전 2700년 경 신농의 기록에 보면 오곡 중 하나로 기록되어 있다.

2) 생산

① 세계의 조생산은 중국(80%)과 인도(10%)가 많고 미국과 러시아도 일부 재배한다.
② 조는 따뜻하고 다소 건조한 곳(고온건조)에 알맞으며 재배 북한계선은 50°N이며, 평균기온이 17~20℃의 등온선이 한계선이다. 단위면적당 수량은 매우 낮은 편이다.
③ 우리나라는 제주도가 재배면적의 48.4%로 가장 많고, 다음으로 전남에서 재배가 많다.

3) 성분과 이용

① 조의 주성분은 당질이고 지질 및 단백질도 적지 않아 주식으로 알맞고 비타민 B도 많이 함유되어 있어 산간부에서는 쌀, 보리를 대신해서 주식량이 되었다.
② 차조는 특히 쌀에 섞어 밥을 지어먹고, 죽이나 엿, 떡 등으로 이용되며, 소주나 풀을 만드는데도 이용되었지만, 근래에는 새의 모이가 용도의 주종을 이룬다.

4) 재배 경영상의 특징

① 조는 생육기간이 짧고 척박한 토양에서도 잘 견디는 C_4형 작물로 산간지대에서도 안전하게 재배될 수 있으며 이와같은 지대에 적응하는 작물 중에서는 조가 수량이 많고 또 주식으로 알맞다.

② 북한의 서부 평야지에서는 밀-콩-조의 2년 3작의 윤작체계가 널리 채택되어 재배되어 왔다.

③ 남한의 평야지에서는 식량으로서 가치가 떨어지고 수량이 낮아 수익성이 떨어지며 두유와의 경합에서 불리하며 맥후작으로서의 조 재배는 거의 없다.

2. 조의 형태와 생태

1) 형태

(1) 종실

영과이며 메조와 차조로 구별된다. 1,000립중은 2.5~3.0g이고 1L 중은 650g이며 비중은 1.4 내외이다.

(2) 뿌리

1개의 종근이 있고, 관근이 다수 발생하지만 비교적 천근성이다. 지표에 가까운 마디에서는 공중에 노출된 부정근(기근, 氣根)이 발생한다.

(3) 줄기

① 간장이 80~150cm이고 지상절의 수는 14~15마디이며, 줄기에는 속이 차 있다.

② 분얼이 적지만(1~2본) 포기 간격이 넓으면 5~6본까지 분얼하는데, 주간이 아닌 분얼간의 이삭은 발육이 떨어진다.

(4) 잎

① 조의 잎 표면에 털(모용)이 나 있고 엽설(잎혀)에는 잔털이 밀생하며 엽이(잎귀)가 없다.

② 엽초 빛깔이 녹색인 것을 흰대, 적자색인 것을 붉은대라고 한다.

③ 엽초에 적색소가 많을수록, 지엽폭이 좁을수록 조줄기굴파리의 피해가 적다.

(5) 이삭

이삭의 형태(수형)는 조의 형태적 특성을 분류하는 지표로 다음과 같이 나눈다.

① 원통형은 이삭 각 부분의 굵기가 거의 같은 것이며, 이삭이 비교적 길다.

② 곤봉형은 이삭 선단이 뭉툭하고 굵게 된 것이며, 이삭이 긴 것이 많다.

③ 선단분기형 이삭 선단에서 갈라져 있으며, 이삭이 긴 것이 많다.

④ 방추형은 이삭의 중앙부가 굵고 위아래로 점차 갈수록 가늘어진다.

⑤ 분기형은 1차지경이 길어서 이삭이 여러 갈래로 갈라져 있다.

⑥ 원추형은 이삭이 선단으로 갈수록 가늘어진다.

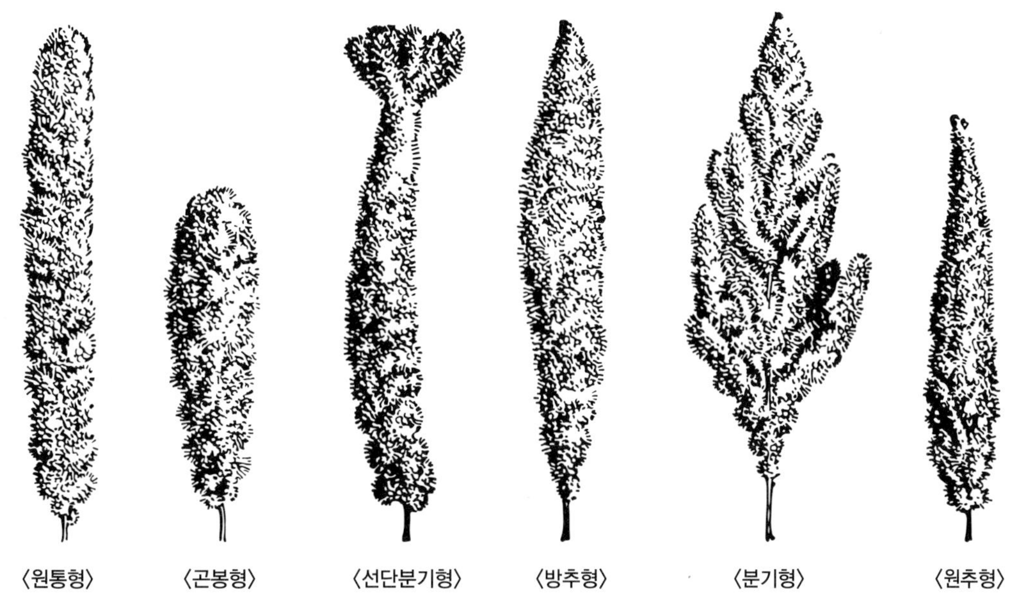

그림 2-11 조의 수형(ear type) 분류 출처: 조재영. 전작. 161p. 향문사.

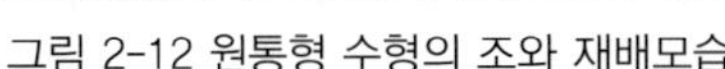

그림 2-12 원통형 수형의 조와 재배모습

(6) 소수 및 꽃

① 소수(작은 이삭)는 1쌍의 크고 작은 받침껍질에 싸여 있으며 2개의 꽃이 들어 있는데 위꽃은 임실이 되고 아래꽃은 퇴화하여 불임화가 된다.

② 임실화는 바깥껍질과 안껍질에 싸여있고 1개 암술에 3개 수술이 있다.

③ 불임화는 바깥껍질과 작은 막편인 안껍질만 있고 암술과 수술이 퇴화되어 있다.

2) 생태

(1) 발아온도

① 조가 싹트는 데 적합한 온도인 발아적온은 30~31℃이며 생육기간 중 최저온도는 4~6℃, 최적온도는 27~35℃, 최고온도는 44~45℃이다. 그리고 10℃ 이하에서는 발아율이 낮아지고, 생육이 아주 늦어진다. 그러나 조는 생육온도에 대한 적응력이 커서 넓은 지역에 적응할 수 있고 기상재해에 잘 견딘다.

② 물을 많이 필요로 하지 않는 절수형 작물로 기온이 높고 강수량이 적은 조건에서도 잘 견디지만 냉하고 다습한 환경조건은 피해야 한다.

③ 조는 생육기간이 90~130일 정도이고 C_4형 작물로 높은 온도에 잘 적응하며 강한 광에서 높은 광합성 효율을 나타낸다. 따라서 기온이 높은 여름철에도 바이오매스(biomass) 생산량이 C_3형 광합성 작물보다 월등하여 부산물로 나오는 줄기와 잎 등을 가축사료로 이용하기에 좋고 양질의 퇴비 생산에도 유리하여 바이오에탄올(bio-ethanol) 추출용 소재로도 연구되고 있다.

④ 조의 생육기간은 90~130일 정도로 짧아 다양한 작부체계에 적합하고 재해에 대한 저항성도 크다.

⑤ 조는 단일성 작물로 고온단일 조건에서 출수가 촉진되는 반면 저온장일 조건에서는 늦춰진다.

⑥ 출수 후 성숙기까지의 일수는 40~60일 정도로 짧아 흉년에도 비교적 안전한 수확물을 얻을 수 있는 구황작물이다.

⑦ 생태형은 일찍 파종하는 조파(단작: 단일재배)에 알맞은 봄조와 만파(후작: 뒤에 재배하는 작물)에 알맞은 그루조로 구별된다. 봄조는 감온형이고 그루조는 감광형이다.

(2) 개화와 결실

① 출수 후 1주부터 개화하기 시작하여 10일 이내에 총 화수의 90%가 개화한다.

② 개화순서는 이삭의 선단 1/3이 거의 동시에 개화하기 시작하여 아래로 내려간다.

③ 개화 후 폐화까지 2시간이 소요되고, 개화되는 시간은 오전 1~3시, 오전 8~9시 두 번이다.

3. 조의 품종과 기상생태형

1) 품종

조의 우량품종으로서 구비해야 할 특성은 다수성으로서 조생종이고, 내비성, 내병성, 내충성이 강하고, 탈립성이 약하며, 도복에 잘 견디고, 품질이 우수해야 하며, 내건성, 내습성도 강해야 한다.

2) 자연교잡

자가수정을 원칙으로 하지만, 자연교잡률은 0.2~6%로 비교적 높으며 평균 0.6%이며, 혼파시 2.3%에 이른다.

3) 기상생태형

(1) 봄조

① 조숙이고, 건조에 강하며, 다습을 꺼리므로 조파할수록 증수한다.

② 봄조는 감온형으로 고온에 의한 촉진효과가 크고, 단일에 의한 출수 촉진효과는 적다.

(2) 그루조(여름조)

① 저온과 건조에 약해 고온과 습기가 있어야 좋으며 조파하여 생육이 길어지면 조명나방의 피해가 커지므로 만파하는 것이 좋다.

② 그루조는 감광형으로 파종기 여하에 관계없이 출수와 성숙이 늦다.

③ 만파에 의한 출수촉진정도는 감광형인 그루조에서 크다.

4. 조의 재배 환경

① 조는 천근성이지만 요수량이 적고 수분조절기능이 높아 한발(내건성)에 강하며, 고온다조인 기상이 알맞고 비가 많으면 안 좋다.

② 내냉성은 약한편이며 출수 후의 고온도 좋지 않고 저온다습이 가장 나쁜 영향을 끼친다.

③ 조는 저습지만 제외하면 모든 토양에서 적응하는데, 배수가 잘되고 비옥한 사양토에서 잘자라며, 적정 pH는 5~6 정도이다.

5. 조의 재배 기술

① 조는 연작해도 잘 견디기는 하지만 연작하면 지력이 소모되고 경사지에서는 토양침식도 조장되므로 윤작하는 것이 좋다.

② 종자는 작고 종자소요량이 적기 때문에 좋은 이삭을 골라 이삭채로 보존했다가 파종 전에 탈립하여 종자로 쓴다.

③ 파종 전에 종자는 비중선(1.04)을 하고 조균데병 방제를 위해 캡탄 등의 살균제로 분의소독한다.

④ 파종기는 10℃ 이상 되어야 발아가 좋고 너무 일찍 파종하는 것은 피한다. 파종량은 점파 1L, 조파 4L, 산파 1.8L 정도가 적당하다.

⑤ 파종방법으로 봄조는 다습을 꺼리기 때문에 골을 깊지 않도록 한다.

⑥ 흡비력이 강해 소비로 조방적 재배하는 것이 보통이지만 집약다비재배에도 잘 적응한다.

6. 조의 병충해와 조수피해 방제

(1) 노균병(군데병)

① 조에 피해가 큰 병으로 조나 옥수수의 잎과 이삭에 발생하며 피해엽에는 다갈색 반점이 생기고 후에 잎이 갈라지고 말라서 흰머리카락(백발병이라고도 함)처럼 변한다.

② 곰팡이 포자에 의해 토양이나 종자전염을 한다.

③ 방제는 내병성 품종, 무병지 채종, 종자소독, 윤작, 만파재배를 한다.
④ 질소질 비료의 과용이나 편용을 피하고 조파나 심파를 피한다.
⑤ 차조보다는 저항성이 강한 메조를 재배한다.

(2) 도열병

① 잎에 둥근 병반이 생기고 점차 커져서 중심부는 회갈색, 병반 주위는 암갈색으로 변한다.
② 종자로 전염이 되므로 종자를 소독한다.
③ 방제는 재배 시에 피해주를 제거하고 잡초를 제거한다.
④ 질소질 비료의 과용을 피하고 종자를 소독한다.
⑤ 등록약제를 살포한다.

(3) 조명나방

① 애벌레는 머리가 흑갈색이고 몸은 담갈색인 작은 벌레이며, 5월~9월에 걸쳐 3번 발생한다.
② 줄기 속을 먹어 심엽과 이삭을 말라죽게 하며, 그루터기와 줄기 속에서 애벌레 형태로 월동한다.
③ 방제는 피해주를 제거하고 조파를 회피한다. 약제는 델타메트린 유제나 플루페녹수론 분산성 액제를 살포한다.
④ 저항성 품종을 재배하고 윤작을 한다.

(4) 줄기굴파리

① 황색의 유충이 줄기 중심으로 들어가 1마리씩 잠식하여 가해한다.
② 심엽의 전개 및 출수를 저해한다.
③ 방제는 피해주를 제거하고 조파를 회피한다. 약제는 디프테렉스나 스미치온 살충제를 살포한다.

(5) 멸강나방

① 학명은 *Mythimna separata*이고 형태로 성충의 몸길이는 18mm 내외이며, 담갈색 앞날개 중앙에 황백색 무늬 1개 있다.
② 피해는 유충이 주로 밤에 활동하며 잎, 줄기, 이삭까지 폭식하고 피해를 심하게 받으면 수일 내에 줄기만 남는다. 먹이가 부족해지면 다른 재배지로 무리를 지어 이동하여 피해를 준다.

③ 발생으로 성충이 중국에서 날아오는 비래해충으로 성충이 가장 많이 발생하는 시기는 5월 하순~6월 상순이며, 1세대 성충은 7월 중순이다. 기상조건에 따라 9월에도 많이 발생한다. 암컷 한 마리가 약 700개의 알을 낳으며, 발육 기간은 알 기간 4~5일, 유충 기간 25~26일, 번데기 기간 7~10일이다.

④ 방제방법은 페로몬트랩을 설치하여 발생을 미리 관찰해야 한다. 수시로 식물을 주의 깊게 관찰하면 해를 주고 있는 유충을 발견할 수 있다. 많이 날아오는 날로부터 1~19일이 지난 2~3령 유충 때가 방제 적기로 유충을 발견하면 즉시 약을 뿌려 방제해야 한다. 등록 약제는 비티쿠르스트키 수화제로서 사용기준을 지켜 경엽에 처리한다.

(6) 파밤나방

① 학명은 *Spodoptera exigua*이고 형태로 성충의 몸길이는 15~20mm이다. 앞날개는 황갈색이고 날개 중앙에 청백색 또는 황색 점이 있고 옆에 콩팥 무늬가 있다. 유충은 몸 색깔 변이가 심하여 황록~흑갈색이나 보통은 녹색인 것이 많다. 알에서 깬 유충은 약 1mm이며, 다자란 유충은 약 35mm이다.

② 피해는 조의 어린 묘 시기에 주로 발생하여 잎을 갉아먹어 생육을 지연시킨다. 2~3령까지는 모여서 피해를 주고 그 후에는 흩어져서 피해를 준다.

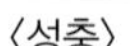
〈성충〉

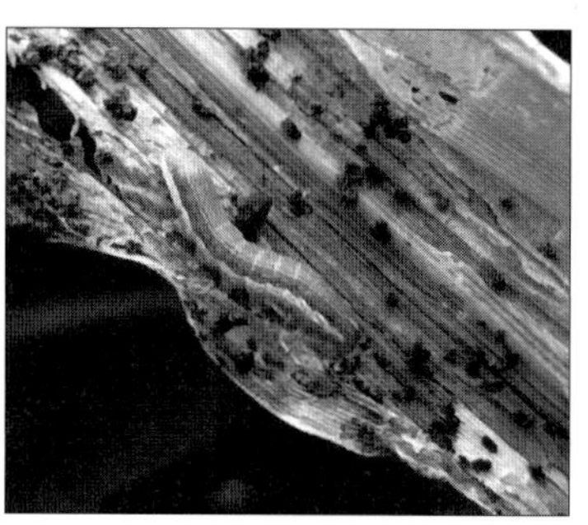
〈유충〉

〈피해 모습〉

그림 2-13 파밤나방의 모습과 조의 피해 증상

③ 발생으로 연 4~5회 발생하나 제주도 및 남부 해안 지역은 1회 이상 더 발생이 가능하다. 제주도는 5월 말부터 11월 말, 그 외 지역은 6월부터 10월까지 발생한다. 한 세대는 24일 정도이고, 600~1,700개의 알을 낳는다. 발생량은 남쪽 지역이 많으나 중부 이북 지역도 해에 따라 발생량이 많다.

④ 방제방법은 아직 등록된 약제가 없으므로 페로몬트랩을 설치하여 발생을 미리 관찰한다. 교미 교란용 페로몬을 이용하여 방제하기도 한다.

(7) 왕담배나방

① 학명은 *Helicoverpa armigera*이고 형태로 성충 길이는 15mm 내외이며, 담배나방과 비슷하나 왕담배나방은 고리무늬가 없거나 희미하다. 갈색 횡선 사이에 7개의 유백색 무늬가 있다. 유충 머리 주위에 흰털이 있고, 네 번째 마디와 머리 뒤쪽 색이 어둡다.

② 피해는 조 이삭이 패는 시기에는 이삭이 패지 못하게 한다. 이삭 팬 후 이삭 형성기에는 직접 이삭에 피해를 주어 불임을 유발하거나 알맹이를 갉아먹어 수량을 떨어뜨린다.

③ 발생으로 연 2~3세대 발생하고, 번데기 상태로 땅속에서 지낸 후 5~6월에 나방이 되어 나오며 10월까지 피해를 준다. 500개 내외의 알을 잎이나 팬 이삭에 1개씩 띄엄띄엄 낳지만 5~10개를 한곳에 낳기도 한다. 실온에서 알부터 성충까지 17~20일 정도가 걸리며, 성충의 수명은 10~12일이다.

④ 방제방법은 현재 등록된 약제는 없다. 페로몬트랩으로 성충의 발생을 미리 살피고 피해식물이나 유충의 배설물을 관찰하여 발생을 확인한다. 유충이 발생하면 Bt제제 등 친환경 유기농자재를 이용하여 10일 간격으로 2~3회 살포한다.

〈성충〉

〈신초 가해 모습〉

〈이삭 가해 모습〉

그림 2-14 왕담배나방의 모습과 피해 증상

(8) 혹명나방

① 학명은 *Cnaphalocrocis medinalis*이고 형태로 성충의 몸길이는 10mm 내외로, 몸색은 황갈색이며 날개 외연은 암갈색이다. 앞날개에 두 줄의 평행한 암갈색 선이 있다. 유충은 중령일 때 황록색이다가 자라면 연노랑에 약간 붉은색을 띤다. 가슴 부위 중간체절과 제3가슴마디의 등 쪽에 6개의 검은 점이 있고, 다 자라면 크기가 14mm 정도이다.

② 피해는 유충이 잎을 철하여 그 속에서 조 잎을 가해하며 번데기가 된다. 피해 잎은 표피만 남고 백색으로 변한다. 제주 지역 조 재배지에서 많이 발생한다.

③ 발생으로 6월 중하순경부터 중국에서 날아와 우리나라 전역에 발생하나 주로 남서 해안지방에 많이 발생한다. 연간 2~3세대를 지나며 80~90개의 알을 낳고, 알에서 성충까지 약 1개월이 걸린다. 많이 발생하는 시기는 날아온 1세대 성충이 7월 하순~8월 상순, 2세대 성충이 9월 상순~중순이다. 질소 비료의 사용량이 많아 잎 색이 진한 재배지에서 발생과 피해가 많다.

④ 방제방법은 페로몬트랩을 이용하여 성충의 발생을 관찰하고, 일반적으로 8월 상중순경에 날아온 1세대 성충에서 깨어난 유충을 대상으로 방제한다.

⑤ 질소질 비료의 과용을 하지 않는다.

〈성충〉

〈유충 피해〉

〈잎 피해 모습〉

그림 2-15 혹명나방의 모습과 피해 증상

(9) 애긴노린재

① 형태로 성충의 크기는 3.5~5.5mm로 매우 작고, 색깔은 황갈색 또는 회황색 바탕에 불규칙한 흑갈색 무늬가 있다. 머리는 앞 끝이 뿔처럼 뭉툭하게 튀어나왔고, 후반부에는 흑갈색 점각 무늬가 나타난다.

② 조에 가장 큰 피해를 주는 해충으로 방제가 필요한(5% 수량감소 기준) 밀도는 4~5령 약충을 기준으로 조 이삭이 팬 후 10일에 이삭당 2.4마리, 20일에 12.9마리, 30일에 23.3마리이다. 피해가 많은 이삭은 검게 변하고 2차적으로 이삭곰팡이병이 생긴다.

③ 연 3세대가 발생하고 성충과 약충이 조 이삭이 팬 후부터 수확할 때까지 이삭에 주로 발생한다. 가장 많이 발생하는 시기는 이삭이 여무는 중기 이후부터 수확기까지이다. 이삭에 알을 낳고 알에서 깨어난 약충과 성충은 이삭의 갈라진 틈과 위쪽 잎에서 생활한다.

④ 방제방법은 현재 에토펜프록스 유제, 클로티아니딘 액상수화제가 등록되어 있으므로, 수확 21일 전까지 처리할 수 있다. 또한 이삭이 팬 후 애긴노린재 발생이 많으면 마트린 함량이 0.45% 이상인 고삼추출물을 이용하여 7일 간격으로 2~3회 뿌려 방제한다.

(10) 야생 조류

① 최근 야생 조류의 증가로 피해가 증대되고 있다.

② 방제는 인력, 소음, 빛반사, 방조망 설치 등으로 한다.

7. 수확 및 조제

① 조는 잎, 줄기, 이삭이 황색으로 변하면 수확기가 된다. 보통 봄조는 9월 상순, 그루조는 10월 상순에 수확한다.

② 자른 이삭을 잘 건조시켜 가마니에 넣어 2~3일 후숙시키어 탈립하면 정백이 쉽고 품질도 좋아진다.

③ 황해도에서 쪄서 말린 다음 도정하는 것을 찐좁쌀이라 하는데 그대로 도정한 좁쌀보다 도정이 쉽고 밥맛도 부드러우며 분량도 많다.

④ 도정률은 무게를 보면 69%, 부피로 보면 75% 정도이다.

제4장 **메밀**(Buckwheat, 교맥)

**Fagopyrum esculentum* Moench(2n=2X=16)

1. 서론

메밀은 잡곡류에 속하는 작물 중에서 유일한 1년생 쌍떡잎식물이고 마디풀과에 속한다. 재배종은 생육기간이 60~80일로 짧고 1년생이대부분이나 숙근성 메밀인 다년생 시모숨(*Fagopyrum cymosum*) 종이 있다. 서늘한 기후에 알맞으며, 흡비력이 강하고, 병충해도 적은 무공해 작물이다. 현재 우리나라에서는 산간지에서 봄과 가을 2기작으로 재배되고 있다.

우리나라의 주요 밀원식물인 메밀은 곤충을 통해 타화수분을 하는데, 수정에는 온도가 낮은 것이 유리하다. 온도가 20℃ 이상 올라가면 종자의 발육에 장해가 생긴다. 메밀은 재배시기와 적응하는 기상조건에 따라 여름메밀, 가을메밀, 중간형 메밀로 나누어진다. 한편 평야지대에서도 이모작의 전후작물로 재배한다.

잡곡류 중에서는 옥수수 다음으로 재배면적이 넓은 2,500ha 정도의 면적에서 전국적으로 비교적 고르게 분포하며 재배면적이 증대되고 있다. 메밀에는 전분, 조단백질, 리신(lysine) 등이 풍부하고 혈압강하제나 구충제로 쓰이는 루틴(rutin)을 많이 함유하고 있다. 어린잎과 줄기는 채소로, 청예 생초는 사료로, 꽃은 좋은 밀원으로, 종자는 냉면 막국수나 묵과 같은 식품 등으로 다양하게 쓰인다.

2. 메밀의 기원

메밀의 원산지는 더 캉돌(De Candole)은 중국 동북부(만주), 시베리아라고 하였고 다른 여러 연구에서 한대를 제외한 중앙아시아로 보는 견해가 유력하다. 보통종 메밀은 중국 운남성 지역으로 중국에서 가장 먼저, 많이 재배된 것으로 추론한다.

1) 생산

(1) 세계의 분포 생산

① 메밀의 분포지역으로 메밀은 서리에는 약하지만 서늘한 기후에 알맞고 생육기간도 짧기 때문에 70°N의 고위도와 표고 한계도 내한성이 강한 달단종(bitter buckwheat, 쓴메밀)은 약 4,000m까지 이른다.

② 세계의 메밀 생산은 190만 톤으로 중국이 세계 총생산량의 39%를 차지하고, 다음이 러시아가 22%, 우크라이나(9%) 프랑스가 8%이고 그 밖에 미국, 폴란드, 캐나다, 일본 등으로 많이 재배한다.

(2) 한국의 분포 생산

① 메밀은 수량이 10a당 생산량이 100kg 내외로 2017년도에 2,270ha에서 1,683톤이 생산되어 10a당 74kg으로 수량이 낮은 편(세계평균은 100kg/ha 정도)이므로 노동력과 생산비를 줄여 생산성을 높이고 안정적 생산을 도모해야 한다.

② 메밀은 주식으로 알맞지 않으며 고소득 작물도 아니지만, 잡곡류 중에서는 옥수수 다음으로 재배면적이 넓고 전국적으로 비교적 고르게 재배되고 있는데 특히 경북이나 강원도 지방에서 가장 많이 재배하고 있다.

③ 최근에는 중국에서 수입량이 늘어가고 있다.

2) 재배 경영상의 특성

① 메밀은 냉면과 묵을 만드는 용도로 많이 이용하고, 혈압강하제나 구충제로 쓰이는 루틴(rutin)의 제조원료로 쓰인다.

② 생육기간은 60~80일로서 여름 전작물 중에서 가장 짧아 1,000~1,200℃에 불과하다.

③ 서늘한 기후를 좋아하고 한발에 강하며, 흡비력이 강하고, 병충해도 적은 유리한 특성이 있고, 산간지의 서늘한 지대나 척박지에서 재배하기에 알맞다.

④ 평야지에서도 겨울작물 또는 봄작물의 늦은 후작으로 재배하기 알맞다.

⑤ 한발 시에는 천수답의 대파작물(구황작물)로 재배하기에 알맞다.

3. 메밀의 형태

메밀은 주로 곡물로 간주하나, 식물학적으로 수과에 해당한다.

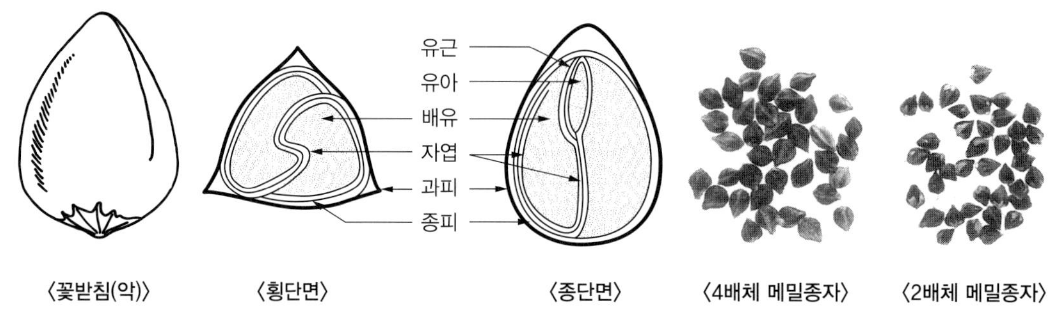

그림 2-16 메밀의 종실

1) 메밀 종실

① 종실은 수과(폐과의 일종, 모양이 작고 터지지 않고 단단함)이고, 대개 3각형을 이루며, 성숙하면 단단해지고 갈색, 암갈색 때로는 은회색을 띤다.

② 종실은 과피로 싸여있고 그 속에 종자가 들어 있다.

③ 종자는 종피로 싸여있고 배유와 배로 되어 있으며, 배에는 S자형으로 접혀진 자엽이 있다.

④ 종자 1,000립중은 25~30g, 1L 중은 630~640g 정도이다.

⑤ 종자수명은 2년 정도 지나면 발아율이 20%로 줄어드는 단명종자에 속한다.

2) 메밀 뿌리

① 발아할 때 1개의 종근이 발생하고 줄기 기부에서 부정근이 발생한다. 천근성으로 대부분 표토층에 분포하며 흡비력이 강해 후작물의 생육을 억제하기 쉽다.

② 뿌리는 수소이온을 방출해 주위 토양을 산성화시킨다. 구용성 인산을 흡수하는 능력이 있다.

3) 메밀의 줄기와 잎

① 초장은 30~130cm 정도이다.

② 줄기는 속이 빈 원통형으로 연약하여 비바람에 쓰러지기 쉽다. 줄기의 색은 녹색이다가 후기에는 붉어지는데 이는 안토시아닌이 만들어지기 때문이다.

③ 초생엽과 하부의 1, 2엽은 대생하지만 그 위의 잎은 호생한다.

④ 엽병은 아랫잎이 크고 길며 위로 갈수록 점점 짧아져서 선단부의 잎은 엽병이 거의 없다.

4) 메밀 꽃

① 꽃은 자웅동주 양성화로 암술 1개에, 수술이 8~9개이고, 5~6개의 꽃받침(악)이 있다.

② 암술 끝이 3갈래로 나뉘어져 있고, 암술과 수술의 기부에는 혹 모양의 황색 밀선이 있어 꿀을 분비하므로 우수한 밀원식물이다.

③ 메밀은 동일품종이라도 수술이 짧고 암술대가 긴 장주화와, 수술이 길고 암술대가 짧은 단주화가 반반씩 생기는 이형예현상(heterostylism)을 나타내는 자가불화합성 작물이다.

④ 양자의 길이가 비슷한 자웅예동장화(homostyled flower, 동형화)가 오히려 드물다.

〈장주화(긴암술)〉

〈단주화(짧은 암술)〉

그림 2-17 메밀꽃의 형태 차이

4. 메밀의 생리생태

1) 개화

① 아래 꽃부터 위로 올라가며 개화하고 꽃들은 서로 다른 각도로 매달리는데 각각의 꽃은 위아래로만 열린다.

② 한 포기의 개화기간은 20~30일로 매우 길다.

③ 일반적으로 오전 7~8시에 개화하고, 늦으면 11시경부터 오후 7~8시에 개화하고, 수정되지 않은 꽃은 다음날 다시 개화한다.

④ 12시간 이하의 단일에서 개화가 촉진, 13시간 이상의 장일에서 개화가 지연된다.

⑤ 개화기에는 식물체 내 C/N율이 증가한다.

2) 수분과 수정

① 메밀은 충매(충매화)에 의한 타가수정을 하기 때문에 보통은 잡종성(hetero)이다. 동화 또는 동형화 사이의 수분으로는 수정되지 않는다.

② 적법수분으로 장주화와 단주화, 즉 이형화 간의 수분에서는 수정이 잘된다.

③ 부적법수분 장주화 상호간, 단주화 상호간, 즉 동형화 간의 수분에서는 수정이 잘 안된다.

④ 20℃ 이상의 고온은 수정과 임실을 저해하며, 기온교차가 커서 야온이 낮을 때 임실이 조장된다.

⑤ 여름재배 메밀의 적산온도는 1,000~1,200℃로 작물 중에서 가장 남은 편이다.

3) 기상생태형

(1) 여름메밀(양절메밀)

① 봄(4월)에 파종하여 여름에 수확하는 메밀로, 감광성이 낮고 감온성이 높은 감온성 품종이다.

② 봄부터 늦게 파종할수록 종실수량이 감소한다.

③ 대체로 생육기간이 짧은 북부나 산간지에서 일찍 재배하는데 파종이 빠를수록 수량이 많고 생육기간도 짧아진다.

④ 루틴(rutin) 함량이 높고, 꽃은 백색, 종피는 검은색이며, 종자모양은 삼각형이다.

⑤ 성숙일수는 60~64일로 극조생종이며 성숙 후에도 탈립에 강하다.

(2) 가을메밀(대산메밀)

① 여름(7월)에 파종하여 가을에 수확하는 메밀로, 12시간 이하의 단일에서 개화가 촉진되는 감광성 품종이다.

② 봄부터 늦게 파종할수록 종실수량이 증가한다.

③ 주로 남부지방이나 평야지대에서 재배되며 일찍 파종하면 줄기가 도장하고 결실이 불량하여 소출이 떨어진다.

④ 경장이 103cm로 중간종, 주당 화방수가 25개, 종자모야은 난형으로 천립중이 23.7g인 소립이며, 과피는 갈색이다.

⑤ 단백질 함량은 12.9%로 높으나 루틴(rutin) 함량은 약간 적다.

(3) 중간형

① 감온성과 감광형이 모두 낮고, 생육기간이 주로 기본영양생장성에 지배되는 품종이다.

② 파종기의 조만에 둔감하므로 어느 때 파종해도 상당한 소출을 올릴 수 있다.

5. 메밀의 분류 및 품종

1) 메밀의 분류

① 보통종은 세계적으로 가장 널리 재배되며 우리나라에서도 거의 보통종이 재배된다.

② 달단종은 타타르, 인도, 중국, 시베리아 등에서 많이 재배되고 우리나라도 약간 재배되는 종으로 잎, 줄기, 꽃, 종실이 모두 소형이고 꽃은 녹색이며 종실은 계란모양으로 소립이며 끝이 뾰족하고 측면에 종구가 있으며 모가 파상을 이루고 있다. 자가수정이 된다. 건조에 강하고 척박한 토양에서도 잘 자란다. 메밀가루가 쓴맛이 있으므로 삶아서 쓴맛을 제거하고 식용으로 한다.

③ 종자의 모가 자라서 날개처럼 된 유시종은 아시아의 온대지방에 분포하며 우리나라에서도 약간 재배되는데, 종실의 능각이 발달되어 있고 잎은 날개모양이다.

④ 숙근종 메밀은 다년생으로 중국 남부지방에서 채소나 사료용으로 재배한다.

표 2-11 메밀의 분류

메밀의 분류	일반메밀(sweet buckwheat)	쓴메밀(bitter buckwheat)
학명	*Fagopyrum esculentum*	*Fagopyrum tataricum*
교배 형태	타식성	자식성
용도	식용	차, 약용
이명	일반종(단메밀)	달단종(tatary의 한자 표기에서 유래)
메밀 사진		
암술, 수술의 길이	장주화나 단주화	암술과 수술 길이가 동일
종자 모양	삼각형	타원형
과피 분리	쉬움	어려움
루틴 함량(mg/100g)	적음(15)	많음(1,400)
메밀 종자		
종자 크기	큼	작음
뿌리 모양	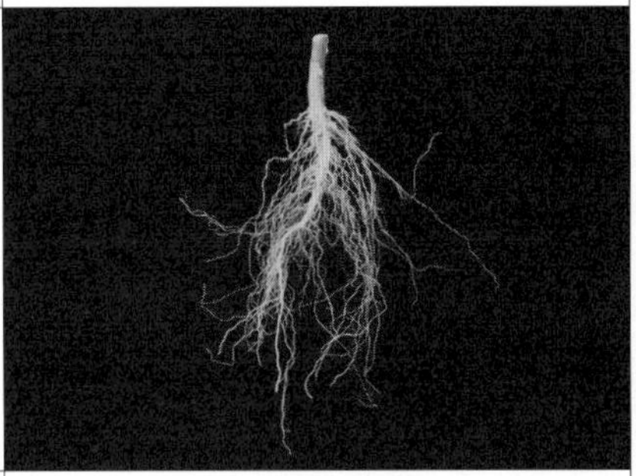	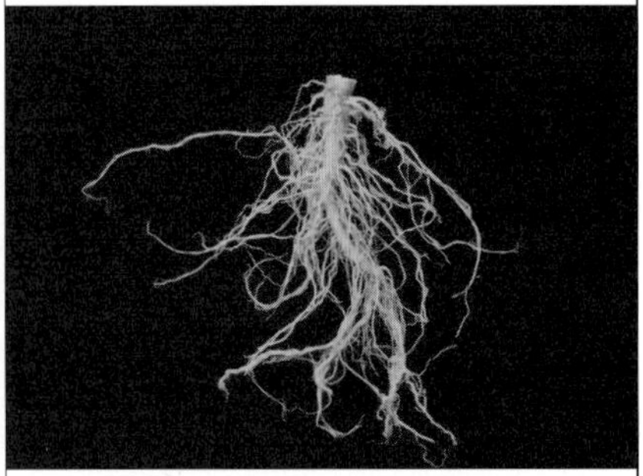
뿌리 특징	가늘고 천근성	크고 직립하며 목질화됨

2) 메밀의 품종

① 일반메밀의 꽃은 흰색인데 반해 유색메밀은 꽃이 분홍색으로 경관성이 좋으며 루틴을 많이 함유하여 꽃차용으로 가공한다.

② 쓴메밀(*Fagopyrum tataricum*, 달단종)은 꽃 크기가 작고 녹색을 띠며, 벌과 파리가 없어도 수정되는 자식성 메밀로 루틴함량이 보통메밀보다 70배 이상 높다.

③ 양절메밀은 조생종이고 분지가 많으며 줄기가 단간이고 적색인 여름메밀이나 대산메밀과 다원메밀은 만생종이고 분지수가 적고 줄기가 장간이고 홍색의 가을메밀이다. 양절메밀은 화방수가 적고 천립중이 작으나 대산메밀과 다원메밀은 많고 천립중이 크다.

표 2-12 메밀의 품종 특성

품종명	양절메밀	양절메밀 2호	대산메밀	다원	순백	황금미소
육성연도	1994	1996	1998	2006	2015	2020
생태형	여름메밀	여름메밀	가을메밀	가을메밀	가을메밀	여름메밀
특성	조숙성, 양절, 내도복, 유한신육형	조숙성, 대립, 소분지	중생, 소립, 다수, 무한신육형	조숙, 기을생태형, 무한신육형	메밀쌀비율 높음, 메밀쌀 메밀가루용	루틴 고함유, 만생, 내도복성
생육일수(일)	68	68	73	72	70	84
경장(cm)	단간	단간	장간	장간	단간	장간
줄기색	담적색	적색	적색	연홍색	연홍색	연홍색
꽃색	백색	백색	백색	백색	백색	녹색
종실색	흑색	흑갈색	갈색	갈색	흑갈색	흑갈색
천립중(g)	26.3	29.5	23.7	31.4	30.7	18.5
숙기	조숙	조숙	중숙	중숙	조숙	만숙
종실수량(kg/10a)	125	151	126	135	113	110
용도	식용, 가공용	식용, 가공용	식용(국수), 싹기름용	식용, 가공용, 조경용, 싹기름용, 메밀쌀, 메밀가루용	메밀쌀, 메밀가루용	식용(국수), 가공용, 메밀차, 메밀가루용

6. 메밀의 재배환경

1) 기상

① 서늘하고 습한 기후를 좋아하며, 고온다습한 환경에서는 착립과 종실발육이 불량해진다.

② 최저 발아온도는 0~5℃, 생육적온은 25~31℃, 최고온도는 37~44℃이지만 개화기간에 17~20℃가 되도록 파종기를 조절하며 기온의 일교차가 큰 것이 임실을 조장한다. 서리에는 약한 작물이다.

③ 발아에서 개화까지 70mm의 강우량이면 잘 자라는 내건성 작물이나 초기에 건조하면 물을 주는 것이 좋고 반대로 비가 많이 오면 배수로를 설치한다.

④ 메밀의 수분 기간에는 상대습도가 50~60% 이하로 내려가지 않도록 해야 수정률이 높아진다. 가뭄이 들 때 대파작물(구황작물)로 이용된다.

2) 토양

① 배수가 잘되는 사양토~식양토가 알맞으나 토양적응성이 강하여 점질토를 제외하고는 화산회토, 개간지, 경사지, 척박지 등에도 재배되며 산간개간지에도 알맞다.

② 토양산도는 pH 6.0~7.0이지만 산성토양에서도 강한 작물이다.

③ 비옥지에서는 도복에 의해 소출이 떨어질 우려가 있으므로 주의해야 한다.

7. 메밀의 재배 기술

1) 작부체계

우리나라에서 메밀의 작부체계(cropping system)는 평야지에서 가을메밀을 보통 맥류나 감자 또는 삼(대마) 등의 후작으로 재배하는 경우가 많고 또 유리하지만, 한랭지에서는 단작으로 재배하기도 하고, 메밀밭은 충해가 적기 때문에 무, 배추 등을 혼작하기도 한다.

2) 메밀 채종

메밀은 충매에 의한 타가수정을 하기 때문에 채종에 특별히 주의해야 한다. 격리포장에서 집단선발을 겸하여 채종하는 것이 좋다.

3) 메밀 파종

① 종자 1kg당 종자소독은 벤레이트-T 4g으로 분의소독하는데, 종자에 물기가 없도록 건조시킨 후 약이 골고루 묻도록 여러번 되풀이하여 섞은 후 파종한다.

② 봄재배의 경우 중남부지역은 4월 상순에서 하순까지, 북부지역은 5월 상순에 파종하는 것이 좋다. 즉, 여름메밀은 수원에서 4월 중하순 파종하면, 5월 중하순 개화, 6월 상순 만개, 6월 하순 성숙한다. 서리에 약하므로 봄에 파종시기를 잘 조절해야 한다.

③ 가을메밀의 파종 적기는 중북부지방은 7월 중하순, 남부지방은 8월 상중순이고 제주도는 8월 하순에서 9월 상순이 적당하다.

④ 파종방법은 산파(종자량 8~10kg/10a, 노동력이 줄어듦), 30cm의 휴폭일 때 세조파(6~8kg/10a, 재배관리 용이), 30cm의 휴폭일 때 점파(1kg/10a, 파종에 노동력이 소요됨) 등이 알맞다.

4) 메밀 시비

① 종실 100kg을 생산하는데 N-P-K는 4-7-6kg 정도로 칼륨비료(K) 흡수량이 가장 많다.

② 전량 기비로 시용하고 붕소비료(B)의 엽면시비는 결실조장과 도복경감에 효과가 크다.

③ 밀식이나 질소비료의 다량시비는 영양생장 과다로 결실률이 낮아지고 도복을 유발하므로 도복방지제나 북주기를 하여 도복을 경감시킨다.

5) 메밀 재배관리

① 발아 후 20일경과 40일경에 2회 김매기와 북주기를 한다.

② 꿀벌이나 뒤엉벌과 같은 수분 곤충을 방사하면 수정률을 높일 수 있는데 이때 살충제를 살포하지 않도록 주의한다.

6) 메밀의 병충해

① 대기습도가 높을 때 잎에 점무늬병과 흰가루병이 발생하는 경우가 있으나 농약 살포할 정도로 심하지 않다.

② 거세미와 진딧물이 발생하지만 크게 문제가 되지 않는다.

7) 잡초방제

① 메밀은 잡초보다 생장이 빠르므로 잡초를 억제할 수 있다.

② 다습조건과 잡초가 많이 발생할 때는 파종 후 3일 이내에 토양처리제초제인 나프로파마이드, 알라클로르(라쏘), 펜디메탈린 등을 살포하고 배수를 철저히 해주면 좋다.

8) 메밀 수확

① 가을메밀은 무한신육형이 대부분이고 여름메밀은 유한신육형이므로 수확적기를 선택하기가 쉬운 편이다. 너무 일찍 수확하면 녹색의 미숙립과 수분함량이 많은 종실의 건조 저장에 어려움이 있다. 종실의 75~80%가 검게 성숙했을 때 수확하는 것이 좋다.

② 메밀은 건조하면 탈립이 되어 손실이 심하므로 흐린 날이나 아침에 수확하는 것이 탈립이 적어 유리하다.

③ 녹채소용이나 약초용으로 재배할 때는 개화기까지는 수확을 해야 하는데, 어린잎과 꽃에 루틴이 많이 함유되어 있다. 파종 후 35~45일에 루틴함량이 최고조에 달하고 그후 급속히 감소된다.

④ 예취 수확 후 3~5일간 햇볕에 말렸다가 탈곡, 건조시켜 종실 수분함량이 12%가 되도록 하는데, 건조기 이용 시 40℃ 이상이 되지 않도록 조절해야 한다.

8. 메밀의 성분과 이용

1) 일반 성분

① 종실 중에 영양성분이 균일하게 분포하여 제분 시에 영양분 손실이 적다.

② 메밀의 주성분은 전분이 85%이지만 이 밖에 조단백질 15%, 라이신 5~7%를 함유하고 있으며 아미노산, 무기영양소, 비타민도 들어 있으며 물에 잘 녹는다.

③ 메밀 단백질의 주성분은 글로불린으로서, 모든 식물의 단백질 중 매우 우수하다. 다른 곡물에 부족한 리신이나 트립토판 같은 필수아미노산을 다량 함유한다.

④ 무기질인 Cu, Zn, Mn, P, Ca, Mg 등이 풍부하다. 특히 칼슘(Ca)은 백미의 12배 정도 많고, 비타민 B_1, B_2 함량은 백미의 24배나 된다.

⑤ 탄수화물을 분해하는 아밀라아제(amylose)나 말타아제(maltase)와 같은 효소가 많아 오래 저장하기는 어려우나 소화흡수가 잘되며, 리파아제(lipase)는 지방을 분해하고 흡수하는 효과가 있다.

⑥ 식이섬유소가 많아 변비, 치질, 대장암, 비만에 예방효과가 있다.

2) 루틴(Rutin)

① 루틴은 메밀에서 루틴 함량은 개화 전에는 잎〉잎자루(엽병)〉줄기〉뿌리 순이나 개화가 되면 루틴의 68%가 꽃에 가장 많이 존재한다.

② 메밀 종실의 루틴함량은 여름메밀 품종이 가을메밀보다 일반적으로 높다.

③ 쓴메밀의 루틴 함량은 보통메밀보다 20~70배 높다.

④ 메밀 식물체는 루틴을 생산하는 광합성 조직을 가지고 있어 종실, 잎, 줄기, 뿌리, 꽃 등의 각 조직에 루틴을 함유하고 있다.

⑤ 껍질 부분에 살리실아민(salicylamine)과 벤질아민(benzylamine) 성분이 있어서 인체에 유해하며, 무가 이를 제독할 수 있다.

⑥ 루틴(rutin)은 폴리페놀의 일종인 플라보노이드의 한 종류로 항산화물질이어서 모세혈관의 투과성을 조절하고 혈관벽을 튼튼하게 하는 기능이 있고 혈관벽의 저항력 향상, 모세혈관 질환, 녹내장, 당뇨병, 암, 성인병 등의 예방과 치료를 위한 식이요법에 이용된다.

3) 메밀의 이용

① 어린잎과 줄기는 새싹 채소로, 청예 생초는 단백질함량과 전분가가 높아 사료로도 우수하고, 혈압강하제나 구충제로 쓰이는 루틴을 많이 함유하고 있다.

② 메밀꽃은 관광자원 및 좋은 밀원식물로, 메밀의 종피는 베갯속으로, 사료나 녹비작물로도 이용된다.

③ 메밀은 우수한 식품으로 냉면, 막국수, 메밀묵, 메밀부침은 물론 소주나 보드카, 맥주의 원료로도 많이 이용되고 있다.

제3편 두류

제1장 대두(Soybean, 콩)

*Glycine max L.(2n=2x=40)

1. 서론

우리나라에서 재배하는 콩은 중국, 만주, 일본, 대만에서 발견되는 동일한 종으로 글리신(*Glycine*) 속에 2개의 아속(*Glycine*과 *Soja*)으로 나누는데 현재 재배종은 소자(*Soja*) 아속에 속한다. 콩은 근규균이 있어 토양을 비옥하게 하며 잘 자란다. 재배역사가 5,000년에 이르는 전통적 작물로 두부를 비롯한 다양한 식품군이 있다.

① 콩은 단백질 40%, 지방 18% 정도를 함유하고 있어, 균형 있는 영양공급 측면에서 탄수화물이 주성분인 벼, 밀, 옥수수 등의 주곡작물과 잘 어울리는 대표적인 식량작물이다.

② 콩 단백질은 여러 가지 가공식품의 형태로도 이용된다. 또 콩의 지방은 우리가 이용하는 식용유 중에서 가장 큰 비중을 차지하며 공업원료로도 다양하게 이용되고 있다.

③ 우리나라가 원산지인 콩은 지금은 19세기 말에 도입한 미국과 20세기부터 재배하기 시작한 브라질, 아르헨티나 등의 국가들이 주요 생산과 수출국가이다.

④ 콩은 근류균이 있어 지력유지나 환경보존에도 유리하다.

1) 기원

(1) 식물적 기원

① 재배종 콩의 원형은 돌콩(새콩)으로 추정하며, 염색체수가 2n=2x=40이다.

② 콩은 유한신육형이나 돌콩은 줄기가 가늘고 무한신육형으로 덩굴성이다. 꼬투리와 종실은 1/10로 잘고 검으며 경실이다. 시베리아, 중국, 한국, 일본 등지에 널리 분포하고 있다.

③ 중간형인 콩은 꼬투리와 종실이 돌콩보다 좀 더 크고, 재배종과 야생종의 중간적 성질을 나타내며, 주로 중국에 분포되고 있다.

(2) 지리적 기원

일반적으로 콩은 야생종, 중간종, 재배종의 변이형이 많은 만주를 중심으로 우리나라와 중국 등 아시아의 동북부를 원산지로 보고 있다.

표 3-1 두루의 종실과 꼬투리 모습

두류(영명) 학명 염색체수	종실	꽃	꼬투리(협) 등
팥(Azukibean) *Vigna angularis* 2n=22			
녹두(Mungbean) *Vigna radiata* 2n=22			
강낭콩(Kidney beans) *Phaseolus vulgaris* 2n=22			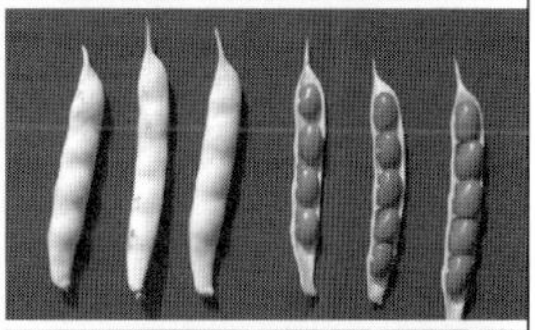
동부(Cowpea) *Vigna unguiculata* 2n=22			
완두(Peas) *Pisum sativum* 2n=14	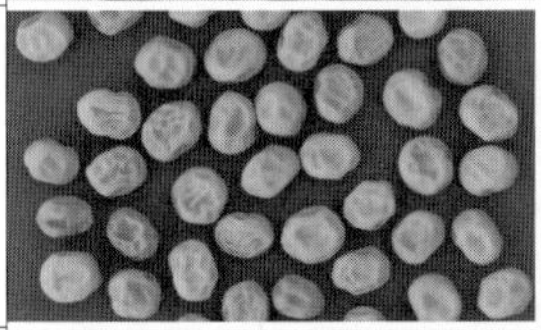		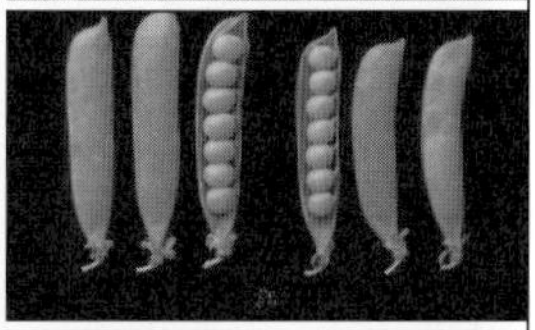
작두콩(Sword bean) *Canavalia gladiata* 2n=22			
잠두(Broad bean) *Vicia faba* 2n=12, 14			
편두(Hyacinth bean) *Lablab purpureus* 2n=22, 24	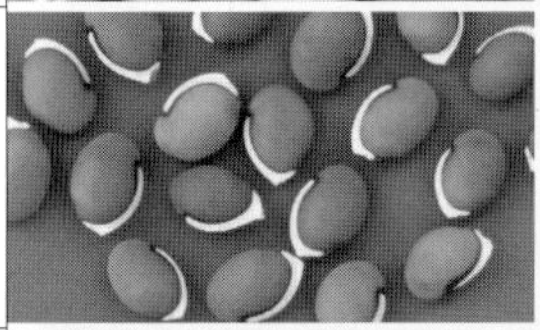		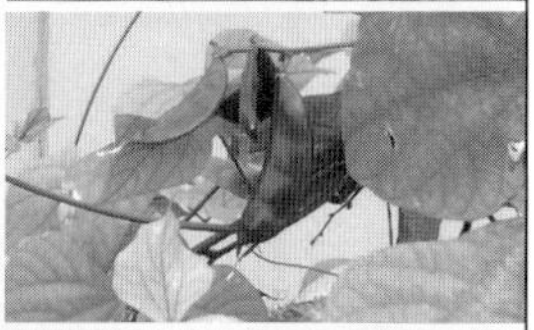
병아리콩(Chickpea) *Cicer arietinum* 2n=16			

2) 콩의 생산

① 우리나라의 콩 생산량은 2021년 기준 8.1만톤이고 수입량은 134만톤으로 곡물자급률은 5.9%이다.

② 우리나라는 전국적으로 고르게 콩을 재배하고 있으며 그중에서도 전남, 경북에서 많이 재배하고 있다.

③ 재배가 많은 나라는 미국으로 생산량과 재배면적이 전세계의 50% 이상을 차지하며, 다음은 브라질, 중국, 아르헨티나 순이다.

④ 콩은 고온과 다소 축축한 기후를 좋아하며 음냉하면 성숙하기 힘들다. 열대지방으로부터 온대 북부에 걸쳐 널리 분포한다.

⑤ 조생종이라도 최저 2,000℃의 적산온도가 필요하며 일평균기온이 12℃ 이상의 일수가 120일 이상되어야 한다.

3) 콩의 재배 경영상 특성

① 콩은 단백질이 풍부하여 곡류를 주식으로 하는 우리나라에서는 식품의 영양상으로 중요하고 다양한 용도를 지니고 있다.

② 생육이 왕성하고 비료를 많이 필요로 하지 않으며 토양적응성도 강해 전국 어디서나 안전하고 쉽게 재배할 수 있다.

③ 윤작으로 맥류와 1년 2작 체계가 가능하며 고구마 등과 혼작 또는 교호작을 하기도 하고 벼논의 주위작으로도 알맞다.

④ 지력유지상 근류균에 의해 콩이 흡수하는 질소성분의 절반에 해당하는 양을 고정하여 옥수수와 달리 콩재 배로 인한 질소의 수탈은 거의 없다.

⑤ 콩을 배배하면 토양표면에 염기가 증가하여 pH가 높아지고 콩 뿌리는 질화작용이 강하여 콩을 재배한 후 에는 질소가 증가한다.

⑥ 뿌리가 직근성이어서 굳은 땅에도 잘 자라 토양을 팽연(팽창시키고 부드럽게 함)하게 하는 유리한 특성이 있다.

2. 콩의 형태

1) 종실

① 꼬투리에 접착했던 부분을 배꼽(hilum)이라 하고 이들 사이에 주공(micropyle)이 있고 배꼽의 반대편에 합점(chalaza)이 있다.

② 배부는 유아, 배축, 유근으로 되어 있으며 배유는 거의 퇴화되어 무배유종자로 분류한다.

③ 종실은 크기에 따라 극소립(콩나물콩, 쥐눈이콩), 소립(좀콩), 중립(중콩), 대립(굵은콩), 극대립(왕콩)으로 나눈다.

④ 종실의 길이, 부피, 두께의 비율에 따라 구형, 편원형, 타원형, 편타원형, 장타원형 등으로 나눈다.

⑤ 색깔은 누렁콩, 흰콩, 푸른콩(청태), 밤콩(붉은콩), 검정콩이 있고 얼룩콩에는 우렁콩, 매눈이콩, 선비재비콩, 아주까리콩 등이 있다.

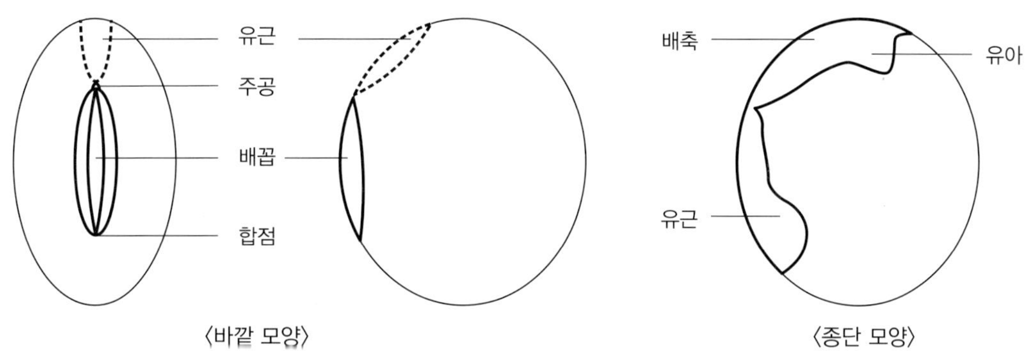

그림 3-1 콩 종실의 외형과 종단 모양(outward and longitudinal shapes)

2) 근류균

① 근류균은 호기성이고 식물체 내의 당분을 섭취하여 자라며 생활한다. 따라서 표토 중의 뿌리 기부에 굵은 뿌리혹이 많이 착생한다.

② 콩의 뿌리에는 많은 뿌리혹(근류, nodule)이 착생하며, 뿌리혹 속의 뿌리혹박테리아(근류균, nodule bacteria)는 공중질소를 고정하여 콩이 이용하므로 근류의 착생이 좋아야 콩 생육과 수량이 증대된다.

③ 근류균은 그 계통에 따라 크기, 착생상태, 생리적 성질, 질소고정능력 등이 다르기 때문에 우량균주의 선발 및 접종이 필요하다.

④ 기주침입 근류균은 근모가 발생하면 그곳에 감염구를 만들고 피층세포 안에 침입하여 근류를 형성한다.

⑤ 뿌리혹은 외부에 표피세포가 있고 안쪽에 후막세포층이 있으며 그 안쪽에 유관속이 있어서 뿌리의 유관속과 연결되고, 중심부에는 박테로이드(bacteroid) 세포층이 있으며, 박테로이드세포 내에는 수천 개의 근류균이 서식하며 공중질소를 고정한다. 리조비움(*Rhizobium*)이 대표적이고 그람(gram) 음성 세균이다.

⑥ 뿌리로부터 흡수되는 질소는 물에 녹아있는 암모니아태(NH_4^+)와 질산태(NO_3^-)인데 콩에 흡수되는 대부분은 질산태이다.

⑦ 질소고정을 통해 흡수되는 질소는 질산태(NO_3^-) 외에 근류균이 공기 중에서 암모니아태(NH_4^+)로 바꾸어 콩에 직접 공급한다.

⑧ 콩이 어릴 때는 뿌리혹이 작고 수효도 적어 질소고정량이 적으며 식물체로부터 당분을 흡수하기 때문에 오히려 생육이 억제된다.

⑨ 개화기경부터는 질소고정이 왕성하게 이루어져 많은 질소성분을 식물체에 공급한다.

⑩ 성숙기에는 뿌리혹의 속이 비어 콩에서 쉽게 분리되어 떨어진다.

⑪ 근류균은 온도가 25~30℃, 토양산도가 pH 6.5~7.2, 토양수분이 적당하고 토양통기가 잘 되는 곳(호기성균), 토양 중에 질산염이 적으면서 영양과 부식물이 풍부한 곳에서 생육이 양호하다.

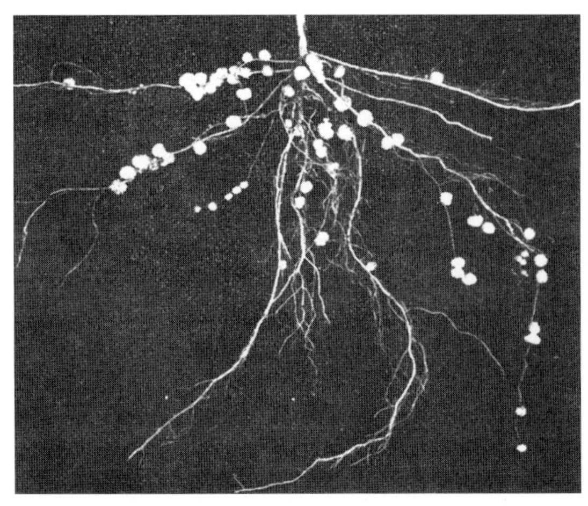

그림 3-2
콩의 뿌리에 붙어있는 질소를 고정하는 근류균(nodule bacteria)

(1) 근류균의 침입과 생활

① 근류균은 호기성 세균으로 공기의 접촉이 가능한 지표 가까이에 많이 분포한다.

② 두과식물은 I종류에 따라 침입할 수 있는 세균들이 다양한데 이를 '기주(host) 특이성'이라고 한다.

③ 콩을 새로 재배할 때에는 해당 토양에 근류균이 존재하지 않으므로 뿌리혹박테리아를 인공적으로 접종해야 한다. 접종 방법은 기존 콩재배지 토양에서 흙을 가져다 넣으면 된다.

④ 동일교호접종군으로 두과식물의 근류균은 두류, 클로버류, 알팔파류, 강낭콩류, 완두류, 동부, 팥, 땅콩 등이 각각 다르다.

3) 줄기

(1) 형태

① 콩 줄기는 주경(main stem)과 분지(branch)로 되어 있으며, 주경의 마디수가 6~23개로 변이가 심하지만 보통 14~15개이고, 길이는 30~90cm 정도이고 만화되는 것은 2m에 달하며, 분지는 보통 3~9마디에서 많이 발생한다.

(2) 신육형 분류

① 유한신육형(determinate type)은 개화기에 도달하면 주경 및 분지의 신장과 잎의 전개가 중지되고, 개화 기간이 짧으며 개화가 고르고, 가지가 짧으며, 꼬투리가 조밀하게 달린다. 대두와 같은 우리나라 품종의 대부분은 유한신육형이다.

② 무한신육형(indeterminate type)은 개화가 시작된 이후에도 영양생장이 계속되어 주경 및 분지의 신장과 잎의 전개가 계속되고, 따라서 개화기간이 길며, 가지가 길고, 꼬투리가 드문드문 달린다. 완두가 여기에 속하고 미국이나 중국에서 많이 재배되는 품종이다.

(3) 만화형

① 일반적으로 너무 일찍 파종하거나, 다비밀식, 불량한 날씨, 간작이나 혼작에 의한 수광부족은 도장, 만화(late flowering)하는 경향이 나타난다.

② 진정만화형은 환경조건과는 관계없이 유전적 특성으로 만화되는 것이다.

③ 가변만화형은 일찍 파종할 때와 같은 환경에서만 만화되는 것이다.

④ 특수만화형은 만화되지는 않지만 가지가 길게 자라서 만화경향을 나타내는 것이다.

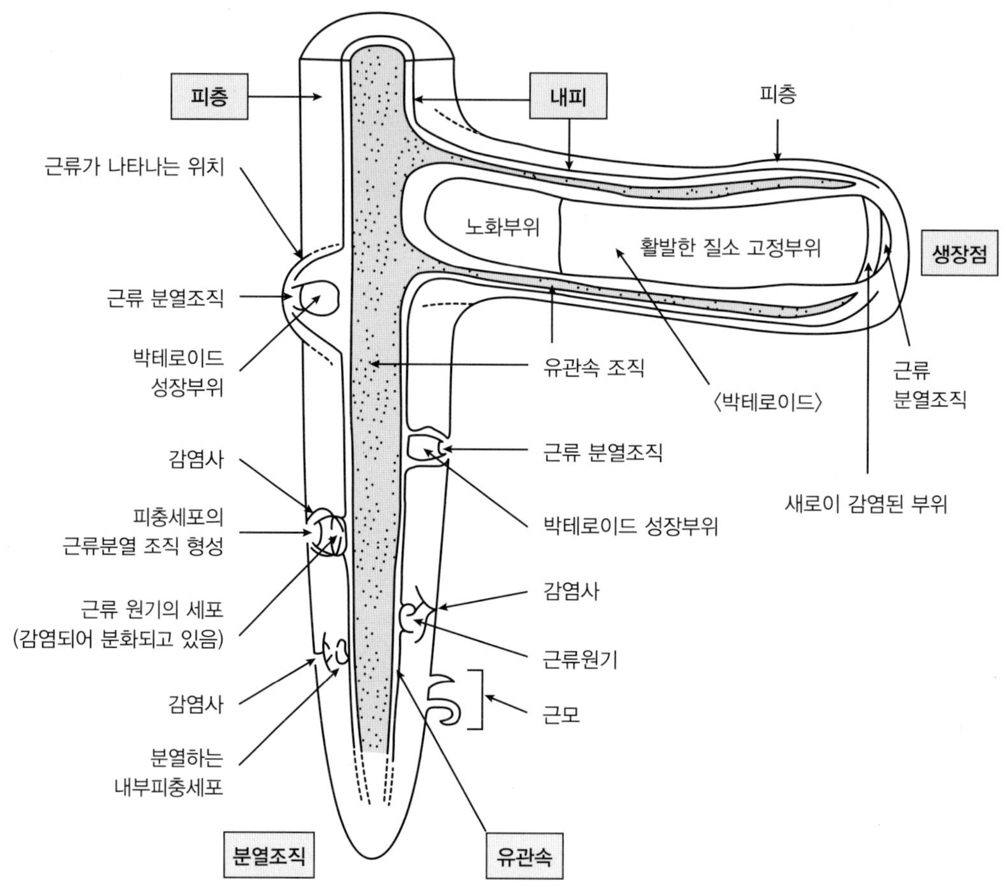

그림 3-3 콩과식물의 뿌리와 근류를 수직으로 절단한 모습

(4) 초형

① 초형(plant type)은 동화기관의 균형있는 공간적 배열로 그에 따른 건물생산에서 중요한 품종적 특성이 되며, 재배법이나 수량과 밀접한 관계가 있다.

② 광초폭형(broad canopy type)은 분지가 길고 각도가 커서 1개체가 점유하는 공간이 넓다.

③ 협초폭형(narrow canopy type) 분지수가 적고, 분지가 짧거나 분지각도가 작으며 엽병이 직립하고 단엽이 세장하여 1개체의 점유공간이 좁다. 밀식상태에서 태양광의 이용효율이 높아 많은 수량을 얻을 수 있다.

4) 콩의 잎

① 자엽이 전개한 후에 엽병이 길고 단엽인 초생엽이 제2마디에서 대생하고 그 윗마디에서 3매의 소엽을 가진 장상복엽이 호생한다.

② 복엽은 중앙의 소엽이 가장 길고, 소엽의 모양에 따라 원형, 중형, 장형 등으로 구별되며, 크기 및 엽색의 농담에도 차이가 있다.

③ 취면운동은 콩잎이 낮에는 위로 구부러지고, 아침, 저녁에는 수평으로 되는 운동을 말한다.

④ 길고 뾰족한 피침형 품종이 꼬투리(협)당 종실수는 많고 종실 크기는 작다.

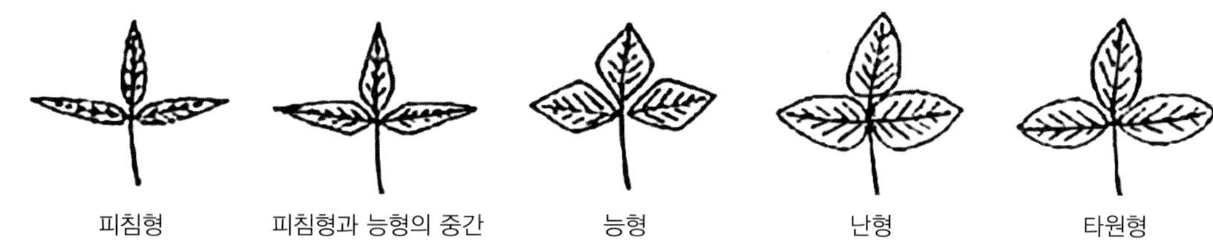

그림 3-4 콩의 엽형에 따른 분류

5) 콩의 꽃과 꼬투리

(1) 꽃

① 원줄기나 가지 끝 또는 엽액에 꽃이 달리는데, 꽃자루에 8~15개의 꽃이 호생하며 백색이나 자색의 꽃이 핀다.

② 꽃은 접형화로 꽃받침에는 털이 많으며 화관은 1매의 기판, 2매의 익판, 2매의 용골판으로 되어 있다.

③ 수술은 10개로 9개은 합착되어 있고 1개은 분리되어 이생웅예(이생수술로 수술이 서로 떨어져 있는 것)를 이루며 암술은 수술보다 약간 길고 끝에는 돌기, 기부에 털이 있다.

④ 야간의 조명은 단일성 작물인 콩의 꽃피는 시기를 늦추고 웃자라게 해서 수량을 감소시키는 원인이 된다.

(2) 꼬투리

① 납작하고 통통하며 원통형에 가까운 것도 있고 길이는 4cm 내외이며 꼬투리당 보통 2~3립의 종실이 들어 있다.

② 콩의 색깔은 황색에서 흑색까지 여러 가지가 있고 농담의 차가 심하다.

③ 최근에 육성된 품종은 일반적으로 탈립이 잘 되지 않는다.

④ 단세포로 된 보통모와 다세포로 된 선모로 구분한다. 털이 갈색이고 억세나 무모종 꼬투리의 조직이 견고한 품종은 충해가 적다.

⑤ 일반적으로 1개의 꽃에서 1개의 열매가 맺히는데 콩의 경우에는 꼬투리가 열매에 해당된다.

⑥ 씨방 속에는 1~4개의 배주가 있고 이들 배주 속의 난세포가 각각의 꽃가루로 독립적으로 수정을 하는데 여기서 수정되는 배주의 수에 따라 꼬투리당 1~4개의 종자가 달릴 수 있다.

⑦ 강낭콩, 팥은 6~12개의 배주가 있으므로 꼬투리 안에 여러 개의 종자가 만들어진다.

⑧ 콩 품종에 따라 꼬투리당 평균 종자수는 미리 형성되어 있는 배주의 수가 다르기 때문으로 배주의 수는 유전적인 영향이 크다.

⑨ 콩, 팔, 땅콩은 협과(꼬투리 열매)로 열매가 익어 마르면 심피의 씨방이 2줄로 갈라져 씨가 튀어 나온다.

3. 콩의 생리와 생태

1) 콩의 일생

생육일수는 보통 90~160일이고 여름콩(4~5월 파종)은 짧고, 가을콩(6~7월 파종)은 길다.

(1) 출아기

① 출아기(emergence stage)는 파종 후 전체의 40~50%가 출아할 때의 시기를 말한다.

② 토양수분이 충분할 경우 15℃에서 4일, 25℃에서 1일 정도 소요된다.

③ 출아 시에는 어린 식물체의 배축(목)이 먼저 나오고 이어 자엽이 출현하여 전개하며 초생엽이 대생으로 전개하고 정상복엽이 차례로 호생으로 전개한다.

(2) 유묘기

① 유묘기(seedling stage)는 출아 후 제3복엽이 전개할 때까지의 시기를 말한다.

② 자엽은 출아 후 1주일 정도까지는 유묘생장의 영양원으로 중요하며, 출아 후 15일 전후가 되면 뿌리에 뿌리혹이 착생하게 된다.

③ 유묘기에 솎아주기, 보식, 조기 배토, 조기 적심 등을 실시한다.

(3) 신장기

① 신장기(elongation stage)는 뿌리나 줄기 및 가지가 신장하는 시기이다.

② 분지의 발생은 대체로 출아 후 40일 경에 시작된다.

(4) 화아분화기(꽃눈분화기)

① 화아분화기(floral initiation stage)는 잎과 줄기가 퍼지고 엽액부에서 꽃눈형성이 시작되는 시기, 즉 개화 전 25일경이다.

② 콩이 너무 무성하면 잎이나 줄기가 도장하고 화아 형성이 좋지 않아 수량이 낮아진다.

(5) 개화기

① 개화기(flowering stage)는 전체의 40~50%가 개화하기 시작하는 시기를 말한다.

② 뿌리가 포장에 충만하게 발달되어 있고 많은 영양과 수분의 공급을 필요로 하므로 단근이 되지않도록 주의하면서 김매기나 북주기를 한다.

(6) 유협기

① 유협기(young pod stage)는 어린 꼬투리 시기로 꼬투리와 종실이 급격히 비대하는 시기이며, 수정 후 10일경부터이다.

② 꼬투리와 종실 상호간 영양쟁탈이 심하므로 양분과 수분이 충분히 공급되어야 한다.

③ 개화 후 10~15일경으로 엽면적이 가장 큰 때이다.

(7) 녹협기

① 녹협기(green pod stage)는 꼬투리가 충분히 신장하여 부풀어 오르고 종실도 상당히 비대했지만 아직 녹색을 띠고 있는 시기이다.

② 개화 후 20~30일경에 해당하며 생두(green bean stage)로 이용하기에 알맞은 시기이다.

(8) 황변기

① 황변기(yellow pod stage)는 협(꼬투리)이 황변화하는 시기이고 경엽황변기는 협황변 후 잎과 줄기가 황변하는 시기이다.

② 콩의 종자는 수정 후 35~40일이 되면 실제적인 발아능력을 갖게 된다.

③ 꼬투리는 개화 후 20일, 생체중은 25일, 건물중은 30일, 종실의 생체중은 개화 후 30일, 건물중은 35일 정도에 최대에 도달한다.

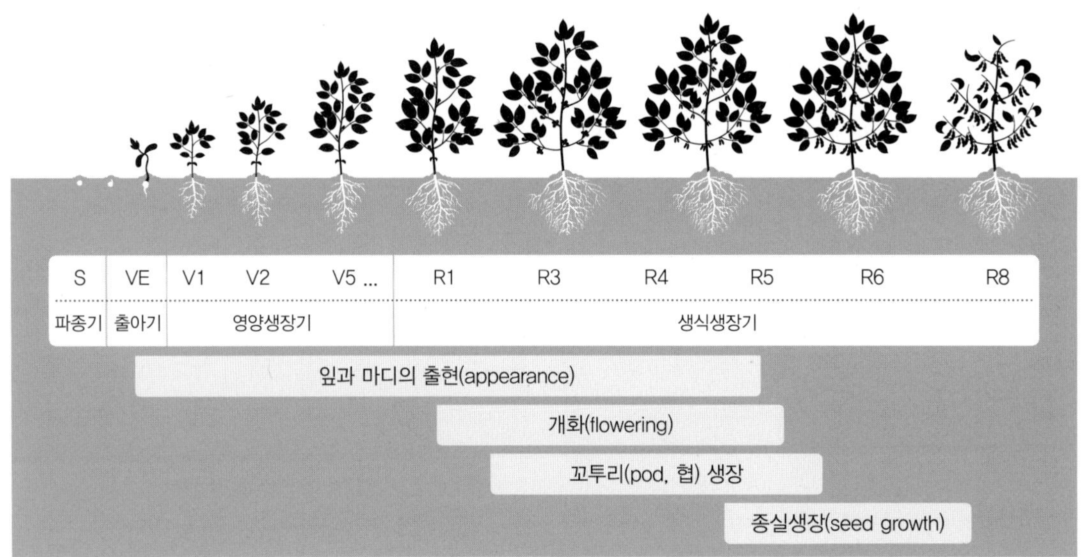

그림 3-4 콩의 생육단계

(9) 낙엽기

① 낙엽기(leaf falling stage)는 콩잎 전체의 절반에 가까운 포기가 낙엽되었을 때를 말한다.

② 품종 특유의 줄기색 및 꼬투리색을 나타낸다.

③ 콩이 품종 고유의 빛깔을 나타내고 꼬투리가 경화되어 종실이 건조된 시기이다.

(10) 등숙기

① 등숙기(ripening stage)는 종실의 95% 정도가 품종교육의 색을 나타내는 시기이다.

② 종실이 건조해져서 단단해지며 약간 작아지는 시기이다.

③ 등숙기가 일반적으로 콩의 수확적기(optimal havesting stage)에 해당한다.

④ 종실이 꼬투리에서 분리되고 흔들면 소리가 난다.

2) 콩의 발아

① 콩은 상명종자로서 온대지방에서는 실온에 보관하면 2년 정도 발아력을 갖지만 3년 지나면 발아력이 떨어진다.

② 발아온도는 최저 2~7℃, 최적 30~35℃, 최고 40~44℃로 실제포장에서는 15~17℃ 이상일 때 출아와 초기생육이 양호하다.

③ 발아에 필요한 흡수량은 종자 풍건중의 100~130% 정도이다.

④ 발아에 알맞은 토양수분은 최대용수량의 70% 내외이고, 적어도 50% 이상이어야 한다.

⑤ 출아소요일수는 15℃에서 4일, 20℃에서 2.5일 정도이다.

3) 콩의 개화와 결실

① 화아분화기는 개화 전 25일 경에 엽액에 크기 0.1mm 정도 혹모양의 화아시원체가 생긴다.

② 꽃은 유한신육형의 경우 원줄기에서는 3~5마디의 꽃부터 피기 시작하여 상하에 이르는데, 한 꽃송이에서는 밑의 꽃부터 개화한다.

③ 개화기간은 품종에 따라 30일, 그 이상 걸리는 것도 있으며, 무한생육형은 더 길다.

④ 개화적온은 25~30℃이고, 오전 7~9시에 대부분 개화하며, 오전 중에 개화가 끝난다.

⑤ 자가수정 작물로 자연교잡률은 보통 1% 미만이다.

⑥ 콩은 고온버널리제이션이 있는데 20~30℃에서 10일간 어린 식물에 처리하면 화성이 유도되고 그 정도는 만생종에서 더 크다.

4) 화기탈락, 종실의 발육정지

(1) 화기탈락

① 콩은 착화수가 매우 많지만 정상적으로 결실하고 성숙하는 것은 심히 적어 결협률이 20~45%에 불과하다.

② 그 밖에 낙뢰(꽃봉오리가 떨어짐), 낙화, 낙협 등으로 화기가 탈락하며, 종실 발육정지로 손실된다.

③ 화기탈락의 70%, 종실 발육정지의 15% 이상이 배 발육정지가 원인이 되어 꼬투리와 종실의 발육을 정지시키기 때문이다.

(2) 화기탈락의 원인

① 짧은 기간동안 한꺼번에 많은 꽃들이 피고 종자로 발달하면 양분과 수분 요구도가 큰데 뿌리와 잎에서 영양 및 수분을 미처 공급하지 못하는 경우가 가장 큰 원인이다.

② 저온, 고온, 건조, 장기간의 강우, 과습 등 열악한 환경조건과 병충해 등이 원인이 되기도 한다.

(3) 화기탈락에 영향을 미치는 조건

① 낙화율은 소립종보다는 영영분의 필요가 많은 대립품종에서 높게 나타난다.

② 늦게 개화한 꽃에서 낙화율이 높으므로 초기에 개화한 꽃을 일부 제거하면 후기에 개화한 꽃의 결협률을 높일 수 있다.

③ 발육정지립은 기부에 위치한 종실일수록 그 비율이 높다.

④ 착협수는 경엽중, 총절수, 분지수 등과 정의 상관이 있어 왕성하게 생육한 것이 결협수가 많다.

⑤ 수분, 광, 비료의 부족 등 불량한 환경과 영양 조건은 결협률을 떨어뜨린다.

⑥ 온도가 15℃ 이하로 낮으면 냉해를 입어 결협률이 떨어진다.

⑦ 해충의 식상은 화기의 탈락 및 종실 발육정지를 조장한다.

(4) 결협률 증대방법

① 적심재배(순지르기)에 의해 2단 개화를 조절한다.

② 개화기에 질소비료인 요소를 엽면시비힌다. 질소비료를 일맞게 시용하여(과도한 영양생상을 억제하는 등) 영양조건을 개선한다.

③ 건조하지 않게 관수를 충분히 한다.

④ 배토를 실시한다.

⑤ 근류균의 착생을 좋게 하여 생장을 촉진시킨다.

(5) 알란토인

① 콩의 영양생장은 질소비료에 의존하고 생식생장에 필요한 단백질은 주로 근류균에 의해 고정되는 알란토인(allantoin)에 의존한다.

② 질소비료를 알맞게 시용하고 균형시비를 하여 과도한 영양생장을 억제하며 근류균의 착생을 좋게 하여 알란토인(allantoin)의 농도를 높여서 생식생장을 조장시킴으로 결협 및 결실을 향상시킬 수 있다.

5) 콩의 생육에 미치는 온도와 일장

(1) 온도의 영향 및 감온성

① 원줄기 길이는 고온일수록 길어지고, 25℃ 전후에서 최고에 달한다.

② 건물중은 단일 시에는 약간의 저온에서 증가하고 장일 시에는 약간의 고온에서 커지는 경향이다.

③ 콩의 잎은 온일수록 전질소 및 가용성 비단백태질소의 함량이 높고, 저온일수록 전당 및 전분함량이 높다.

④ 화아분화는 대체로 15℃ 이상의 온도가 필요하고, 25℃까지는 온도가 높을수록 촉진된다.

⑤ 화아발육은 화아분화보다 높은 온도를 요구하며 고온에 의해 개화기간도 단축되고, 개화수도 감소된다.

⑥ 개화기 이후 온도는 20℃ 이하로 낮아지면 폐화수가 늘어 개화수가 감소하고 개화기간이 연장된다.

⑦ 야간온도가 높을수록 결협률이 증가하는데 20℃에서 가장 좋고 그보다 높으면 다시 떨어진다. 야간기온이 30℃ 이상으로 높을 경우에는 개화가 불규칙해지고 폐화가 많아진다.

⑧ 개화기 이후 고온은 결실일수를 단축시키는데 15~32℃에서 온도가 높을수록 낙화, 낙협이 증가되고 장일조건에서 더 현저하다.

⑨ 감온성은 생육기간 중 생육적온까지는 온도가 높을수록 생육이 조장되고 개화도 빨라지는데 조생종이 만생종보다 큰 경향이다.

(2) 일장과 감광성

① 일장이 길수록 원줄기의 길이가 길어지고 건물중이 증가되며, 극단의 경우에는 만화된다.

② 콩은 전형적인 단일식물로서 꽃눈분화 및 발달, 개화, 결협, 종실비대 등이 단일조건에 의해 촉진된다.

③ 자연포장에서 화성 및 개화가 유도 촉진되는 한계일장이 긴 품종일수록 일찍 일장반응이 일어나 개화가 빠르고(조생종, 하대두형), 한계일장이 짧은 품종일수록 개화가 늦다(만생종).

④ 감광성으로 최적일장조건에서 자연상태에 비해 화아분화 및 개화가 빨라지는 성질로 만생종일수록 감광성 정도가 크다.

⑤ 일장효과를 나타내는 최저 조도는 조생종에서 높고, 만생종에서 낮다.

⑥ 일장감응은 자엽은 거의 없고, 초생엽은 감응도가 낮으며, 정상복엽은 감응도가 높다.

⑦ 감광성 정도는 고위도일수록 일장에 둔감하여 생육기간이 짧은 하대두형이 재배되고 저위도일수록 감광성이 높고 만생종이 재배된다.

⑧ 만파 시에 만생종이 조생종보다 개화일수의 단축률이 높다.

⑨ 단일은 개화기간을 단축시키고 꼬투리형성도 촉진시키는데 개화 전 7일~개화 시까지의 처리가 단축 정도가 크고 총개화수도 증가된다.

6) 콩의 기상생태형

(1) 조만성

① 포장에서 콩의 개화결실의 조만성은 주로 품종의 감온성과 감광성에 의해 지배되며 특히 한계일장의 장단에 의해 지배된다.

② 여름두과 올콩은 고위도 적응형, 조생종으로 감온성이 높고 한계일장이 길고 감광성이 낮은 품종군으로 일찍 개화하고 성숙한다.

③ 여름콩은 평야지에서 봄에 단작으로 파종하여 늦여름이나 초가을에 수확하는데 대립, 연질이어서 밥밑콩 또는 장용으로 이용된다.

④ 가을콩은 저위도 적응형, 만생종으로 한계일장이 짧으며 감온성은 낮고, 감광성이 높은 품종군으로 개화 성숙이 늦다.

⑤ 가을콩은 남부평야지에서 맥후작의 형식으로 여름에 파종하여 늦가을에 수확하는 그루콩이 그 주체를 이룬다.

⑥ 가을콩은 생육초기의 생육적온이 높고 토양적응성이나 건조 등에 대한 저항성이 크지만 생육기간이 짧아 수량이 낮은 편이다.

⑦ 중간형은 북부지방이나 산간지에서 늦봄에 파종하여 가을에 수확하는 품종으로 남부평야지에서는 성숙이 빨라 수량이 떨어진다.

⑧ 우리나라에서는 중간형 내지 가을콩이 주로 재배되는데 동시 파종 시 개화기와 등숙기는 여름콩〈중간형〈가을콩 순으로 늦다.

(2) 성숙군(maturity group)

① 생태형을 구분하기 위해 성숙기를 기준으로 분류된 품종군으로 콩에서 성숙군은 출아기~성숙기까지 생육일수를 토대로 분류한다.

② 콩의 생태적 반응에는 극조생종부터 극만생종까지 여러 계급의 생태형으로 분류한다.

③ 개화일수, 결실일수, 개화일수 등을 토대로 우리나라는 7~9개 군으로 분류한다.

(3) 입중의 지역분포

① 산간지에서는 단작으로 재배되므로 생육기간이 길고 강우량이 많고 생육 후반에 등숙기의 온도차도 커서 생육과 결실조건이 양호하기 때문에 환경에 둔감한 대립종이 안전 재배에 유리할 수 있다.

② 남부해안지에서는 맥후작으로 재배되어 생육기간이 짧은데 생육전기에는 과습하고 생육 후 기는 건조하여 생육과 결실의 균형이 잘 맞지 않으며 등숙기의 기온차도 적어 결실조건이 산간지만 못하여 환경적응성이 큰 중소립종이 재배에 알맞다.

③ 중소립종 콩은 생리적 퇴화가 심한데 광이나 기온, 강우량 등에 예민하게 반응한다.

7) 수량구성요소

(1) 대두의 수량구성요소

① 단위면적당 개체수는 도복이나 꼬투리수의 감소를 초래하지 않는 한 재식밀도를 높이고 3~5cm 정도로 복토하며 쇄토를 한다.

② 개체당 꼬투리수는 개체당 마디수와 마디당 꼬투리수로 재식밀도가 낮고 줄기 생육량이 좋을수록 개체당 마디수는 증가한다.

③ 입중은 품종의 중요한 특성으로 환경변이는 적다. 입중의 증대를 위해서는 적정재식밀도와 결실 후기의 양수분 공급과 해충을 방제한다.

④ 콩의 수량을 계산하는 식은 $1m^2$당 개체수×개체당 꼬투리수×꼬투리당 평균입수×100립중이다. 일례로 콩을 수확하였더니 다음 같다면 10a당 수량은?

$1m^2$당 개체수(50개)×개체당 꼬투리수(60개)×100립중(10g)이면 $50/m^2 \times 60 \times 10/100g = 300g/m^2$ 10a의 수량은 $0.3kg/m^2 \times 1,000m^2$이므로 300kg이 된다.

(2) 증수 방안

① 단위면적당 개체수 확보와 동시에 꼬투리수를 증가시켜야 한다.

② 생육 후기의 영양공급조건 및 수광태세를 좋게 하여 불임립을 적게 하고 꼬투리당 입수를 증가시켜 임실률을 향상시켜야 한다.

8) 엽면적 및 광합성

① 다수확을 위한 최적엽면적지수(LAI)는 재배조건에 따라 다르지만 대체로 4~6정도이다.

② 수광태세는 중하위엽까지 상당량의 광이 투과하여 개체 또는 군락광합성능력을 높이는 것이 다수확을 위해 필요하다.

③ 밀식조건에서는 개개의 잎이 상호차폐하여 투광을 저해하므로 중하위엽의 수광량을 감소시킨다.

④ 잎의 동화능력은 잎의 크기가 커짐에 따라 증가하고 완전 전개 이후에 최고에 달하며 그 후에 약간 감소한다.

4. 용도에 따른 분류

1) 일반용(장콩, 메주콩)

① 우리나라 콩의 주체를 이루며 된장, 간장, 두부, 두유의 원료로 이용된다.

② 수량이 많고, 단백질이 풍부히 함유되어 있으며, 종실이 굵고, 황색~황백색이며 백립중이 17g 이상인 중립내지 대립종이 많다.

③ 단백질 함량이 높으면 두부 수율이 높아지므로 고단백콩이 유리하며, 콩 단백질 중 아미노산 조성이 우수한 것이 품질상 유리하다.

④ 두부용은 수용성 단백질량이 높을수록 두부의 생산성이나 품질이 양호하다.

⑤ 리폭시게나아제(lipoxygenas, 리폭시게네이스)가 결여되어 비린내가 제거된 콩으로 진양콩과 진품콩이 개발되었으며, 두유용의 미소도 개발되어 있다.

2) 착유용(기름용 콩)

① 식용유(콩기름) 생산에 쓰이는 품종들이다. 세계 식용유 시장에서 가장 큰 비중을 차지하고 있는 것이 콩기름이다.

② 기름용 콩은 대체로 종실이 잘며 유색이고, 광택이 있다. 소출이 많고 지방이 풍부하게 함유되어 있다(25%까지 높을수록 좋다).

③ 기름콩은 지방함량이 높으면서 지방산 조성이 영양학적으로 유리한 것이 좋다.

④ 우리나라는 값싼 원료콩을 전량 수입 가공해왔기 때문에 기름용 콩품종이 개발되지 않았지만, 미국에서는 지유함량이 높은 콩이 많다.

3) 콩나물용(두아용)

① 콩나물용은 종실이 작고 생산량이 많으며 품질이 우수해야 한다. 그동안 기름콩 또는 쥐눈이콩으로 불리는 것이 많이 이용되었다.

② 나물콩(두채용)은 빛이 없는 조건에서 싹을 키워 콩나물을 생산하기 위한 콩을 말하며, 보통 백립중이 13g 이하인 소립종을 쓴다.

③ 종실이 작을수록 원료콩에 비해 생산되는 콩나물의 수량이 많아지기 때문에 유리하다.

④ 저장기간중 종자의 활력이 떨어지지 않아야 하므로 상대적으로 저장조건이 중요하다.

4) 밥밑콩(혼반용)

① 종실은 굵고 종피는 얇으며 알칼리붕괴도가 높고, 흡수팽창도가 커서 잘 물러야 하며 환원당 함량이 많고 맛이 좋아야 한다.

② 주로 여름콩으로 검정콩, 밤콩 등의 유백색 대립종으로서 예로부터 밥을 지을 때 섞은 콩 품종을 말한다.

③ 현재 장려품종으로는 검정콩1호, 2호, 3호, 일품검정콩, 선흑콩, 진율콩, 흑청콩, 갈미콩, 청두 등이 있다.

5) 풋콩

① 꼬투리가 완전히 익기 전인 풋콩(unripe bean) 상태 때 꼬투리째 삶아 반찬 또는 간식으로 먹는 품종이다.

② 일반적으로 조생종(여름콩) 품종들로서 이른 봄에 파종하여 여름에 수확한다.

③ 꼬투리에 털이 없거나 적고 선명한 녹색을 띠는 것이 좋으며 당함량이 높고 무름성도 좋아야 한다.

6) 청예대두

① 청예대두(soiling soybean)는 녹색 상태의 식물체를 퇴비나 사료로 이용하기 위해 재배하는 형태이다.

② 종실이 잘고 청예 수량이 많을 뿐만 아니라 잎과 줄기 생장이 무성하여 풋베기의 수량이 많고 영양성분도 많아야 한다.

5. 콩의 품종

1) 장려품종과 특성

(1) 품종개발

① 과거에는 지방 재래품종이 재배되었고 최근 장려품종이 보급되어 수량성, 내병성, 만식적응성이 향상되고 입중은 작아지고 있다.

② 1913년도에 우리나라 최초의 콩 장려 품종인 '장단백목'은 이 지역 토종 콩을 수집하고 분리해 선발했다.

③ 1969년도에 개발된 우리나라 최초로 인공교배를 통해 육성한 광교 품종은 '장단백목'과 일본 도입종인 '육우3호'의 교배종이다.

(2) 장려품종

① 장류콩: 대원콩, 단백콩, 황금콩, 장미콩, 소담콩, 신팔달콩, 새알콩, 장경콩, 무한콩

② 나물콩: 다원콩, 은하콩, 광안콩, 남해콩, 단엽콩, 방사콩, 힐콩

③ 밥밑콩: 검정콩1호, 검정콩2호, 일품검정콩

④ 두부용: 금강콩, 송학콩

⑤ 풋콩: 석량풋콩, 화엄풋콩, 화성풋콩

⑥ 비린내 없는 콩: 진품콩

⑦ 고단백콩: 단백콩(49%), 무한콩

⑧ 밀식적응성 콩: 단경콩, 단원콩

⑨ 무한신육형 콩: 장수콩, 장경콩

2) 재배면에서의 품종선택

① 단작 지대에서는 서리가 오기 전에 성숙하고 맥후작 지대에서는 맥류 파종에 지장없이 안전하게 성숙할 수 있는 품종을 선택한다.

② 수량이 많으며 품질이 우수해야 한다.

③ 내병성이 강하고 토양적응성이 커야 한다.

④ 도복에 잘 견디고 습해에 강하고 건조에 잘 견디어야 한다.

⑤ 성숙기에 탈립이 적은 품종을 선택해야 한다.

3) 우수품종의 구비조건

① 수량이 많은 다수성이어야 한다.

② 보통 만숙성인 것이 다수성이나 작부체계에 적응될 수 있는 성숙기를 가져야 한다.

③ 줄기가 강하고 탄력성이 있어 도복에 강해야 한다.

④ 내습성으로 키가 작고 가지가 많으며 대립종인 유한신육형이 내습성이 강하다.

⑤ 내병성과 내충성, 특히 바이러스에 강하고 선충저항성이 있어야 좋다.

⑥ 성숙할 무렵에 꼬투리가 벌어지지 않아 탈립에 의한 손실이 적어야 한다.

⑦ 키가 크고 가지가 적으며, 소립종인 무한신육형이 건조에 강한 내건성 품종이어야 한다.

표 3-2 콩의 정부 보급종 품종 특성표

용도	품종명	조만성	성숙기 (월. 일)	재배지역	경장 (cm)	병충해	백립중 (g)	종자색	수량 (kg/10a)	기타	단백질 (%)
장류 및 두부용	강풍	우수	10.8	경기지역	67	불마름병 강, 습해 강, 내재해성 품종	30.1	–	287	착협고가 높아 기계화 수확에 유리	–
	대원	중만생종, 광지역 적응성	10.12	전국 (제주 및 산간 고랭지 제외)	81	콩모자이크병 강, 자주무늬병 강, 콩나방 강, 내탈립성 강	26.0	황색	251	내탈립성 강, 내도복성 약	40.7
	대찬	중만생종, 다수성	10.13	전국 (제주 제외)	68	자주무늬병 강, 내도복성 강	24.5	황색	330	농기계 작업용이, 논 재배 적합	39.5
	선풍	중만생종, 다수성	10.19	중남부 2모작지 (충남북, 전남북, 경남북)	67	병충해저항성, 내도복성 강	25.9	황색	340	기계수확 작업 용이, 논 재배 적합	39.8

표 3-2 (계속) 콩의 정부 보급종 품종 특성표

용도	품종명	조만성	성숙기 (월. 일)	재배지역	경장 (cm)	병충해	백립중 (g)	종자색	수량 (kg/10a)	기타	단백질 (%)
장류 및 두부용	청아	중만생종	9.30	6강원 1모작 및 2모작 지역	62	내도복성, 내재해성 강	25.2	황색	273	다소 밀식하는 것이 다수확에 유리하나 유묘기 가뭄 피해에 유의	37.6
	태광	중만생종	10.5	전국(제주 제외)	75	콩모자이크병 강, 자주무늬병 강, 불마름병 약, 내탈립성 강, 노린재류 및 콩나방, 불마름병 방제 철저	25.3	황색	266	밀식 재배 피해야 함, 탈립에 약함으로 적기수확 준수	41.2
나물용 콩	아람	–	10.15	남부지역 (제주, 전다, 경북 남부, 경남)	65	불마름병 강, 종자이병율 낮음, 품질 양호	13	황색	9.9	탈립에 강하고 기계수확 적응성이 높음	16
	풍산나물	탈중만생종, 광지역 적응성	10.9	전국 2모작 지대 (강원 제되)	60	내병충성 강	10.7	황색	281	도복에 약하므로 밀식과 다비 재배는 피하는 것이 유리함	38.2

6. 콩의 재배 환경

1) 기상

(1) 온도

① 파종기와 발아기에는 15~17℃, 생육적온은 30℃, 근류균 생육 최적온도는 25~30℃, 결실기에는 야간온도가 20~25℃이어야 알맞다. 적산온도는 2,500~3,000℃이다.

② 변온조건은 결실과 품질향상에 좋은 영향을 끼치나 한랭지에서는 야간 온도가 높아 기온교차가 적은 것이 임실에 유리하다.

③ 결실기의 고온은 결협률을 떨어뜨리고 지유함량은 증가하나 단백질 함량은 감소하며, 종실비대가 충실하지 못하다.

④ 개화기의 저온은 임실률을 낮추고 꼬투리 내의 배주수를 줄이며 폐화수정 현상이 일어난다.

⑤ 온도가 15℃보다 낮으면 꽃눈형성이나 개화유도에 장해가 생기며 낙화나 낙협률이 증가한다.

⑥ 한랭지에서는 기온, 온난지에서는 일사량이 생장량에 크게 영향을 미치는데 한랭지는 7~8월의 기온이 수량을 제한하는 주요인이다.

⑦ 냉해에 의한 감수요인은 총마디수〉입중〉마디당 협수로 이는 저온, 일조부족, 다우에 의한 영양생장의 저하로 총마디수 감소가 가장 크고 다음으로 개화지연에 의한 입중의 감소, 마디당 꼬투리수의 감소에 의해 감수한다.

(2) 일조

① 일사량은 실제로 장해를 입히지 않는 범위 내에서는 많을수록 생육, 개화, 결실이 좋다.

② 콩의 광포화점은 군락상태에서 40~60Klux로서 맑은 날 최대일사량의 60% 이하가 되므로 혼작이나 간작에 적응한다.

(3) 수분

① 콩은 건조에 강하여 토양수분이 최대용수량의 30% 이상이면 발아가 가능하나 수분요구량이 커서 토양수분 부족 시 발아율이 떨어진다.

② 콩은 요수량이 700 정도로 크고 토양수분이 충분할 때에 생육이 왕성하므로 생육 중에는 비가 고르게 내려야 한다.

③ 개화기를 전후하여 건조하면 화기탈락현상이 심해진다.

④ 토양이 과습하면 뿌리의 발달에 장해를 주며 근류균 활력도 떨어진다.

(4) 토양

① 콩은 지력의존도가 크고 근류균의 활동이 중요하나 질소 결핍토양이나 개간지는 뿌리혹의 착생이 불량하므로 질소를 시비한다.

② 재배 토양은 P, K, Ca, 부식이 풍부하고 배수가 잘되는 사양토~식양토이고 난지에서는 한지보다 토양이 다소 차진 것이 알맞다.

③ 토양적응성이 크고 건조에도 잘 견디지만 최적토양함수량은 최대함수량의 70~90%이고 100%에 가까울 경우 습해를 입는다.

④ 생육에 알맞은 토양산도는 pH 6.5 정도이고 근류균 번식과 활동에는 pH 6.5~7.2이 알맞다.

⑤ 토양산도는 중성이 가장 좋은데 산성토양일수록 생육이 떨어지며 근류균의 활력도 떨어져 수량이 감소한다.

⑥ 염류집적 토양에서 염분농도가 0.03% 이상이 되면 생육이 위축되고 수량도 감소한다.

7. 콩의 재배기술

1) 작부체계

(1) 윤작

전작물의 작부체계(cropping system)에는 거의 모든 경우에 콩과 조합되어 있는데 다수확을 위해서는 윤작과 동시에 퇴비의 시용이 필수적이다.

(2) 간작 및 후작

① 전반적으로 간작의 비율이 줄어들고 단작 또는 맥후작의 방향으로 변천해 가는 추세이다

② 맥간작의 문제점으로 토양이 건조하기 쉽고 장마철에는 배수가 충분치 못할 염려가 있다.

③ 일사량 부족으로 도장되고 저온으로 생육장해를 입기 쉽다. 뿌리의 발달이 저해되고 증수를 위한 충분한 재식밀도를 확보하기 어렵다.

④ 작업이 불편할 뿐만 아니라 노동력이 많이 소요되며, 기계화가 어렵다.

(3) 혼작

① 콩은 수수, 옥수수와 합리적으로 혼작할 수 있는 유리한 작물적 특성을 지니고 있다

② 그 밖에 고구마, 감자, 참깨, 들깨 등과 혼작하기도 한다.

(4) 교호작 및 주위작

① 산간지대에서는 콩 2열, 옥수수 2열 정도로 교호작을 하기도 한다.

② 감자밭, 고구마의 주위작으로 재배하거나 논두렁에 재배하기도 하는데 특히 논두렁콩은 종자용으로 우수하다.

(5) 혼작, 교호작의 이점

① 수수, 옥수수, 감자, 고구마와 콩의 혼작과 교호작은 비료의 이용성면에서 좋다.

② 초장의 차이에 의한 공간 이용에 좋다.

③ 고구마의 경우 포복성이므로 공간과 광을 잘 이용할 수 있다.

2) 콩의 종자준비

(1) 채종

① 채종용 종자의 적지는 논두렁에서 재배한 콩이다.

② 지역적 차이가 나는데 일반적으로 토양조건이 기상조건보다 더 중요하다.

③ 채종지 토양은 보수력이 풍부한 비옥지로 토양수분은 최대함수량의 70% 정도이고 토양의 영양공급이 양호해야 한다.

④ 종자의 생산력은 생산지의 표고에 관계없이 대립이고 결실이 잘된 것이 높다.

⑤ 채종지의 영향이 품종에 따라 다르며 모자이크바이러스병을 매개하는 진딧물이 적은 고랭지가 채종지로 적당하다.

(2) 선종 및 종자소독

① 종자는 일반적으로 대립인 것이 생산력이 높다.

② 탄저병 등 종자전염에 의한 병해를 방제하기 위해 캡탄(captan)과 같은 살균제로 분의소독 후 파종한다.

(3) 파종

① 파종기는 5월 상중순으로 파종지연에 따른 수량의 저하 정도가 추대두보다 하대두(조생종)가 크고 난지보다 한지가 크다.

② 파종량은 10a당 대립종은 8~10L, 중립종은 6~8L이 필요하다.

③ 재식밀도는 60×21~30cm에 2~3본, 밀식은 45~50×12~15cm에 4~5본으로 한다.

*장류콩을 재식거리 50cm×20cm로 1홀에 2립씩 파종할 때 10a당 필요한 종자량은?

(단, 장류콩의 백립중은 25g으로 계산한다)

계산은 0.5m×0.2m=0.1m²/1주로 1m²에 10주를 심을 수 있다. 10a는 1,000m²이므로 10,000주를 홀당 2립씩 파종하면 20,000립이 필요하다. 100립중이 25g이므로 20,000×25g/100은 5,000g으로 10a당 필요한 종자량 5kg이 된다.

3) 콩의 시비

(1) 비료의 흡수와 효과

① 콩의 수량은 일반적으로 시비보다 지력의 영향을 크게 받으며 다른 작물보다 시비효과가 낮다.

② 콩은 근류균이 공중질소를 고정하여 공급하고 흡비력이 강하다.

③ 콩은 파종 전 전량을 기비(밑거름)로 주고 추비는 하지 않는 것이 일반적이다.

④ 질소(N) 비료는 조생종에서 효과적이고 산성이 강한 척박지나 건조한 토양에서 시용효과가 크다. 그러나 과다하면 지상부가 도장하고 근류균 착생이 저조하여 질소고정작용도 낮아진다.

⑤ 인산(P)과 칼리(K)는 다량 흡수되고 토양 중에서 무효화되거나 유실되기 때문에 시용량이 많이 필요하다. 특히 산성토, 개간지, 화산회토에서 시용효과가 크고, 용성인비는 마그네슘(Mg)도 포함하고 있어 효과적이다.

⑥ 석회(Ca)는 산성토양의 교정과 영양성분으로도 다량 공급이 필요하다. 칼슘 결핍은 낙화나 낙협을 증대시킨다.

⑦ 마그네슘(Mg)은 종실의 지유축적을 조장한다.

⑧ 철분(Fe)은 토양 중 질산염이나 인산이 지나치게 많거나, pH가 중성~알칼리성이 되면(Ca 과다하게 될 때 Fe이 결핍됨) 불활성화되어 결핍현상이 나타나 황백화되는 경우가 있다.

(2) 엽면시비

콩은 개화기 전후 0.5~1%의 요소비료를 엽면시비하면 종실수량이 증가되고 단백질 함량도 높아지는데, 특히 선충의 피해를 입었을 때 더욱 증수효과가 크다.

(3) 근류균 접종

① 근류균을 접종하면 콩 수량과 단백질함량이 모두 증가되고, 특히 개간지에서 효과가 크다.

② 토양질소가 과다하거나 강산성이면 접종효과가 적고 토양통기가 양호하고 인산, 칼륨, 칼슘과 부식이 풍부해야 접종효과가 크다.

③ 접종방법으로 순수배양한 우량균주를 종자에 접종하여 파종한 후 직사광선에 오래 쬐지 않도록 곧 복토해야 한다.

④ 근류균 형성이 좋은 밭의 포기 주변의 표토(접종토)를 채취하여 콩을 파종한 후에 10a당 10~60kg을 뿌리고 복토한다.

4) 콩의 재배관리

(1) 보식과 배토

① 파종 후 초생엽이 전개하면 토양수분이 충분할 때 솎아주기와 보식을 하는데 파종기에 건조하면 발아가 불량하고 수량이 떨어진다.

② 콩이 자라면 골 사이를 인력이나 기계로 긁어주고(중경), 긁은 흙을 골 쪽으로 북돋아 주는(배토 또는 북주기) 작업이 필요하다.

③ 배토하면 배수와 통기가 조장되고 지온조절 및 도복방지 효과가 있으며 부정근의 발생을 조장하여 생육과 결실이 좋아져 수량이 증가하는데 특히 그루콩에서 효과가 크다.

④ 3차까지 북주기를 하는 것이 유리하며, 트랙터나 경운기 부착용 배토기계를 사용하는 것이 효율적이다.

⑤ 북주기가 늦으면 작업이 어렵고 기존의 뿌리가 잘리는 등 역효과가 날 수 있으므로 늦어도 개화 10일 전까지는 마쳐야 한다.

(2) 순지르기(적심)

① 적심은 식물체가 웃자랄 경우 도복을 방지하고 튼튼하게 키우기 위해 줄기 윗부분을 잘라준다.

② 적심재배는 조기에 하는 것이 유리하나 일반재배에서 지나친 생장을 억제하고 도복을 경감하려면 5~7엽기에 순지르기를 한다.

③ 콩은 지력이 좋은 곳에 조파, 소식하고 적심을 하면 증수가 되는데 맥후작으로 콩을 재배할 때는 제1복엽 시에 순지르기를 하고 이식재배를 하면 개화와 성숙이 빨라지고 수량도 많아지며 이식하고 제3복엽이 전개한 후에 순지르기를 하면 수량이 많아진다.

④ 콩의 생육이 왕성할 때 적심을 하면 뿌리가 굵어지고 근계발달과 뿌리혹의 착생이 많아진다. 지상부의 분지수는 적어지나 가지발육이 왕성해져서 착협수가 많아지고 도복도 경감되어 10% 정도 증수된다.

⑤ 직파재배 시 생육이 왕성할 때 다비재배나 조파하여 도장의 염려가 있을 때 적심하면 도복이 방지되고 증수효과가 크다.

⑥ 다비밀식을 하여 도장할 때 적심하면, 줄기가 짧아져서 도복이 경감되고 분지의 발육이 조장된다. 특히 다비밀식했을 때 적심을 하려면 많은 노력이 필요하므로 생장조절제를 처리하여 정아생장을 억제한다.

⑦ 적심이 불리한 경우는 늦게 파종하거나 생육이 불량할 때, 생육기간이 짧아서 순지르기에 의한 생육억제작용이 충분히 회복될 수 없을 때 순지르기(적심, decapitation)를 하면 오히려 수량이 적어진다.

8. 콩의 병충해

1) 병해

(1) 바이러스병

① 바이러스가 병원균이며 기주는 콩이고 잎이 위축되고 주름이 생기며 잎의 일부가 연초록색 얼룩으로 모자이크 모양이 된다.

② 이병종사는 성숙, 건조 후에 배꼽을 중심으로 피상의 갈색 반점이 나타난다.

③ 병원인 바이러스는 종자 속에서 월동하며 종자전염을 하고 진딧물에 의해 매개된다.

④ 저항성 품종을 재배하고 무병지에서 채종하며 살충제로 진딧물을 구제한다.

그림 3-6 콩의 바이러스병의 발생 모습

(2) 자주빛무늬병(자반병)

① 자주빛무늬병(purple speck)은 콩 종자에 자주빛무늬가 나타나는 진균성병으로 포자는 바람과 빗방울에 의해 전반되어 떡잎을 침해한다.

② 이병종자는 발아가 나빠지며 자주빛 병반이 생기고 잎은 자흑색 병반이, 줄기 및 꼬투리에서는 적갈색 병반이 생긴다.

③ 종자나 피해식물에서 월동하며 전염되므로 종자소독을 철저히 하고 병에 걸린 종자를 제거한다.

④ 저항성품종 재배, 무병지 채종, 피해주 조기제거, 윤작, 살균제를 살포한다.

⑤ 사질토에서 발병이 많고 조생종보다 만생종에서 발병률이 높으며 파종기가 빠를수록 발병이 적으므로 재배적 방제 방법을 적절하게 이용한다.

(3) 미이라병(흑점병)

① 콩 미이라병(pod and stem blight)은 잎, 줄기, 꼬투리와 종자에 발생하여 부패 및 궤양을 일으킨다.

② 잎이나 꼬투리로 진균인 균사상태로 침입하는데 종자 모양이 고르지 않으며 껍질에 밀가루를 발라놓은 것처럼 희게 된다.

③ 토양에 가까운 줄기의 아랫부분에 병자각을 형성하는데 죽은 줄기에 줄무늬로 형성되며 습한 기후에서는 전체에 병자각을 형성하지만 건조한 기후에서는 주로 마디 부근에서 한정되어 나타난다.

④ 생육후기에 비가 자주 오거나 습할 경우 주로 발생하는데 여름콩(올콩)에서 많이 나타난다.

⑤ 무병종자를 사용하고 종자소독을 한다. 살균제 살포가 필요한 경우 착협기부터 황숙기 사이에 살균제를 살포한다.

⑥ 만생종이 조생종보다 높은 저항성을 갖고 있으며 조생종은 가능한 늦게 파종하여 수확기가 강우시기를 피하도록 하면 종자감염률을 낮출 수 있다.

⑦ 저항성 품종을 재배하고 윤작을 한다.

(4) 탄저병

① 탄저병(anthracnose)은 병원균(*Colletotrichum truncatum*)으로 진균인 분생포자는 무색이나 흑갈색, 침상의 강모가 20~40개 총생한다. 우리나라는 1971년도에 처음 보고되었고

수확기에 비가 많고 습한 경우 많이 발생한다. 습한 조건에서는 잎에서도 증상이 나타난다.

② 월동하는 균사로 꼬투리에 피해가 크며 잎, 엽병, 줄기에도 불규칙한 갈색 반점이 나타나며 종자 및 토양전염을 한다.

③ 잎이 말리고 일찍 낙엽이 지며, 꼬투리도 마르거나 비정상적인 종자가 생긴다.

④ 현재 저항성 품종이 없으므로 베노밀과 같은 살균제로 종자를 소독하고 윤작을 하며 발생 초기에 살균제를 살포한다.

(5) 점무늬병

① 점무늬병(spotting disease, 반점병)의 병원균은 백색 콜로니를 만드는 세균이며, 1핵에 1~4개의 편모가 있다.

② 전세계적으로 발생하며 저온다습한 조건에서 많이 발생하므로 고온기인 7~8월에는 병 발생이 줄고 9월에 다시 증가한다.

③ 잎에 주로 발생하나 떡잎, 잎자루(엽병), 줄기, 꼬투리에도 발생하는데 초기에는 잎에 작은 수침상이 생겨 적갈색~암갈색을 띤 3~4mm 크기의 병반이 된다.

④ 병원 세균은 피해식물의 병반이나 종자에 붙어 월동하며 다음 해에 발병한다. 생육 중에는 비바람에 의해서 병원 세균이 전반된다.

⑤ 밭이 습하지 않도록 배수하고 종자를 소독하며 내병성품종을 재배한다. 심한 밭은 윤작을 실시한다.

(6) 불마름병(엽소병)

① 불마름병(bacterial pustule)의 병원균은 신도모니스(*Xanthomonas phaseoli*)로 배지에서 황색 콜로니를 만드는 세균이며, 1핵에 1~2개의 편모가 있다.

② 전세계 따뜻한 지방에 발생하고 있으며 조기낙엽을 초래하여 종실수와 무게를 감소시킨다. 우리나라에서도 7~8월부터 수확기까지 발생한다.

③ 잎에 발생하는데 초기에는 작은 담록색~담갈색 반점이 생기고 차츰 1~2cm로 커지며 갈색~흑갈색이 된다.

④ 병원 세균은 피해식물의 병반이나 종자에 붙어 월동하여 다음 해에 발병한다. 생육 중에는 비바람이나 튀어 오르는 빗물에 의해서 전반된다.

⑤ 기공 같은 자연 개구부나 상처를 통하여 침입하여 세포 간극에서 증식하여 발병한다.

⑥ 세균성점 무늬병과는 달리 비교적 고온에서 발생되고 강우에 의해 병이 만연된다.

⑦ 방제법은 세균성점 무늬병과 동일하며 미국 품종인 CNS계통이 높은 저항성을 나타내므로 이 품종을 재배하면 효과적으로 병 발생을 막을 수 있다.

⑧ 푸른콩, 단백콩, 신팔달콩2호가 태광콩이나 장엽콩보다는 비교적 병에 강하다.

(7) 들불병

① 담배불에 타는 것 같은 병징을 보이므로 들불병(wildfire)라고 한다.

② 병원균은 슈도모나스 타버시(*Pseudmonas tabaci*)로 앞에 흑갈색 반점이 나타난다. 자주 빛무늬병이 나타난 곳에 주로 발생한다.

③ 점무늬병, 불마름병과 함께 대표적인 콩의 세균성 병으로 방제가 어렵다.

④ 종자 소독, 윤작, 저항성 품종을 재배하고 비배관리와 수분조절을 잘하여 병을 사전에 예방한다.

2) 충해

(1) 노린재

① 콩의 주요 해충인 노린재(true bug)는 20여종이 있는데 풀노린재, 톱다리허리노린재, 알락수염노린 재 등이 대표적이다.

② 성충이 꼬투리에 침을 찔러넣어 수액을 빨아먹음으로써 빈 깍지가 되거나 기형 종자가 생긴다.

③ 노린재류는 기주범위가 넓고 잘 날아다니며 활동력이 크기 때문에 방제가 어렵다.

④ 살충제로도 성충은 방제하기 어려우므로 노린재의 생활사와 발생주기를 확인하여 부화 당시 군서 약충 시기에 방제하는 것이 좋다.

⑤ 우리나라에 콩의 노린재류 방제를 위하여 고시된 약제는 비펜트린 수화제, 뷰프로페진 수화제 등이 있으며 일본에서는 노린재류 발생이 확인되면 콩 꼬투리가 1~2cm 정도 자란 어린시기에 10일 간격으로 2~3회 스미치온 유제 또는 리바이짓트 유제, 리바이짓트 분제, 파프 유제 등을 살포하여 방제하고 있다.

⑥ 페로몬 트랩을 이용하여 포획 방제한다.

톱다리개미허리노린재 | 알락수염노린재 | 노린재 피해립

그림 3-7 콩의 노린재와 피해립의 모습

(2) 콩나방

① 콩나방(soybean moth)은 1년 1회 발생하고 유충으로 월동하며 어린 꼬투리에 산란한다.

② 유충이 꼬투리를 먹어 들어가 어린 콩을 갉아먹으면서 자라는데 꼬투리 속에 있기 때문에 발견하기도 방제하기도 어렵다. 조생종보다는 중생종에서 피해가 크다.

③ 번데기는 7월 하순이고 8월에 우화하므로 이 무렵에 살충제를 살포하면 효과적이다.

④ 답전윤환을 하거나 윤작을 하면 피해를 줄일 수 있다.

⑤ 주광성 해충이므로 유아등으로 유인하여 방제한다.

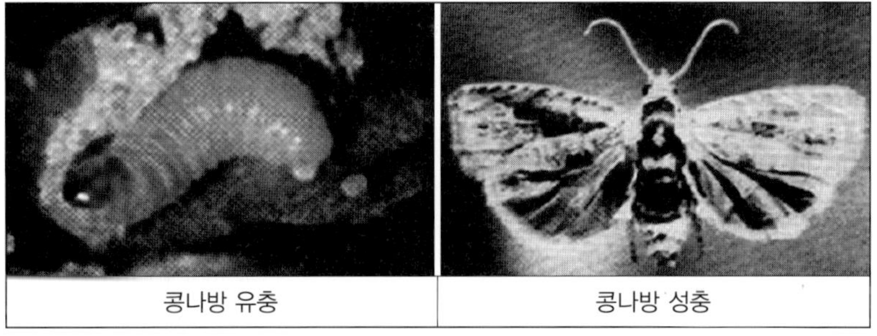

콩나방 유충 | 콩나방 성충

그림 3-8 콩나방의 유충과 성충 모습

(3) 진딧물

① 진딧물(aphid)은 1년에 10~15회 발생하며 겨울에는 쇠무릅의 뿌리에서 알로 월동하며 6월부터 발생하여 7월 중순에 가장 밀도가 높다.

② 주로 잎 뒷면에서 수액을 빨아먹는데 초기에는 잎에 아주 작은 여러 개의 노란 반점이 나타나며 나중에는 갈색으로 변한다.

③ 가물 때 발생이 심하고 직접적인 해보다는 콩모자이크 바이러스병을 옮기기 때문에 이로 인한 피해가 더 크다.

④ 콩 수확 후 가을갈이를 하여 다음해 유충발생밀도를 억제하며, 3년 이상 이어짓기(연작)를 피하고 2~3년 돌려짓기(윤작) 또는 답전윤환재배를 한다.

⑤ 착협 정도가 아주 빠르거나 늦은 품종을 선택하여 재배하며 해충 가해시기를 회피하거나 8월 하순~9월 상순에 허용약제(www.psis.rda.go.kr)를 살포한다.

(4) 콩잎말이명나방

① 콩잎말이명나방(bean webworm)의 피해양상으로 해충이 식물체의 잎을 말고 속에서 식해한다.

② 생활사는 연 3회, 6~8월에 발생하고 피해가 심하다. 유충으로 월동한다.

③ 발생기에 유기인계 농약을 살포하고 천적인 잎말이고치벌로 방제한다.

④ 주광성이 있어 유인등으로 방제할 수 있는데 7월 중순부터 8월 중순사이가 부화최성기이다.

3) 잡초방제

(1) 예방

① 예방(prevention)재배관리를 재식밀도 조절, 시비방법, 경운, 물관리, 작부체계, 종자 및 영양체 형성 전 방제 등을 실시한다.

② 종자 정선, 농기구 청결, 수로관리, 토양관리 및 농산물 수입 시 철저한 검역이나 검사를 실시한다.

(2) 재배적 방제

재배벅 방제(cultural control)는 윤작, 육묘 이식, 저항성품종 선택, 적정 재식밀도, 피복작물 이용, 적정 시비, 토양산도 유지, 관배수 조절, 제한 경운 등을 실시한다.

(3) 물리적 방제

물리적 방제(physical control)는 손제초, 경운, 예취, 피복, 소각 등 열처리, 침수처리 등을 실시한다.

(4) 생물적 방제

생물적 방제(biological control)는 기생성 생물, 식해성 생물, 병원성 생물을 이용하여 방제한다.

(5) 화학적 방제

① 화학적 방제(chemical control)는 농약을 사용하는 방법으로 콩밭 잡초는 생육후기보다 생육초기에 잘 방제하는 것이 중요하다.

② 콩밭 잡초방제는 종자를 뿌리고 흙을 덮은 후 3~4일 이내 잡초가 발생하기 전에 토양처리 제초제(라쏘 유제 등)를 토양표면에 살포한다.

③ 대두콩과 땅콩의 잡초방제 한계기는 파종 후 42일 이전이고 녹두는 21~35일 이전이어야 한다.

9. 콩의 수확과 저장

1) 수확

① 잎이 황변하여 탈락하고 꼬투리가 80~90% 성숙하여 고유색을 나타낼 때 종실이 단단해져 꼬투리에서 종실이 이탈하여 소리가 나는 시기에 수확한다.

② 성숙기로부터 7~14일 이후가 수확적기가 되며 꽃이 핀 후 60일경이다. 이때 꼬투리와 종자의 수분함량이 18~20% 정도가 된다.

③ 수확시기를 늦추면 꼬투리가 터져 탈립되거나 미이라병 또는 자주빛무늬병 등의 병이 발생하여 종자 품질이 떨어진다.

④ 수확 후 수분함량이 20% 이상이거나 너무 건조하면 탈곡과정에서 콩이 깨지는 물리적 손상을 입게 된다.

⑤ 탈곡한 종자는 정선기나 풍선기를 사용하여 이물질을 제거하고 수분함량이 14% 이하가 되도록 잘 말린 다음 포장한다.

2) 저장

① 곰팡이가 발생하지 못하도록 종실 수분함량을 11~12% 유지하거나 상대습도가 65% 이하가 되게 저장한다.

② 온도는 5℃ 이하이면 곰팡이가 거의 자라지 못한다.

③ 종자가 큰 품종이 퇴화가 빠르고 황색콩이 흑색콩보다 퇴화가 더 빠르다.

10. 콩의 특수재배

1) 이식적심재배

(1) 의의 및 효과

① 일찍 파종하고 육묘하여 집약적 관리를 하면 생육환경이 좋을 경우 생육이 왕성하면서도 도장이 억제되어 증수할 수 있다.

② 맥후작의 경우 모판에 육묘하여 맥류 수확 후 이식하면 생육기간이 연장되어 증수할 수 있다.

③ 이식적심재배(transplanting-pinching culture)를 하면 직파재배보다 50% 정도 증수하는 이유로 개화는 늦어지지만 성숙기는 빨라지며 분지수가 증가되고 낙화나 낙협률이 감소되기 때문이다.

④ 단점으로는 많은 노력이 소요되고 건조할 때는 물을 주고 이식해야 하는 불편함이 있다.

(2) 이식과 적심재배의 품종과 환경

① 품종은 생육기간이 길고 분지수가 많으며 생육이 왕성한 추대두형이 알맞고 토양은 비옥하며 수분과 비료가 충분할 때 효과가 크다.

② 이식시기는 초생엽이 전개한 후가 알맞지만, 토양수분만 넉넉하면 파종 후 25일경인 제1~2복엽기까지도 활착이 좋다.

③ 적심(순지르기)은 이식한 후 본엽 2매 정도 남기고 순을 지른다.

④ 채묘 시 충분히 관수하여 뿌리가 잘리지 않도록 한다.

⑤ 북주기는 비료를 충분히 시용하고 생육초기부터 2~3번 북을 주어 새로운 뿌리의 발생을 조장한다.

2) 밀식재배

(1) 의의 및 효과

① 밀식에 의한 증수의 주요인은 밀식에 의해 광에너지 이용효율이 높아지는 것이다. 밀식을 하면 일반적으로 개체 생육량은 감소되지만 조기에 적정군락을 형성하여 작물군락의 수광태세가 일찍부터 향상되어 광합성과 동화물질의 전류가 모두 증대됨으로 일정면적당 총경수, 총절수, 총협수, 입수 등이 증대되어 증수할 수 있다.

② 토양수분, 토양의 물리화학적 조건, 도복, 병충해 등이 콩 생육의 제한요인으로 작용할 경

우에는 증수가 되기 어렵다.

③ 산파밀식재배는 맥후작으로 만파 시에 생력기계화재배로 토양 전면에 비료와 종자를 산파한 후 10cm 깊이로 경운하는 방법이다.

(2) 밀식적응성 품종

① 잎의 공간적 배열이 작물군락의 수광에 유리하려면 대체로 분지수가 적고 짧아야 한다. 잎이 가늘고 작으며 두텁고 분지각도 및 엽병각도가 작은 협초폭형의 품종이 밀식에 유리하다.

② 키가 크고 원줄기의 밑부분까지 꼬투리가 달려 주경 의존도가 크고 줄기가 탄력성이 있어 도복에 강하며 병해에도 강해야 한다.

③ 단엽콩, 장백콩, 밀양콩, 팔달콩 등이 밀식적응성이 큰 품종들이나.

(3) 밀식과 유의점

① 콩의 최적엽면적지수는 5 정도인데 토양비옥도가 낮은 조건보다 높은 조건에서 최적엽면적지수는 높아진다.

② 지력이 좋으며 토양수분과 비료가 충분한 조건에서 밀식재배는 도장의 우려가 있으므로 주의해야 한다.

③ 포기사이(주간)를 넓히고 포기당 본수를 늘리는 것보다는 주간이 좁더라도 1본씩 재식하는 것이 유리하다.

④ 재식밀도가 같더라도 이랑너비를 넓게 하는 것이 수광태세와 작업관리가 유리하다.

⑤ 밀식재배 시에는 도복될 염려가 크기 때문에 북주기를 충분히 하고, 병충해도 발생하기 쉬우므로 철저히 방제해야 한다.

⑥ 맥후작의 경우 짧은 기간내에 충분한 분지수를 확보해야만 수량을 늘릴 수 있으므로 밀식재배하는 것이 유리하다.

3) 생력 기계화재배

① 콩을 기계로 재배하는 생력재배(labor saving culture)는 관행재배에 비해 50~80% 노력이 절감되고, 수량도 떨어지지 않는다.

② 기계화재배 품종은 밀식적응성이 크고 도복과 탈립이 잘되지 않고 맨 아래 꼬투리의 착생위치가 10cm 이상인 것이 알맞다.

③ 시비와 파종을 동시에 실시한다.

④ 이랑너비 60cm, 포기사이 15cm로 하여 홀(hole)당 2립씩 점파한다.

표 3-3 윌리암스와 엘프(Williams and Elf) 품종에서 재식밀도에 따른 콩의 액아로부터 분지 발생 모습

항목	생육형			
생육형(품종)	무한신육형(윌리암스)		유한신육형(엘프)	
재식밀도	밀식 (5500개체/10a)	소식 (1850개체/10a)	밀식 (5500/10a)	소식 (1850/10a)
줄기사진				

4) 풋콩 조기재배

① 하우스 안에서 이식하여 재배하는데 녹협일 때 수확하면 풋콩이 되지만 조기출하를 하려면 보통재배보다 조기재배를 해야 한다.

② 중부지방에서 답전작으로 6월20일까지 풋콩을 수확하려면 품종은 조생종을 비닐하우스에 파종하여 10일간 11시간 단일처리 후 본밭에 정식한다.

③ 비닐하우스 재배 시에는 고온다습하여 흰가루병이나 콩나방 발생이 증가하므로 살균제와 살충제를 살포하여 방제한다.

5) 논콩 재배

① 논에서 콩을 재배하면 콩알이 굵어지고 등숙기간이 길어지므로 작부체계와 생산목적을 고려하여 품종을 선택하여야 한다.

② 논토양은 밭토양에 비해 수분이 많고 비옥하여 습해와 도복의 발생이 우려되므로 내습성, 내도복성 품종을 선택한다. 습해와 도복 대책을 마련한다면 밭재배보다 생육이 균일하고 콩알이 굵어지기 때문에 수량을 높일 수 있다.

③ 논은 토양수분의 지속기간이 길어 밭 재배보다 콩의 성숙기가 다소 늦어진다. 일반적으로 논재배에서는 토양의 과습에 의해 초기생육은 부진하나 생육 후반기로 가면서 생육이 왕성해지는 경우가 많다.

④ 키가 작고 조숙성인 품종은 약간 밀식하는 것이 좋고, 키가 크고 만숙성인 품종은 드물게 심는 소식을 한다.

⑤ 흑색뿌리썩음병에 대한 내병성이 강한 품종을 재배한다.

11. 콩의 성분 및 이용

1) 성분

① 콩은 '밭에서 나는 쇠고기'로 불릴 만큼 단백질 함량이 높다(40%).

② 지방함량이 높아 전 세계의 식용유 중 가장 큰 비중을 차지하고 있는데(20%) 콩에는 리놀레산이 주요 지방산이다.

③ 콩에는 전분(starch)이 거의 없고 자당(sucrose), 라피노스(raffinose), 스타키오스(stachyose) 등의 당류가 함유되어 있다.

표 3-4 콩기름의 지방산 조성

번호	지방산	전체 비율(%)
①	리놀레산(Linoleic acid)	53.2
②	리놀렌산(Linolenic acid)	7.8
③	미리스트산(Myristic acid)	0.1
④	베헨산(Behenic acid)	0.1
⑤	스테아르산(Stearic acid)	4.0
⑥	아라키드산(Arachidic acid)	0.3
⑦	올레산(Oleic acid)	23.4
⑧	팔미톨레산(Palmitoleic acid)	0.1
⑨	팔미트산(Palmitic acid)	11.0

* 출처: Orthoefer 1978.

2) 기능성 특수성분

① 이소플라본(isoflavone)은 영양저해요소의 하나로 항암, 콜레스테롤 저하 등에 효과가 있고 여성호르몬인 에스트로젠(estrogen)의 대체효과도 있어서 폐경기 여성의 골다공증을 예방한다.

② 리폭시게네이즈(lipoxygenase)는 날콩의 비린 맛(비린맛이 없는 진품콩이 개발됨)을 나게 하는 효소로 열을 가하면 대부분 파괴된다.

③ 트립신 저해물질(trypsin inhibitor)은 단백질의 소화, 흡수를 억제하며 날콩 섭취 시 설사를 유발하나 열에 약해 익히면 파괴된다.

④ 피트산염(phytate)은 곡류나 두류에 있는 수용성 염(Na와 K)과 불용성 염(Ca와 Mg)으로 인체에서 칼슘, 아연, 철의 흡수를 방해한다.

⑤ 사포닌(saponin), 레시틴(lecithin)은 항암, 노화방지에 효과가 있다.

⑥ 안토시아닌(anthocyanin)은 콜레스테롤 저하, 혈관보호, 궤양예방, 항암효과가 있다.

3) 콩의 이용

① 콩 단백질은 그 함량이 많으나 메티오닌(methionine)이나 시스테인(cysteine)과 같은 황아미노산이 적지만 식물성단백질 중에서 우수하다.

② 사료용과 별개로 식용으로는 된장과 간장, 두부, 식용유, 두유, 콩나물, 밥밑콩 등으로 다양하게 이용되고 있다.

③ 콩 종자에서 기름을 짜낸 후의 찌꺼기인 대두박은 사료 및 농축 단백질, 비료로도 이용되며 콩가루는 유아식품, 시리얼 등의 식품과 항생제, 접착제, 발효식품 등의 가공품으로도 이용된다.

④ 콩기름을 이용한 식품으로 마가린, 샐러드유, 쇼트닝(shortening, 제과나 제빵 등에 사용되는 반고체 상태의 식용 가공 유지를 말함) 등이 있다.

⑤ 콩기름을 이용한 공산품으로 비누, 잉크, 약품, 살충제, 살균제, 유화제, 접착제, 페인트 등이 있다.

제2장 팥(Small Red Bean, 소두)

Vigna angularis W.F. Wight (2n=22)

1. 서론

팥은 소두(小豆), 적소두(赤小豆), 홍두(紅豆)로 알려져 있다. 원산지가 우리나라와 중국으로 보는 견해가 많다. 콩과이고 강낭콩족(Phasealeae)이나 녹두와 동부 등과 같이 종실이 작은 두과작물은 비그나(*Vigna*)속이고 파세올리스(*Phaseolus*, 강낭콩)속이 아니다. 재배역사가 2,000년이 될 정도로 전통적인 작물이고 우리나라에서 팥은 이조 초기(1429년) 농서인 농사직설에 나타나 있다. 이용은 동지팥죽, 빵의 고물이나 팥빙수 등 다양하게 이용한다.

① 주로 동양의 온대지방에서 재배되어 왔고 중국을 원산지로 보고 있지만, 우리나라도 원산지일 가능성이 크다. 우리나라에서 팥은 콩 다음으로 중요한 두과작물이지만 세계적으로 볼 때는 우리나라, 중국, 일본 등에서만 재배되고 있으며 재배면적도 작아 그 비중이 낮은 편이다.

② 팥은 종자의 색깔이나 형태 등에서 다양하며 아직도 재래종이 많이 재배되고 있다.

③ 식물체가 연약하여 쓰러지기 쉬우나 다른 작물과의 혼작이나 간작용으로는 적합한 작물이다.

④ 두과 작물과 유사한 재배방법이나 관리법을 쓸 수도 있지만 약제 등 관리 측면에서 전혀 다른 경우도 있으므로 주의해야 한다.

1) 생산과 이용

(1) 생산

① 주로 동북아시아의 온대지방에서 재배되어 왔고 우리나라는 4,500ha에서 5,000톤 정도 생산한다.

② 콩에 비해 수량이나 이용면에서 떨어지지만 늦심기에 잘 적응하여 밀의 후작으로 안전하게 재배할 수 있다.

(2) 이용

① 주성분이 탄수화물(64.4%)과 단백질이며 탄수화물 중 전분이 34%로서 많이 함유되어 있다.

② 단백질함량도 21.6% 정도로 높지만 영양가는 콩에 비해 현저히 떨어진다.

③ 팥 전분은 세포섬유로 싸여 있기 때문에 혀에 닿으면 독특한 감촉을 주는데 삶아도 전분이 풀리지 않는 장점이 있으나 소화효소인 아밀라아제(amylose) 즉 디아스타아제(diastase, 당화제)의 작용을 받기 어려워 소화가 잘 안된다.

④ 팥의 효능은 변비예방, 항산화작용, 숙취해소작용, 해독작용, 이뇨작용 등이 있다.

표 3-5 팥의 주요 영양 성분 함량(100g당 성분)

에너지 (kcal)	단백질 (g)	지질 (g)	회분 (g)	탄수화물 (g)	섬유소 (g)	칼슘 (mg)	인 (mg)	철 (mg)
334	21.6	0.3	3.6	64.4	4.3	68	366	7.3

*식품성분표(농촌진흥청)

(3) 재배와 경영상의 특징

① 두과와 비슷한 재배적 특성을 가지고 있으며 수량이나 이용적 특성이 콩보다 떨어진다.

② 콩보다 더욱 늦심기에 잘 견디며 떡, 과자, 빵 등의 고물 또는 속으로 이용한다.

③ 쌀을 구하기 힘들어 잡곡을 주식으로 하는 지방에서는 조, 수수, 기장과 혼식하여 밥맛과 영양적 가치를 높여 식품으로서의 가치를 높이기도 한다.

2. 팥의 생리 및 생태

1) 종자와 발아

① 팥의 종실은 대부분 원통형이지만 구형, 타원형에 가까운 것도 있다. 종실의 100립중은 보통 9~10g이다.

② 뿌리혹의 착생과 공중질소의 고정은 콩보다 떨어지나 매년 8.6kg/10a의 질소를 고정한다. 개화기 전후에 질소고정이 가장 완성하다.

③ 팥은 콩보다 고온다습한 기후에 잘 적응하지만 상대적으로 고온과 저온에 모두 약하다. 특히 개화기 고온은 피해가 크다.

④ 종자수명(종자의 발아력) 장명종자로서 3~4년 정도이다.

⑤ 발아온도는 최저 6~10, 최적 25~30℃, 최고 40~44℃로 보통 15℃ 이상이어야 발아와 생육이 안전하다.

⑥ 전 생원기간 중 최적온도는 주야평균 20~24℃이고 꽃눈 분화와 개화기 때는 24℃이고 16℃ 이하이면 꽃과 꼬투리가 줄어든다.

⑦ 종자흡수량은 100% 정도이며, 수분흡수속도가 매우 느려 발아소요기간도 길어진다.

⑧ 지중발아형 발아시 자엽이 지상으로 출현하지 않고 초생엽이 바로 출현한다.

⑨ 발아 후 개화기까지 6일마다 1장씩의 본잎이 가운데 줄기 마디에서 발생한다.

2) 개화와 결실

(1) 개화

① 화아분화는 개화 전 21~23일, 발아 후 35일경이며, 25℃ 이상에서 꽃피기에 유리하다.

② 1개의 꽃자루에서 5~10개의 꽃이 피며, 이른 아침부터 개화하여 오전에 완전히 개화한다.

③ 개화수는 늦게 파종할수록 적고, 낙화수는 적기에 파종했을 때 가장 많다.

④ 화기는 암술 1개와 수술 10개로 구성된다.

⑤ 개화일수는 69~75일 정도이다.

(2) 결실

① 수정양식은 자가수정이 대부분이며 자연교잡은 적다.

② 임실률은 50% 정도이며 후기에 핀 꽃은 낙화하는 비율이 높다.

③ 꼬투리는 개화 후 25~30일에 최대로 자란다.

④ 종자의 비대는 개화 후 40일에 최대가 된다. 팥은 먼저 개화한 것부터 성숙하기 때문에 종자가 균일하게 성숙하지 않는다.

⑤ 결실일수는 41~50일이고 생육일수는 111~120일이다. 만파하면 파종기에서 개화기까지 기간은 일정하였으나 개화기에서 성숙기까지는 크게 단축되었다.

(3) 기상생태형

① 팥의 감온성과 감광성은 콩보다 둔감하다.

② 감광형인 여름팥은 봄에 파종하여 여름에 수확하는 것이다.

③ 가을팥은 여름에 파종하는 것이 결실이 좋고, 봄에 파종하면 잎과 줄기가 도장하여 결실이 나쁘다.

④ 팥의 조생종은 온도에 감응하는 감온형으로 북부지방에 재배하고 만생종은 단일에 감응하는 감광형으로 남부지방에서 재배한다.

⑤ 중간형은 초여름에 파종한다.

3) 팥의 품종

(1) 분류

팥에는 보편적으로 재배되는 직립성인 보통종 외에 만생종이 있다.

(2) 재래품종의 특성

① 개화기는 8월 초~9월 상순으로 남부지방의 품종일수록 개화기가 늦은 경향이 있다.

② 줄기색은 녹색이 대부분(85%)이며 자색은 적고 이들은 개화기가 늦은 경향이 있다.

③ 엽형은 많은 변이가 있다.

④ 종피색은 단색, 특히 적색이 많다.

⑤ 초장은 60~70cm가 대부분이다.

⑥ 100립중은 10g 내외지만 남부지방에서 생산한 것이 다소 적은 경향이 있다.

(3) 우수품종의 특성

일반적으로 적색이고 대립이며 수량이 많은 품종이 좋다. 성숙기가 늦지 않고 내도복성이며 내충성인 품종이 유리하다.

표 3-6 팥의 정부 보급종 품종 특성표

용도	품종명	조만성	성숙기(월. 일)	재배지역	경장(cm)
통팥, 앙금제조, 혼반 및 떡고물	아라리	중생종	9.23	중남부	51

병충해	백립중(g)	종자색	수량 (kg/10a)	기타	단백질 (%)
내도복성 강, 가공적성 우수	13.1	암적색	205	농기계 작업가능, 파종 적기는 중부지역 6월 상중순, 남부지역은 6월 하순~7월 상순	18.2

(4) 장려품종

조숙, 대립, 다수성인 홍천적두, 조생계통의 진천적두, 만생종인 영동적두, 문의적두가 있는데, 현재는 충주팥, 중원흑두, 중부팥, 칠보팥, 경원팥이 우수한 품종으로 알려져 있다.

4) 팥의 재배환경

(1) 기상

팥은 콩보다는 더욱 따뜻하고 습한 기후(온난다습)를 좋아하며 냉해와 서리의 해를 더 받기 쉬우므로 고랭지나 고위도지대에서는 콩보다 재배안정성이 낮다.

(2) 토양

토양은 배수가 잘되고 보수력이 크며 인산(P), 칼륨(K), 칼슘(Ca), 부식(humus)이 풍부한 식양토~양토가 알맞지만 토양적응성이 커서 극단적인 척박지나 과습지 이외는 어디서나 잘 재배된다. 팥은 콩보다 토양수분이 적어도 발아할 수 있지만, 과습과 염분에 대한 저항성은 콩보다 약하며, 토양산도는 pH 6.0~6.5가 적당하고 강산성토양은 알맞지 않다.

(3) 수분

① 팥은 요수량이 600~650으로 축축한 다습조건을 좋아한다.
② 어릴 때는 엽면적이 적어 증산량이 적으므로 가뭄에 잘 견딘다.
③ 개화기와 꼬투리가 달릴 때는 요수량이 점점 증가하므로 수분의 공급에 주의해야 한다.

3. 팥의 재배 기술

1) 작부체계

① 팥의 작부체계는 두과작물들과 비슷하며 연작하면 콩처럼 선충 등이 만연하여 연작장해현상이 나타나므로 윤작을 실시하는 것이 좋다. 대체로 콩에 준하여 재배하면 되지만 콩보다 더욱 만파에 잘 견디므로 밀의 후작으로 콩보다 적응성이 높다.
② 혼작의 경우 팥은 일사량의 제한에 의한 영향을 적게 받고, 주작물과의 경합에서 영양탈취가 적기 때문에 다른 작물과 혼작하기에 유리한 작물이다.

2) 종자준비

종자는 좋은 것을 골라 종자중의 0.3% 정도의 캡탄, 베노람 살균제에 분의소독 후 파종하거나, 침지용 살균제(벤레이트)를 이용한다.

3) 파종시기

① 평균기온이 15~16℃가 되는 시기로서 만생종은 6월 중순, 중조생종 6월 하순에 파종한다.
② 팥은 저온에 약하므로 산간지역에서는 저온장해를 받기 쉬우므로 주의해야 한다.
③ 파종기의 가뭄은 출아율을 떨어뜨리고, 과습은 잘록병을 발생시켜 썩게 만든다.

4) 재식밀도

팥이 콩보다 생육량이 다소 적으므로 약간 밀파하는 것이 좋다(60×10cm). 팥은 콩보다 줄기가 연약하여 비옥한 토양에서는 쓰러지기 쉬우므로 늦게 심거나 넓게 심는 것이 좋다.

5) 파종

포기당 3~4립씩 점파할 때는 10a당 3~4kg을 파종하는 것이 좋다.

6) 시비

① 토양 속에 질소의 흡수량이 콩보다 더 많아 질소비료의 시용효과가 크다.
② 10a당 표준시비량은 질소-인산-칼륨이 4-6-5kg이며, 퇴비 400~800kg, 산성토는 석회 50kg을 시용한다.
③ 생육부진시 개화 전 15일, 개화기, 개화 후 15일에 요소 0.1~0.5%을 엽면시비한다.

4. 팥의 병충해

1) 병해

① 팥바이러스병은 모자이크 증상을 동반하며, 식물체가 왜소해지고 심하면 수량이 30~40%

감수한다. 전 생육기간에 발생하는데 진딧물 방제를 철저히 한다.

② 갈색무늬병에 감염된 팥의 잎에서는 황색 병반이 생겼다가 흑갈색으로 변하며 잎이나 꼬투리가 일찍 떨어지고 수량이 줄어든다.

③ 탄저병은 여름철 고온 시에 발생하기 쉬운 병으로 잎 뒷면에 황록색의 작은 반점이 생겨 점차 암녹색, 갈색으로 변하고 지름 1cm 정도의 다각형 병반으로 된다. 밀식을 피하고 윤작을 하며 통풍이 잘 되게 한다.

2) 충해

① 명나방은 유충이 꽃이 피는 꽃자루 전체를 갉아먹거나 종자 비대기에 꼬투리 내부 종자를 먹어 수량을 감소시킨다. 성충이 발생하는 6월 하순에서 8월 상순에 약제를 살포한다.

② 팥바구미의 크기가 15mm인 유백색, 담황색 유충이 줄기를 먹어 들어가 말라죽게 하거나 유충이 종실의 내부를 갉아먹으면서 종실의 품질을 저하시킨다.

③ 담배거세미나방은 성충이 17~22mm로 유충일 때 잎을 갉아먹어 피해를 준다. 아열대성 해충으로 월동이 불가능하다.

④ 파밤나방은 성충이 8~12mm인 해충으로 두류는 물론 채소, 화훼 등 전작물의 주요 해충이다. 월동이 불가능하고 중부지방이 남부지방보다 피해가 크다. 유인등이나 약제로 방제한다.

5. 팥의 수확과 조제

① 잎이 황변하여 떨어지지 않더라도 꼬투리가 황백색~갈색으로 변하고 건조하면 수확한다.

② 성숙은 1포기 안에서도 꼬투리에 따라 차이가 있으므로 전체 70~80% 성숙 시 수확한다.

③ 건조 종자를 밀폐된 장소에 넣어 인화늄정제(포스특신)를 1㎡당 4정을 3~4일간 훈증 소독하면 팥바구미 발생을 예방할 수 있다.

제3장 땅콩(Peanut, 낙화생)

Arachis hypogaea L. (2n=4x=40)

1. 서론

땅콩의 원산지는 야생종이 많이 분포하는 브라질 및 페루를 중심으로 하는 열대 아메리카로 보는 것이 정설이다. 콩과의 땅콩속에 속하며 1년생 초본으로 4배체종 2n=40이나 야생종은 2배체로 2n=20과 1년생 또는 다년생이 있다. 인도, 중국, 미국 순으로 생산량이 많고 우리나라도 1만 2,000톤 정도 생산된다. 재배 북한계선이 북위 45°선으로 남한 전역에서 재배된다.

1) 재배 및 생산

① 땅콩은 고온작물로 생육기간이 열대지방에서는 3~4개월, 온대지방에서는 5~6개월이고 고랭지나 고위도에서는 재배하기 어렵다.

② 버지니아형은 적산온도가 3,400℃, 연평균기온 14℃ 이상인 곳이 알맞다. 스페니쉬형은 적산온도가 2,800℃, 연평균기온 11℃ 이상인 곳에서 재배할 수 있다.

③ 유럽은 남유럽에서만 재배되고 미국은 북위 36°선, 일본은 연평균기온 11℃인 등온선이 재배한계선이다.

④ 우리나라는 경북, 경기에서 가장 많이 재배하고, 이 지역이 전국의 반 정도를 차지한다.

⑤ 땅콩은 주식으로 이용되지 않고 기호성이 높아 주로 간식으로 이용되기 때문에 수요량에는 한계가 있다.

⑥ 생육기간이 비교적 길고, 연작하면 기지현상이 발생하는 단점이 있고 기름 원료로 알맞지만 유지수량이 유채를 따르지 못한다.

⑦ 두류 중 단위생산량이 가장 많고 단립 생존율이 높다. 내건성이 강하며, 토양은 사질(모래땅)이 알맞다.

⑧ 가격이 높고 환금작물로 유리한 특성을 가지기 때문에 재배면적이 증가 추세에 있다.

2) 이용

① 주성분은 지방이 43~45%가 함유되어 있으며 단백질 함량도 27%로 많다. 비타민B의 함량도 많아 영양가가 높고 고유의 풍미를 지니고 있다.

② 종실을 볶아 먹거나 가공용(엿, 과자, 부식, 간식, 기호식품)으로 이용한다.

③ 제유 땅콩기름은 식용유로 많이 이용하고 마가린의 원료가 되며 공업용(비누, 기계유, 윤활유)으로도 이용한다.

④ 땅콩 깻묵은 사료나 비료, 공업용으로 이용한다.

⑤ 땅콩의 잎과 줄기는 건초나 녹사료로, 깍지는 연료나 제지의 원료로 이용한다.

2. 땅콩의 형태

1) 종실

① 모양은 장타원형으로 끝이 뾰족하며 대립종은 장형으로 등적색, 소립종은 단형으로 황백색/적자색을 띤다.

② 종실은 1쌍의 자엽이 대부분이고, 배는 매우 작고 유아, 유근, 배축으로 구성되어 있는데 유아는 정아와 2개의 측아로 구성되며 정아는 4장의 잎이 측아는 1~2장의 잎이 분화된다.

③ 소립종의 백립중은 40~50g, 중립종은 50~70g, 대립종은 70g 이상이다.

2) 뿌리

① 발아할 때 1본의 직근이 나와 주근이 되어 토속으로 깊이 뻗고, 여기에서 측근이 발달하며 대립종이 소립종보다 더 깊게 뻗는다.

② 배축과 분지의 기부에서 부정근이 발생하며 측근의 분기점에 뿌리혹이 많이 착생한다.

3) 잎

① 출아하면 1쌍의 큰 자엽이 지상으로 나와 전개한다.

② 본엽은 2쌍의 난형 소엽으로 된 우상복엽으로 엽병이 길고 탁엽이 짧다. 소엽은 대체로 대립종이 소립종보다 작다.

③ 각 소엽 및 엽병의 기부에서 2중으로 취면운동(식물의 잎이나 꽃이 밤이 되면 오므라들거나 아래로 처지는 운동)을 한다.

4) 줄기

① 한 개체에서 20~25개의 분지가 발생하는데 첫째 분지는 대생하고, 둘째 분지는 그와 90° 각도로 대생하며 그 이상은 호생한다.

② 영양지는 생육이 왕성하고 잎과 가지가 발생하는 보통의 가지로서 이로부터 다시 영양지와 생식지의 착생이 반복된다. 영양지는 저위절일수록 생육이 왕성하고, 자엽절에서 나온 영양지는 발육이 극히 왕성하여 1그루의 결협수의 40%를 차지한다.

③ 생식지는 짧으며 생육이 빈약하고 가지가 적으며 보통 꽃과 잎만 착생하지만, 품종에 따라서 끝에 본엽이 착생하는 비교적 생육이 왕성한 생식지도 있다.

5) 화기조직

① 꽃은 보통 기부에 가까운 생식지의 각 마디에 1개씩 피지만 때로는 2~3개가 피기도 한다. 꽃잎은 5매이고 수술은 10개이며, 수술은 꽃밥(약)이 일부 퇴화되어 보통 8개 정도의 정상적인 꽃밥을 가지고 있다.

② 자방병에서 수정이 이루어지고 꽃이 떨어지면 씨방의 기부조직인 자방병이 빨리 아래로 신장하여 씨방이 땅속으로 들어가 자라게 된다.

3. 땅콩의 생리 생태

1) 발아

① 종자수명은 단명종자로 수명이 1~2년에 불과하다.

② 종자휴면하는 땅콩종자는 휴면원인이 종피와 배에 있는 것으로 생각된다.

③ 휴면기간으로 소립종(스페니쉬형과 발렌시아형)은 9~50일, 대립종(버지니아형)은 110~210일에 달하는데, 이는 품종의 유전적 특성이다.

④ 휴면타파 방법으로 고온 처리, 에틸렌 처리, 종피 제거 등이 효과적이다.

⑤ 발아온도는 최저 12℃이고 소립종 최적온도 23~25℃로 대립종의 최적온도 26~30℃보다 낮다.

⑥ 발아소요일수는 꼬투리째 파종 시 20일 이상 소요된다. 종실만 파종 시 고온에서는 3~5일, 저온에서는 2주 정도 소요된다.

2) 개화

① 땅콩은 개화기간이 상당히 길어 본엽이 9~10매 이후부터 시작하여 가을까지 지속되지만 수확 전 60일인 8월 중순까지 개화한 것이라야 결실할 수 있다. 이 시기를 유효개화한계기라고 한다.

② 개화는 보통 오전 4시부터 시작하여 오전 5~6시에 일제히 개화하였다가 정오에 닫힌다.

③ 자가수정작물이나 자연교잡률도 0.2~0.5%이다.

④ 수정되었다 하더라도 씨방이 땅속에 들어가기 전 말라죽는 것이 많으며, 완전히 결실하는 것은 총꽃수의 10% 정도이다.

3) 결협

① 땅콩은 수정 후 5일이 지나면 씨방의 기부에 있는 자방병이 급속히 신장하여 땅을 향해 신장한다.

② 자방병이 땅속에 들어가면 5일 정도가 지나서 씨방이 수평으로 비대하기 시작하여 자방병의 신장은 정지한다.

③ 자방병이 지하에 침입해서 씨방이 비대하는 위치는 지표아래 3~5cm 부근이다.

④ 자방병의 길이는 16cm 정도이고 20cm가 신장의 최대치이다. 따라서 높은 가지의 꽃은 지하에 도달하지 못하므로 결실하지 못한다.

4) 협실 비대

① 꼬투리와 종실의 비대속도는 자방병이 땅속에 들어간 후 3주가 되면 생체중이 최고에 달하고 건물중은 11~12주까지 증가하며, 종실비대는 꼬투리보다 2~3주 늦게 시작한다.

② 등숙일수로 소립종은 비대속도가 빨라 등숙일수가 70~80일이고 대립종은 100일 정도 소요된다.

③ 협실비대의 환경조건은 암흑과 토양수분이다. 광의 조사는 결실과 자방병의 신장을 억제하고, 토양건조는 공협 생성을 많게 한다. 토양 중 영양분이 많으면 결실 개시가 늦어진다. 협실 비대는 지표아래 5cm인 곳의 온도가 10℃ 이상이어야 한다.

④ 땅콩은 결협 및 결실에 석회효과가 커서 부족하면 공협(빈 꼬투리)의 발생이 많아지고 종실의 발아율과 줄기생장도 저해된다.

⑤ 성숙한 꼬투리는 수확 시에 탈협되는 경우가 많아 수량 감소의 원인이 된다. 탈협은 품종이나 자방벽 조직의 약화, 부패에 의해 조장된다.

4. 땅콩의 품종

1) 품종의 특성과 고려사항

땅콩은 줄기에 붙는 분지에 따라 영양지와 생식지로 나누는데 영양지는 생육이 왕성하나 종자가 결실되지 않는다. 이 분지가 옆으로 뻗으면 포복형(runner type), 위로 뻗으면 직립형(erect type)이라고 한다.

① 직립형은 1포기당 종실수량은 적지만 밀식함으로써 더욱 증수할 수 있다.

② 초장이 너무 크면 군락이 서로 엉켜서 수광태세가 불량해질 수 있다.

③ 숙기가 너무 늦은 것은 미숙한 꼬투리가 많아지므로 알맞지 않다.

④ 유지용의 경우 유지함량이 많은 소립종이 유리하다.

⑤ 식용일 경우 단백질함량이 많은 대립종을 좋아하는 경향이 있다.

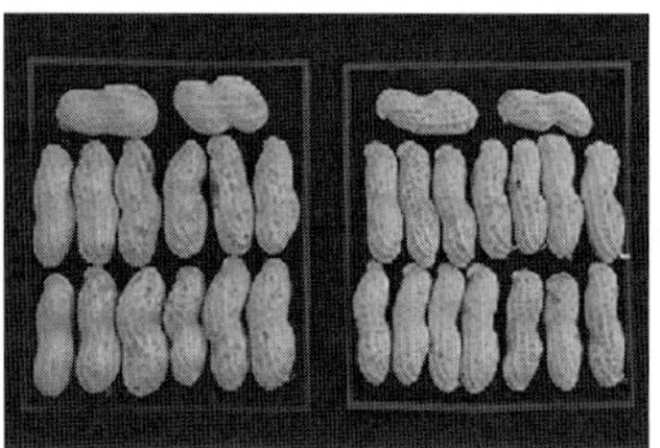

그림 3-9. 대광(좌), 흑찬(우) 땅콩의 식물체와 꼬투리, 종자의 모습

표 3-7 땅콩의 분류

형질 \ 형(type)	스페니쉬(Spanish)	발렌시아(Valencia)	버지니아(Verginia)
분지수	중간	적다	많다
가지의 굵기	굵다	굵다	가늘다
잎의 크기	크다	크다	작다
개화기	빠르다	빠르다	늦다
내병성	약하다	약하다	강하다
분지 형태	굵고 직립	굵고 만곡	가늘고 만곡
습성	직립다발형	오픈다발형	개산다발형
생육습성	직립형	직립형	보복형, 직립형
생육기간	짧다	짧다	길다
주경개화	개화함	개화함	개화 않음
생식절발생	연속발생	연속발생	영양절과 교호로 발생
숙리	빠르다	중간	늦다
유분함량	높다	높다	낮다
혈당 종실수	2립	3~4립	2립
종피두께	얇다	얇다	두껍다
종실 크기	소립	소립	대립
휴면기간	짧다	짧다	길다

5. 땅콩의 재배 환경

1) 기상

① 땅콩은 고온작물로서 생육적온은 25~27℃이고, 적산온도는 3,600℃ 정도이다. 소립종 땅콩은 발아 및 생육적온이 낮고, 생육기간도 짧아 적산온도도 낮다.

② 씨방의 발육은 지온이 34~35℃까지는 온도가 높을수록 촉진되고, 결실기간 온도가 높을수록 종실중의 지방함량이 증가한다.

2) 토양

① 토양은 석회가 풍부하고 배수가 좋으며 부식이 부족하지 않은 사질토양 및 양토가 알맞다.

② 생육 최적함수량은 최대용수량의 50~70% 정도이며 심한 모래땅은 너무 건조하거나 온도가 너무 높기 쉽고 석회 부족을 초래할 염려도 있다.
③ 척박한 토양과 침수에도 비교적 강하여 강변의 사질토 지대나 개간지에서도 많이 재배된다.

6. 땅콩의 재배기술

1) 작부체계

① 주로 단작으로 재배하지만 남부지방에서는 맥간작으로 재배하기도 한다.
② 연작하면 기지현상이 나타나기 때문에 1~2년 정도 윤작해야 한다.
③ 연작장해의 원인으로 근류선충의 피해 증가, 검은무늬병 갈색무늬병 발생, 토양 중의 석회 부족 등을 들 수 있다.

2) 파종

① 온도가 18~20℃일 때 파종해야 출아와 생육이 양호하다. 파종일이 너무 빠르면 출아가 늦고 초기생육이 불량하고, 너무 늦으면 생육기간이 짧아져 공협이나 미숙협이 생긴다.
② 재식밀도는 직립형은 60×20cm, 포복형은 60~75×25~30cm로 하여, 1포기당 2~3립씩 점파하고 3~4cm로 두께로 복토한다.

3) 시비

① 땅콩은 질소를 가장 많이 흡수하고 칼륨이 다음, 칼슘도 많이 흡수한다.
② 초중기 영양생장을 촉진하려면 질소비료(N)를 알맞게 시용해야 한다. 질소비료의 과용은 근류 착생을 저해한다.
③ 표준시비량은 10a당 N-P-K는 3-7-10kg이고 퇴비 1,000kg, 석회 40~80kg 정도가 알맞다.

4) 관리

땅콩의 자방병의 지중침입을 조장하기 위해 개화초기와 그 후 15일 간격으로 한 두차례 북주기를 한다.

7. 땅콩의 병충해

1) 갈색무늬병

① 갈새구늬병(brown leaf spot, 갈반병)은 땅콩 재배에서 어느 곳이건 심각하게 문제가 되는 가장 광범위하게 발생하는 병해로, 잎과 줄기에 암갈색 병반이 생기고, 뒷면에는 회색 곰팡이가 생기며 잎이 떨어지며, 병반 둘레에 담황색의 달무리(훈위)가 생기는 것이 검은 무늬병과 다르다.

② 내병성 품종 선택, 피해주 제거, 윤작, 종자소독 등으로 방제한다.

2) 검은무늬병

① 검은무늬병(black rot, 흑반병)능 고온다습 시에 잎과 줄기에 흔히 발생하며 암흑색의 반점이 생기고 추후에 흑갈색으로 변한다.

② 갈색무늬병 방제에 준해 내병성 품종을 재배하고 피해주를 제기하며 윤작이나 종자소독을 한다.

3) 균핵병

① 균핵병(sclerotinia rot)은 수확기 임박해서 발생이 많은데 줄기 표피가 갈색 내지 회색으로 되며, 가늘게 쪼개지고 껍질이 벗겨져서 흰줄기가 노출되는데 흑색균핵이 형성된다.

② 균핵은 포장에서 월동하며 전염원이 된다. 추경, 윤작으로 방제한다.

8. 땅콩의 수확

① 잎과 줄기가 황변하고 아랫부분의 잎이 떨어지기 시작하며 대부분의 꼬투리에 그물 무늬가 뚜렷이 형성되면 수확한다(9월 하순~10월 상순).

② 땅콩의 성숙은 균일하지 못한데 일찍 수확하면 미숙꼬투리가 많고, 늦게 수확하면 과숙한 꼬투리가 땅속에서 탈협된다.

③ 꼬투리에서 종실이 나오는 비율은 무게로 50%, 부피로 30% 정도이다.

9. 땅콩의 특수재배

1) 육묘이식

① 땅콩 본엽이 2~3엽일 때 모판에 육묘하여 이식할 수 있다.

② 생육기간의 연장에 의해 증수를 도모할 수 있다.

③ 맥후작으로도 안전하게 재배 가능하여 작부체계상 유리하다.

④ 직파 시에 생기기 쉬운 결주와 발아 중의 피해를 낮추고 종자를 절약할 수 있다.

2) 멀칭재배

① 멀칭재배(mulching culture)의 파종적기는 4월 중순으로, 14~15℃일 때 적합하고 일반 재배보다 10일 빨리 파종한다.

② 비닐 피복에 의한 보온으로 조파가 가능하고 발아와 생육이 조장되며 개화 촉진과 유효개화시간 연장으로 증수 효과가 있다.

③ 멀칭하면 발아 중의 피해를 경감하고, 토양수분을 유지하여 한해(drought injury)를 경감시키고 잡초억제효과가 있다.

제4장 **강낭콩**(Kidney Bean, 채두)

**Phaseolus vulgaris* L.(2n=2x=22)

1. 서론

강낭콩은 세계적으로 두류 중에서 재배면적이 가장 넓으며, 주요 생산국은 아시아로 인도가 가장 많으며 다음으로 중국과 브라질 등이다. 주요 병충해로는 탄저병, 녹병, 세균성 점무늬병, 바이러스 등의 병과 진딧물, 바구미 등의 해충이 있으며 충해는 쉽게 방제할 수 있다.

2. 강낭콩의 기원

원산지는 남아메리카 페루의 리마(Lima)나 멕시코 중앙부에서 과테말라, 온두라스 일대로 남아메리카이다. 기원전 5세기부터 아메리카 대륙의 원주민이 재배하였고 중앙아메리카로 보급되었다. 학자에 따라서 소립종은 중앙아메리카, 대립종은 남아메리카로 나누기도 한다.

3. 강낭콩의 생산과 이용

① 강낭콩은 팥과 용도가 비슷하지만 품질이 팥보다 떨어지고, 질소비료의 요구량이 많으며, 습해에 약하다.

② 생육적온이 콩이나 팥에 비해 낮아 저온에 잘 견디고, 생육기간도 비교적 짧으며, 만파에 잘 적응한다.

③ 주성분은 당질이고 그 대부분이 전분이며, 두류 중 당질 함량(61%)이 가장 높으며 단백질이 20% 정도이다.

④ 녹협에는 단백질과 비타민 A, 비타민 B_1, 비타민 B_2, 비타민 C, 철분, 아연이 풍부하다.

⑤ 재배면적은 1975년도에는 3,200ha에서 2,500톤이 생산되었으나 이후에 급격히 감소하여

1988년도에는 7,000ha에서 8,000톤(단위면적당 수량은 114kg/10a)이 생산되었다.

⑥ 이용으로 열매는 밥에 넣어서 먹거나 떡이나 과자의 소로, 어린 꼬투리는 채소로 쓰이며 중남미, 인도, 아프리카 등지에서는 주식으로 이용된다.

4. 강낭콩의 생리 생태

① 강낭콩은 상명종자(mesobiotic seed)로 2년째 발아율이 70~80% 유지되지만 3년 이상이 되면 거의 발아하지 않는다.

② 생육기간 조생종은 90일, 만생종은 130일 정도인데 따뜻한 지방에서 짧고 추운 지방에서 길어진다. 야생종에는 다년생도 있다.

③ 화아분화기는 왜성종(dwarf cultivar)이 파종 후 20~25일, 만성종(climbing cultivar)은 25일이며 본엽 4~5매 전개했을 때이다.

④ 개화 조생종인 왜성종은 동일개체 내 거의 동시에 개화하고 만생종은 6~7마디에서 먼저 개화하고 위로 올라가며 개화한다.

⑤ 수정방식은 자가수정을 주로하는데 일부는 자연교잡이 된다. 수술이 10개인데 1개는 따로 떨어져 있다.

⑥ 꽃은 화아분화수의 20~30%, 결협수는 화아분화수의 5~10%, 개화수의 10~40%로 매우 낮으며 변이가 심하다.

⑦ 발아 최저온도는 10℃, 최적온도는 26~37℃, 최고온도는 38~42℃이고 화분의 발아온도는 20~25℃이다. 온도가 35℃ 이상으로 고온이 되면 생육이 불량해진다.

5. 강낭콩의 재배 환경

① 따뜻한 기후를 좋아하며 서리에는 아주 약하다. 생육적온은 10~25℃로서 콩이나 팥보다 약간 낮은 온도에서 재배하기에 알맞다.

② 고온에서 생육과 개화가 촉진되고 야간 온도가 다소 낮아야 결실이 잘되며, 야간의 고온은 불임의 원인이 된다. 개화기에 고온건조한 조건에 처하게 되면 수정과 결실이 저해된다.

③ 토양은 배수가 잘되고 비옥한 양토나 식양토가 알맞으며 과습이나 과건에 약하고 적지가 아니면 생육이 현저히 떨어진다.

④ 질소고정능력이 약하므로 지력이 높아야 하므로 척박지에서는 생육이 나쁘고, 인산이나 마그네슘 부족에도 민감하다.

⑤ 산성토양에 두류 중 가장 약해 토양산도가 pH 6.2~6.3 정도가 알맞고 염분저항성도 약하다.

6. 강낭콩의 품종

① 초형에 따라 만성종(덩굴형, pole bean, climbing bean)과 왜성형(dwarf bean, bush bean) 및 중간형으로 나눈다.

② 꼬투리의 경연에 따라 경협종과 연협종, 그리고 중간형으로 나눈다.

③ 종실의 색에 따라 백색종과 유색종으로 나눈다.

④ 용도에 따라 종실용(種實用), 청실용(靑實用, green shell), 꼬투리용으로 구분한다.

⑤ 품종으로 성숙되기 전에 수확하여 식용하는 긴알락콩, 왜성 품종으로 진다홍콩, 종실종에는 핀토(Pinto), 레드멕시칸(Red mexican), 켄터키 원더(만성종, Kentucky wonder) 등이 있다. 꼬투리용에는 블루 레이크(Blue lake), 부시 블루 레이크(Bush blue lake), 컨텐더(Contender), 마스트피스(master piece, 왜성종) 등이 있다.

표 3-8 강낭콩의 우량품종표

품종명	육성연도	개화일수/성숙일수	100립중(g)	용도	적응지역
황협2호	2005	43/92일	20.4	꼬투리채소용	전국(시설재배지대)
황협1호	2005	43/92일	21.7	꼬투리채소용	전국(시설재배지대)
녹협1호	2005	40/94일	21.1	꼬투리채소용	전국(시설재배지대)
선두	2001	5월 29일 개화/7월1일(풋강낭콩)	85.8	생두용	경기

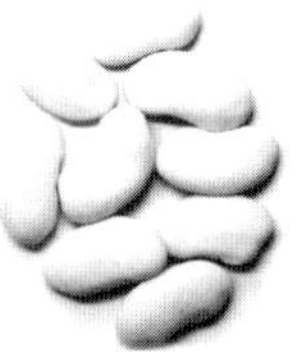

그림 3-10 강낭콩의 다양한 품종 사진

7. 강낭콩의 재배

① 한 꼬투리에 들어 있는 종실수는 동부콩(6~20개)이 강낭콩(4~6개)보다 많다.

② 생육기간이 짧고 품종에 따른 변이도 심하기 때문에 작부체계상 유리하다.

③ 주로 소규모로 재배하기 때문에 여름작물의 주위작이나 혼작이 일반적이다.

④ 파종은 평균기온이 10℃ 이상인 4월 중순~5월 중순에 하고 재식밀도는 왜생종이 50×30cm, 만생종이 75×60cm로 2~3립씩 점파한다.

⑤ 비료는 질소고정능력이 낮아 많은 양의 비료를 요구하며 질소와 마그네슘을 시용하면 효과가 크며 모두 기비로 시용한다.

⑥ 수확은 꼬투리의 70~80%가 황변하고 마르기 시작할 때인 6월 하순~7월 중순에 수확한다.

제5장 **완두**(Pea, 청소두)

Pisum sativum L.(2n=2x=14)

1. 서론

완두는 쌍떡잎식물, 장미목, 콩과의 한해살이나 두해살이 작물로 각지에서 재배한다. 멘델이 실험에 사용한 식물로 유명하다. 세계적인 재배 추이를 보면 약 22%가 캐나다, 17%가 러시아, 13%가 중국이이며 프랑스와 인도가 10%씩을 생산하여 전세계의 75% 생산한다. 높이 2m 정도이고 잎은 겹잎이며 잎끝은 덩굴손으로 되어 지주를 감아올라가면서 자란다. 잎겨드랑이에서 꽃대가 나와 1~2개씩의 접형화가 핀다. 꽃은 흰색, 붉은색, 자주색 등이며 늦은 봄에 핀다.

꼬투리에는 5~6개의 종자가 들어 있다. 완두는 서늘한 기후를 좋아하여 추위에도 강하고, 답리작으로도 재배할 수 있으며 품질이 매우 우수하여 잘 재배하면 수익성도 높은 편이지만, 수량이 많지 않고 또 만성품종이 많아 지주를 세워 재배해야 하며, 강산성 토양에 약하고 기지현상이 심하여 널리 재배되지 못하고 각 농가에서 소규모로 재배되는 경우가 많다. 콩류 중에 식이섬유소가 가장 풍부하게 들어있는 완두는 꼬투리째 채소로 먹기도 하고, 밥에 넣거나 앙금으로 만들어 먹기도 하며, 통조림으로 가공하여 유통되는 등 다양하게 이용되고 있다.

2. 완두의 기원

완두의 원산지에 대해서 학자에 따라 주장이 다양하다. 더 캉돌(De Candolle)은 코카서스 남부로부터 이란에 이르는 지역이라고 하였고 바빌로프(Vavilov)는 소립종은 아시아 남서부, 대립종은 북아프리카와 지중해 연안이라고 하였다. 이를 종합하면 남부유럽을 중심으로 한 지중해연안에서 서부아시아까지로 추정하고 있다.

3. 완두의 생산과 이용

① 두류 중 가장 서늘한 기후를 좋아하고 추위에도 비교적 강하여 온대 중남부지대에서는 월동이 가능하며 생육기간도 짧다. 주재배지역은 북위 50~55°이다.

② 주성분은 당질이고(전분), 단백질도 풍부하지만 지질은 적다. 어린꼬투리는 단백질과 비타민 A, 비타민 B, 비타민 C가 풍부하다.

③ 팥이나 강낭콩처럼 밥에 넣어 먹거나 떡 또는 과자 속으로 많이 이용된다. 성숙하기 전의 푸른 종실은 통조림을 만들어 식용으로 이용하기도 한다.

④ 답전작으로도 재배할 수 있으며 품질이 매우 우수하여 잘 재배하면 수익성도 높은 편이다.

⑤ 우리나라는 1988년도에 1,518 ha에서 1,839 톤이 생산되었고 세계적으로는 2012년도에 677만 ha에서 1,040만 톤이 생산되었다.

4. 완두의 형태

① 종실 둥글며, 종피색이 녹색, 백색 등 다양하고, 100립중은 20~50g이며, 배꼽은 가늘고 작다. 종실 표면이 둥근 것과 주름진 것이 있다.

② 뿌리 발아할 때 1개의 직근이 나와 주근이 되고, 땅속 1m까지 자라며 측근이 많다.

③ 초장은 왜성이 30cm, 만성은 1~2m에 달하고 줄기는 녹색으로 털이 없고 둥글며 속이 비어있다. 많은 마디에서 가지가 발생한다.

④ 잎은 복엽으로 호생하여 엽축에 보통 2쌍의 소엽이 대생하고 엽축의 기부에 2매의 큰 탁엽이 있으며, 엽축의 끝은 덩굴손으로 되어 있다. 소엽은 난형으로 표면이 매끄럽고 하얀색의 백분으로 덮여있다.

⑤ 꽃은 엽액에서 긴 꽃대(화축)가 나와 1~2개가 달리고 꽃받침에 깊은 결각이 있다. 꽃 모양은 콩과 비슷하고 백색이나 홍색이다.

⑥ 꼬투리는 편평한 원통형으로 콩에 비해 좀 더 크고 표면이 매끄러우며 백분으로 덮여있다. 미숙한 것은 녹색이고 성숙하면 담황갈색으로 변하고 한 꼬투리에 5~6개 종실이 있으며, 성숙한 꼬투리는 봉선을 따라 열린다.

5. 완두의 생리 생태

① 완두는 장명종자로서 4년 정도 발아력을 가지며, 두류 중 발아 최저온도가 가장 낮은 작물로 최저온도가 1~2℃, 최적온도는 25~30℃, 최고온도는 35~37℃ 정도이다.

② 완두는 저온버널리제이션 효과가 인정되어 최아종자나 유식물을 0~2℃ 저온에 10~15일 처리하면 개화가 촉진된다.

③ 개화는 꽃송이의 아랫부분부터 개화하기 시작하는데, 오전 4시부터 개화하여 오전 11시 30분에서 오후 3시 사이에 끝난다. 한 개체의 개화기간은 14~16일이다.

④ 완두는 모두가 자가수정 작물(자식성 작물)로 자연교잡률이 매우 낮아 채종이 유리하다.

6. 완두의 재배 환경

① 서늘한 기후를 좋아하고, 생육기간 중의 고온을 싫어한다. 생육기간 중 건조와 등숙기의 과습은 생육에 불리하다. 생육기간 중 비가 알맞게 내리고 결실기는 일조가 충분해야 한다. 유식물은 냉해나 서리에 잘 견디지만 꽃과 꼬투리는 저온해를 입기 쉽다.

② 토양은 배수가 잘되고 부식이 풍부한 양토나 사양토가 알맞고, 건조와 척박지에 대한 적응성은 낮다. 토양산도는 pH 6.5~8 정도로 강산성토양에는 아주 약하고, 석회가 풍부한 중성~약염기성 토양이 알맞다.

③ 작부체계상 완두는 단작이나 채소류의 전작, 혼작, 간작, 주위작 등 다양한 재배 방식으로 재배되고 추파나 춘파를 한다. 남부지방에서는 답리작으로 추파하기도 하지만 중부지방에서는 답리작이 어렵다.

④ 기지현상이 심한 완두는 두류 중 강낭콩, 땅콩과 함께 연작하면 기지현상이 아주 심하여 생육이 불량해지고 왜화되어 수량이 크게 감소된다. 보통 3~5년씩 윤작을 해야 하며, 산성토에서는 기지현상이 더 심하게 나타나므로 석회를 시용한다. 답리작을 실시하면 연작해도 피해가 심하지 않다.

⑤ 파종기가 중부지방은 3월 하순~4월 상순, 남부지방은 답리작으로 9월 중하순에 추파한다.

⑥ 수량이 10a당 122kg(1988년도)으로 그다지 많지 않고, 만성품종이 많아 지주를 세워 재배해야 한다.

⑦ 부드러운 연협종을 재배하여 꼬투리째 식용으로 하려고 할 경우에는 종실이 굵어지기 전인 개화 후 14~16일경부터 수확해야 한다. 푸른 종실을 식용으로 하고자 할 경우 꼬투리가 변색되어 완전히 마르기 전에 수확해야 하는데, 특히 종실이 녹색을 잃지 않도록 유의해야 한다.

표 3-12 완두의 우량품종 특성표

품종명	육성연도	조만성	용도	적응지역
대협2호	2006	조숙	풋완두	춘파재배는 전국, 추파재배는 남부지방과 제주도
초록	2004	중만생	협채용	중남부지방
상협	2004	조숙	풋협용	남부지방과 제주도
청미	2003	조숙	풋협용	추파재배는 남부지방과 제주도
다청	2002	조숙	풋완두	춘파재배는 전국, 추파재배는 남부지방과 제주도

제4편 서류

제1장 **감자**(Potato, 마령서)

Solanum tuberosum L. (2n=4x(AAAA)=48)

1. 서론

감자는 가지과의 솔라늄(*Solanum*)속에 속하며 기본염색체수(x)를 12로 하는 2배체~6배체까지 있으며 4배체가 주종이다. 원산지로 더 캉돌(De candolle)은 칠레라고 하였으나 요즘은 칠레를 포함한 남미의 안데스산맥이라고 보고 있다. 중국, 인도, 러시아가 주요 생산국이다. 우리나라에는 순조 24년(1824년) 만주의 간도지방에서 전래되었다. 벼, 밀, 옥수수 다음으로 세계 4대 작물로 저온성 구황작물이다. 재배면적이 20ha로 계속 감소하였으나 생산량은 55만톤 내외로 일정한 편이며 자급율은 75% 내외이다.

① 감자는 가지과에 속하는 1년생 작물로 남아메리카 안데스 산맥의 고지대에서 1,000년 전에 이미 현재의 재배종을 재배하였다. 재배가 시작되어 유럽 및 세계 전역으로 전파 된 세계 4대 작물의 하나라 에너지 급원인 탄수화물뿐만 아니라 채소에 많은 비타민 C 등 미네랄 영양소를 고루 지닌 작물이다.

② 잉카제국을 무력으로 정복한 스페인 군대가 수많은 보물과 유물 들을 약탈하면서 신기한 작물인 감자도 함께 가져간 것이다. 그렇지만 감자가 유럽에서 식량작물로 자리를 잡기까지는 온갖 오해와 편견으로 인해 오랜 기간이 소요되었다.

③ 감자가 빠진 유럽과 러시아의 식탁을 상상할 수 없을 정도로 식용작물에서 중요한 위치를 차지하고 있다.

④ 감자는 서늘한 기후에 잘 적응하기 때문에 우리나라에서는 주로 봄에 재배하며 여름철에는 고랭지에서 재배가 이루어진다.

⑤ 고구마와 더불어 단위면적 및 시간당 생산량이 많아 기아문제 해결에 매우 유리한 작물이다. 번식이나 재배 시에 종자가 아닌 괴경(덩이줄기)을 이용한다.

1) 기원

① 감자는 기본염색체수(x)를 12로 하는 배수성을 보이며 2n=24, 36, 48, 60, 72 등 여러 가지 종이 있으며 재배종은 4x(2n=48)이다.

② 감자의 원산지는 재배종의 유연종이 풍부하며 재배역사가 오래된 남아메리카 안데스산맥의 중부고지대(칠레)로 보고 있다.

2) 생산

① 감자는 서늘한 기후에 알맞고 생육적온은 12~21℃이며 23℃ 이상은 생육에 부적당하여 전세계 고랭지에서 주로 재배한다.

② 한국의 감자 주산지는 강원도와 경북이지만, 산간지 어디에서나 많이 재배되고 있다.

3) 재배 경영상의 특징

① 저온작물이므로 서늘한 북부지방에 알맞으며 이 지방에서 수량도 많고 품질도 우수하다.

② 저온기에 파종하여 짧은 생육기간을 지낸 후 수확하므로 일정기간에 생산되는 단위면적당 건물생산량이 어느 작물보다도 높다.

③ 봄재배와 동시에 가을재배도 가능하며 답전작 재배, 윤작 등 토지이용률의 향상에 유리하고 지력을 높이는 데에도 유리하다.

④ 토양적응성이 크고 작황이 비교적 안정적이며 재배가 쉽고 많은 노력을 필요로 하지 않는다.

⑤ 칼로리가 높은 작물에 속하며 이용범위가 다양하고 넓다.

2. 감자의 형태

1) 잎과 줄기

① 감자에서 싹이 나서 생기는 초생엽은 둥글고 작은 홑잎구조이다.

② 성엽은 큰 엽병에 여러 개의 소엽이 마주보고 달리는 복엽구조로서, 줄기 각 마디에 착생하고 취면운동(nyctinasty)을 한다.

③ 지상부의 줄기는 막대기 모양이며, 단면은 처음에는 둥글다가 자라면서 네모 형태가 된다.
④ 줄기 길이에 따라 품종을 단경종(45cm 이하), 중경종, 장경종(60cm 이상)으로 구분한다.

2) 뿌리

① 종자가 발아할 때에는 1개의 직근이 나오고 이어 많은 측근이 발생하여 섬유근을 형성하고, 측근에서 다시 세근이 발생한다.
② 괴경에서 발아할 때에는 줄기에서 섬유상의 측근만이 발생한다.
③ 뿌리는 천근성이고 처음에는 수평으로 퍼지다가 나중에는 수직으로 30cm 정도 자란다.

3) 복지 및 괴경

① 줄기의 지하절에서는 복지(stolon)가 발생하고 그 끝이 비대하여 괴경(tuber)을 형성하거나 새로운 가지를 만든다.
② 복지는 보통품종에서 1포기당 20~30개가 발생하며 긴 것은 20cm에 달한다.
③ 일반적으로 키가 큰 품종이나 만생종은 복지가 길고 조생종은 복지가 빨리 발생한다.
④ 괴경에는 많은 눈이 있는데 기부보다 정부에 눈이 많으며 싹이 틀 때 정단부의 중앙에 위치한 눈의 세력이 가장 왕성하다.

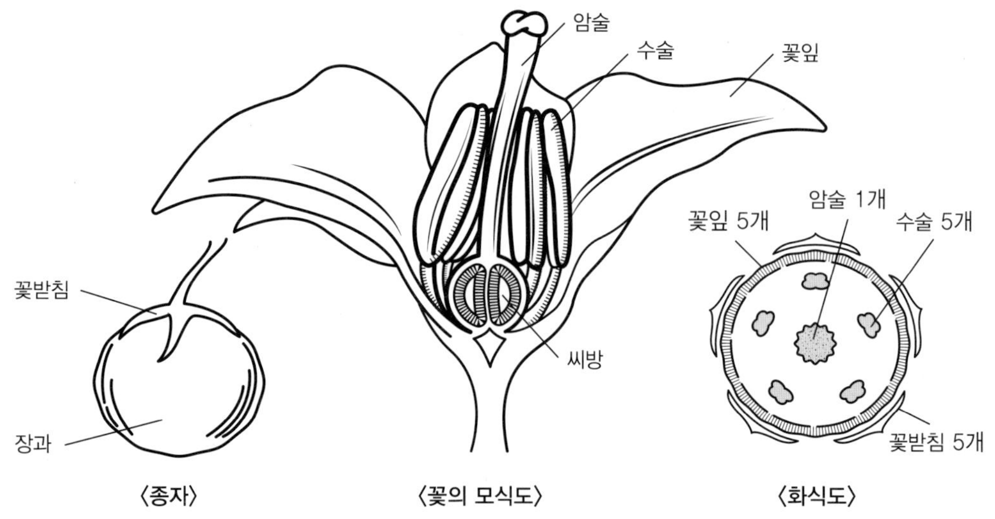

그림 4-1 감자의 화기구조

⑤ 눈의 특성은 품종에 따라 다르며 눈이 적고 얕은 것이 좋은 품질로 인정받는데 발생학적으로 줄기 마디에 해당되므로 이곳에서 새싹이 돋아난다.

⑥ 괴경 단면색은 보통 백색 또는 황색이며 잡색이 섞인 것은 좋지 않다.

⑦ 괴경의 최외부 주피(표피)는 코르크화된 얇은 막으로서 그 속에 함유되어 있는 색소에 따라 감자색이 결정된다.

4) 감자의 화기 구조와 꽃

① 줄기 끝에 달리고(취산화서), 꽃자루가 2~4본으로 갈라지며, 지경에 몇 개의 꽃이 달린다.

② 꽃은 기부가 합착한 5개의 꽃받침, 5개의 꽃잎, 5본의 수술, 1본의 암술로 되어있다.

③ 자방(씨방)은 2실이고 다수의 배주(밑씨)가 있다.

그림 4-2 감자의 재배모습과 개화사진

5) 감자 종자

① 과실은 방울토마토 모양을 하고, 장과에 속하며 지름이 3cm 정도이다.

② 감자는 실생번식이 가능하며 종자는 토마토 종자처럼 납작하고 표면에 털이 있다.

③ 감자는 1개의 과실 안에 200~300개의 종자가 있다.

3. 감자의 생리 생태

1) 생육 과정

① 출아기(맹아기) 파종에서 출아까지의 기간으로서 보통 30~40일이 소요된다.

② 개엽기는 출아한 다음부터 꽃봉우리가 형성될 때까지의 기간으로 5~6매의 잎이 전개되며 최대엽면적의 20% 내외가 전개하고 개화종기에 최대엽면적에 도달한다.

③ 출아와 함께 복지도 발생하기 시작하여 수평으로 자라는데 복지수와 길이의 증대는 착뢰기를 지날 때까지 지속된다.

(1) 괴경형성기

① 복지의 끝이 비대하여 괴경이 형성되기 시작하는 시기로 착뢰기로부터 개화기까지 10~15일의 기간이다.

② 잎은 7~8엽까지 전개하고, 복지신장은 정지하며 괴경수가 결정된다.

(2) 괴경비대기

① 괴경이 비대하는 시기로서 개화기부터 경엽황변기까지 25~30일의 기간이다.

② 줄기신장은 개화성기까지 엽면적 전개는 개화종기까지 지속되며 근군은 신장보다 흡수 위주로 된다.

③ 호흡, 동화, 전류작용이 왕성하며, 신장생장에서 축적생장으로 전환한다.

④ 괴경 비대 초기에 지하부의 포도당 및 자당 함량이 최대가 되고 전분으로 합성되어 과경에 축적된다.

(3) 괴경완성기

① 경엽 황변기부터 경엽 고조기까지 7~15일의 기간이다.

② 전분함량이 더 증가하지 않고 이후에는 괴경의 무게가 약간 감소하며 주피가 코르크화되고 휴면체제로 들어가며 복지에서 괴경이 쉽게 이탈된다.

2) 괴경의 형성과 비대

(1) 괴경형성과 유인

① 괴경이 형성되려면 복지 신장이 정지된 다음에 전분립이 정부에 축적되어 비대하기 시작한다.

② 복지선단부에 생장이 정지된 휴면아가 형성되고 당이 전류하여 전분으로 합성되어 축적되는데 복지선단부 유관속 부근의 피층부에서 전분 합성에 관여하는 포스포릴레이즈(phosphorylase)의 활성은 높아지고, 아밀레이즈(amylase, 아밀라아제)의 활성은 낮아진다.

③ 괴경은 저온단일에서 형성되는데 8~9시간의 단일과 야간온도는 10~14℃가 알맞다. 온도 감응 부위는 잎과 줄기이며 지하줄기나 뿌리와는 별다른 상관이 없다. 일장이 16시간 이상일 경우는 괴경이 거의 형성되지 않는다.

④ 온도와 일장은 상호작용을 하기 때문에 야간 저온에 장일이 좋으나 고온 단일에서도 어느 정도의 괴경형성을 할 수 있으나 고온 장일 조건에서는 GA(지베렐린) 함량이 증가하여 괴경형성이 억제된다.

⑤ 일단 괴경이 형성되면 장일조건에 옮겨지더라도 비대가 계속된다.

⑥ 토양 내 질소함량이 낮으면 괴경 형성이 유리하고 광도는 강한 것이 좋다.

(2) 괴경형성과 생장조절물질

① 지베렐린(GA)은 괴경이 형성할 때 함량이 저하되고 단일조건이라도 GA처리하면 괴경형성이 안되고 복지가 왕성하게 신장한다.

② 괴경형성과 체내 GA활성과의 관계를 볼 때 괴경형성에 억제적인 경우가 GA가 높다.

③ 장일처리한 엽편이 단일처리한 엽편보다 GA 함량이 높다.

④ 고온인 18℃에서 싹이 튼 것이 저온인 13℃에서 싹튼 것보다 GA 함량이 높다.

⑤ 새로운 괴경이나 맹아가 오래된 괴경이나 맹아보다 GA 함량이 높다.

⑥ 욕광처리를 한 것이 하지 않은 것보다 GA 함량이 높다.

⑦ 괴경형성을 촉진하는 생장억제물질은 휴면호르몬인 ABA(abscisic acid)와 페놀성인 생장억제물질의 혼합물질일 것으로 생각된다.

⑧ ABA(abscisic acid)가 괴경형성을 조장하는 물질적 본체라고 본다.

⑨ 생장억제물질인 CCC, B-9 처리 시 괴경형성이 조장되는데 이는 체내에서 GA생합성을 저해하여 GA함량을 저하시키기 때문이다.

⑩ GA함량이 감소되면 생장억제물질축적을 조장하여 괴경이 형성되는데 저온단일에서 GA가 감소되어 괴경을 형성한다.

⑪ 고농도의 오옥신(auxin, 2,4-D, NAA 등), 시토키닌(cytokinin), 에틸렌(ethylene), 쿠마린(coumarin)은 괴경형성을 촉진한다.

(3) 괴경비대

① 형성된 괴경은 세포분열에 의해 세포수와 크기가 커지면서 전분 등을 축적하여 비대하게 되는데 장일조건에서도 비대가 계속된다.

② 괴경비대는 단일조건과 야간의 저온, 인산과 칼륨이 충분해야 하며 질소가 과다하면 엽면적이 너무 커져 괴경형성과 비대가 저해된다. 괴경비대에 알맞은 엽면적지수는 3~4이다.

③ GA는 괴경 형성과 비대를 저해하고 아밀레이즈(amylase) 합성을 조장하여 전분 분해를 촉진하므로 가용성당이 많아지고 전분축적을 저해한다.

④ B-9, 시토키닌(cytokinin)을 처리하면 지상부 생육을 억제하여 괴경비대가 조장된다.

⑤ 괴경이 둥근 것은 길이와 너비가 병행하여 증대되지만, 괴경이 긴 것은 길이가 먼저 증가하고 이어서 너비가 증대된다.

(4) 이상 괴경

① 저장이 잘못되었거나 병에 걸려 몹시 노화된 씨감자에서는 파종 후 싹이 트기 전에 모서(mother tuber)의 저장물질이 그대로 이행하여 작은 새로운 괴경을 형성하는 것으로 GA나 에스렐(ethrel)을 살포하면 아서가 형성되지 않는다.

② 기중괴경은 괴경의 형성이 가능하게 된 괴경을 뽑거나 절단하여 다시 심거나, 감자의 순을 토마토의 대목에 접하거나 하여 지하부의 괴경형성을 억제시키면, 지상부 줄기마디의 액아가 비대되어 괴경과 같은 형태로 되는 것을 말한다.

③ 2차비대생장은 포장이 매우 건조하여 괴경비대가 일단 정지되고 주피가 굳어진 다음 다시 비가 오거나, 기온이 낮아지거나, 추비를 시용하여 괴경이 다시 비대해지면, 일단 굳어진 주피는 골고루 생장하지 않고 내부로부터의 생장압력에 의해 가장 약한 부분이 터지고 새로운 주피를 만들며 비대하여 소돌기가 생기는 것이다.

④ 생육 도중에 고온, 장일, 건조, 통기부족 등의 불리한 조건으로 인해 괴경비대가 저해될 경우 줄기에 달린 채로 괴경 정부에서 싹이 자라는 것을 2차 생장이라고 한다. 2차생장이 되려면 괴경 전분이 일부 당화되어 발아하기 쉽게 되어야 한다.

3) 휴면과 발아

(1) 감자의 휴면과 필요성

① 휴면은 수확 후 일정기간 동안 충분한 발아조건이 갖추어져도 발아하지 않는 것을 말한다.

② 휴면에는 전기, 중기, 후기의 3단계로 나누는데 휴면은 중기가 가장 강하다.

③ 저장기간 동안 휴면을 유지하려면 1~4℃ 냉온저장을 한다.

④ 2기작으로 가을재배(추작)를 할 경우 거의 휴면하지 않는 품종이 재배적으로 유리하다.

⑤ 추작용 품종을 춘작으로 생산하면 휴면이 짧아서 이용면에서 불리하다. 반대로 휴면이 긴 품종을 인위적으로 최아시켜 추작하는 것이 더 유리하다.

(2) 휴면 기간

① 휴면은 품종적 변이가 심하지만 휴면기간은 대체로 2~4개월 정도인 것이 많다.

② 미숙한 감자는 성숙한 것에 비해 눈부분의 싹조직이 분화가 덜 되어 휴면이 길다.

③ 저장온도가 4℃ 저온이면 휴면이 길어지고 10~30℃ 사이의 저장온도에서 온도가 높을수록 휴면타파가 빨라진다.

④ 휴면타파는 고온(35℃)에서 잘 되는데 이는 전분의 당화로 괴경의 당농도는 수확 후 일수가 경과할수록 높아진다.

(3) 휴면 검정

① 수확 후부터 일정한 간격(2주 정도)으로 25℃로 유지시킨 검정기에 비슷한 크기(15g)의 감자 100개를 넣고 발아양상을 검정하여 75%가 발아하게 되는 검정기에 넣은 날을 휴면종료기로 보고, 수확 직후부터 휴면종료기까지를 휴면기간으로 한다.

② 동일한 괴경이라 하더라도 눈에 따라 휴면의 경과가 다르며, 정부의 눈으로부터 기부의 눈을 향하여 점차 휴면이 끝나게 된다.

(4) 휴면 조절

① 휴면타파는 2기작으로 추작재배를 할 때 휴면기간이 긴 품종을 인위적으로 휴면을 타파하여 최아시킬 필요가 있다.

② 물리적 휴면타파는 저장온도를 10~30℃ 사이 온도로 처리하는 것이다. 온도가 높을수록 빨리 타파된다.

③ 저온처리(-4℃)를 2주 동안 한 후 18~25℃ 고온으로 변온처리를 하여 어두운 곳에 저장하면 휴면타파가 촉진된다.

④ 저장고의 산소(O_2) 농도를 3~5% 낮추고 이산화탄소(CO_2) 농도를 2~4% 높여서 10℃로 유지하면 휴면이 타파된다.

⑤ 화학적 휴면타파로 GA, 티오요소(thiourea), 에스렐, 에틸렌클로로하이드린, 린다이트 등이 효과가 있는데 GA가 휴면타파에 가장 효과적이다.

⑥ 산광최아는 이른봄 씨감자를 저온저장고에서 꺼내 보온이 유지되는 시설에서 햇볕을 쪼여주며 싹티우기를 하는 것으로 산광최아를 할 때 야간에 저온이 되지 않게 하고 낮에는 지나친 고온이 되지 않게 한다. 산광최아를 하면 싹이 웃자라지 않고 튼튼해져서 흑지병 등 토양유래 병이 저항력이 높아져 초기생육이 강해진다.

⑦ 강제휴면(휴면연장)은 저장기간을 연장하는 것으로 저온저장(0~4℃), 저장 중 발아억제제(MH 등), 방사선 처리, 저장고의 고농도 O_2, 저농도의 CO_2 조건, 수확 2주 전 MH(maleic hydrazide), 2,4-D, NAA, MENA(methyl ester of NAA)가 효과적이다.

4) 저장물질

(1) 전분

① 괴경의 전분(starch)은 건물 중 70~80%이며 주요성분이고 이용목적도 전분이다. 특히 공업용으로 전 분을 목적으로 할 때는 함량도 높고, 품질도 좋아야 한다.

② 냉랭한 기후에서는 재배하면 전분함량이 높고 전분립이 크며 모양도 고르다.

③ 일반적으로 전분립은 조생품종에서는 작고 만생품종에서는 비교적 크다.

④ 괴경의 전분함량이 같더라도 전분립이 커서 전분제조 시에 빨리 침전되어 유실량이 적은 것이 전분수율이 높으므로 전분립이 큰 것이 품질이 좋다.

⑤ 전분함량은 괴경이 비대함에 따라 비타민 C(ascorbic acid)가 증가되면 아밀라아제(amylase) 활성을 감퇴시켜 당함량이 저하되며, 포스포릴라아제(phosphorylase) 활성이 증대되어 전분합성이 증가한다.

⑥ 휴면 중에는 전분이나 당분 함량변화가 적다.

⑦ 휴면이 끝나면 아밀라아제(amylase) 활성이 높아져서 전분을 분해해 당화하므로 전분합량은 감소하고 당분함량은 증가된다.

(2) 당분

① 감자의 당분(sugar)은 환원당(glucose(포도당), fructose(과당) 등)과 비환원당(sucrose, 자당)이 있는데 괴경비대가 시작할 때에는 거의 환원당만 있다.

② 괴경비대와 더불어 환원당이 점차 감소하고 비환원당이 점차 증가한다.

③ 휴면 중에는 비환원당이 훨씬 많아진다.

④ 휴면이 끝날 때에는 이들 당이 모두 현저히 증가되고, 수부보다 표피 쪽에 많이 분포한다.

(3) 비타민 C

① 감자는 비타민 A는 적지만 비타민 B와 C는 풍부하다. 특히 비타민 C(ascorbic acid)의 중요한 급원으로 괴혈병 예방 및 치료에 효과가 있다.

② 비타민 C는 괴경비대와 더불어 환원형이 급증하고, 저장기간이 경과됨에 따라 산화형으로 바뀐다.

③ 토성의 영향은 적지만 무비구, 무질소구에서는 비타민 C 함량이 매우 저하된다.

(4) 솔라닌

① 감자의 아린 맛을 내고 많이 먹으면 중독되는 경우도 있는데 이는 솔라닌(solanin)이라는 성분으로 감자줄기를 가축사료로 이용할 수 없는 원인이 된다.

② 솔라닌 함량은 품종, 부위, 괴경크기 등에 따라 다르며, 일광에 쬐어 녹화된 괴경의 피부에서 현저하게 증가된다.

③ 식물체의 부위에 따라 함량이 다른데 화기(꽃)는 0.7%, 미숙 과실은 1%, 괴경은 0.01%로 괴경보다 지상부 식물체에서 함량이 높다.

④ 괴경에서는 껍질이 높으므로 껍질을 벗기면 많은 양의 솔라닌이 제거된다.

⑤ 괴경이 클수록 괴경당 솔라닌 함량이 많지만 단위 중량의 솔라닌함량은 적어지기 때문에 큰 감자가 아린 맛이 적다.

(5) 수분함량

감자 수분함량(water content)은 80% 정도로 우리나라 통계자료에서는 ‘생서’와 ‘정곡’ 2가지로 표기할 때 정곡은 생서의 수분함량을 80%로 간주하여(생서 중량×0.2)를 정곡, 즉 말린 감자 수량으로 표기한다.

4. 감자의 품종

1) 일반적 특성

① 평지춘작이나 특히 답리작의 경우 조숙성인 것이 알맞다.

② 평지춘작, 답전작의 경우 휴면기간이 긴 것이 유리하며, 추작의 경우 짧은 것이 유리하나 저장상의 문제가 있다.

③ 대체로 밀식적응성이 높은 품종이 알맞으며, 특히 답전작의 경우 필수적이다.

④ 생산력이 높으며 내병성이 강하고 퇴화정도가 낮아야 한다.

2) 재배형과 품종의 요망특성

(1) 평지춘작(봄재배)

① 조숙, 다수성인 남작 등이 알맞다.

② 내병성으로서 특히 바이러스병, 둘레썩음병, 겹둥근무늬병 저항성이 있어야 한다. 휴면기간이 길어 저장하는 데도 편리한 것이 알맞다.

④ 봄재배는 주로 논의 앞그루재배로 이루어지기 때문에 경지의 활용에서 유리하다.

(2) 평지답전작

① 조기수확이 목적이므로 극조숙성인 수미, 세풍 등이 알맞다.

② 조기수확해도 밀식으로 수량 저하가 적은 밀식적응성이 높은 품종이 알맞다.

③ 내병성이 강하고 휴면기간이 긴 품종이 좋다.

(3) 추작(가을재배)

① 대지와 같은 품종은 휴면기간이 짧아 품종은 추작하기는 편리하나 저장 이용상 문제점이 있다.

② 추작초기에 고온과 토양습도가 높으므로 파종 후 씨감자의 부패성이 적은 것이 좋다.

③ 내병성이 강한 품종이 요망된다.

④ 가을재배는 주야간의 온도차가 점차 커지고 저온 단일조건으로 변화되므로 감자 생육에 유리하다. 춘작은 건조하기 쉽고 추작은 강우량이 충분하여 유리하다.

(4) 산간지 춘하작(여름 고랭지재배)

① 단작형식으로 재배되므로 만식도 무관하고, 이용면 병충해 방제면을 고려하면 조숙성이 유리하다.

② 휴면기간은 평지보다 짧아도 무방하며, 내병성에 강한 것이 좋다.

③ 여름재배는 주로 고랭지대에서 이루어지며 재배기간이 상대적으로 길다.

(5) 난지동작(겨울재배)

① 겨울철 저온환경에서 생육하게 되므로 저온에 잘 적응하고 휴면이 짧은 품종이 알맞다.

② 내병성이 강한 품종이 요망된다.

③ 겨울재배는 주로 기온이 온난한 제주도를 비롯한 중남부지방에서 이루어지고 있다.

3) 이용면과 품종의 특성

(1) 식용

① 관습적으로 선호하는 감자는 크기가 크고, 표피가 매끄러우며 표피가 백색~황색이면서 육질의 색은 백색, 육질은 분상질이다.

② 아린 맛이 적어야 하는데 표피가 홍색, 적색, 자색이거나 목부(xylem)가 깊은 것이 아린 맛이 강하다.

③ 저장성이 좋아야 한다.

(2) 전분용

전분용은 무엇보다 전분함량이 많고 다수성이며 전분 품질도 좋아 전분수율이 높은 것이 좋다.

(3) 가공식품용

가공식품용은 감자칩용으로 제품비율이 높고 환원당함량이 낮아 제품이 갈변하지 않아야 한다. 기름함량이 높지 않으며 바삭바삭한 감촉을 가져야 한다.

4) 주요 품종

(1) 남작

① 1928년 미국에서 도입된 최조의 품종으로 미국의 early rose에서 유래한 극조생 품종이다.

② 오랫동안 재배되어 온 대표적인 품종으로 특히 1950년대부터 1970년대 많이 재배하였다.

③ 조숙다수성이며, 둥글고 굵직하고 담황색이다. 휴면기간이 길어 저장에 유리하고 육질은 분질이며 아린 맛이 적어서 품질이 좋다. 복지도 짧아서 밀식정응성이 높다. 가공용보다 식용으로 적합하다.

④ 역병과 바이러스병에 약한 단점이 있으나 다수확, 단기 재배용으로 장려되었다.

(2) 대지

① 1976년 일본에서 데지마라는 품종으로 도입한 품종으로 우리나라에 1978면 2모작용으로 국가품종으로 등재된 춘추작 품종으로 가장 많이 재배된다.

② 양질, 다수, 만숙성으로서 초세가 왕성하고, 식용 및 가공용으로 모두 가능하다.

(3) 대서

① 1976년 미국에서 포테이토칩용, 가공용으로 육성된 품종이다.

② 우리나라는 1982년 도입되어 1995년 증생종으로 장려품종이 되었다.

③ 재배기의 온도반응이 민감하여 봄재배 작형에서 다수확을 올릴 수 있다.

④ 괴근 모양이 좋으며 고형물 함량이 높고 환원당 함량이 낮아 칩 가공성이 뛰어나다.

(4) 수미

① 1976년 미국에서 도입한 품종으로 조숙다수성이며 눈이 얕아 가공적성이 높다.

② 휴면기간이 남작보다 짧고 모양이나 숙기, 내병성 정도가 남작과 비슷하고, 답전작에 알맞다.

(5) 세풍

① 1982년 캐나다에서 육종되어 1988년부터 국내 장려품종으로 보급되었다.

② 조숙성이며 초세가 왕성하여 괴경착생이 빨라 조기재배용으로 알맞고 가공적성이 우수하여 프렌치프라이용으로 적합하다.

③ 흑지병에는 강하나 바이러스병이나 역병에 약하다.

(6) 조풍

① 우리나라에서 레시(Resy)×수미의 교배를 통해 1988년 극조생종으로 최초로 육성된 품종이다.

② 조기 피복재배와 여름재배용으로 알맞고, 역병에 비교적 강하다.

(7) 남서

① 고령지농업연구소에서 육성되어 1995년 전국에서 재배가능한 장려품종으로 등록되었다.

② 겨울시설재배, 조기재배용 품종으로 극조생이고 식용이다.

③ 상서(상품성 있는 괴경)의 수량이 높아 시장성이 좋다.

④ 역병에는 다소 강하나 더뎅이병에는 약하다.

표 4-1 감자의 용도에 따른 품종 분류

용도		품종
대구분	세구분	
식용	일반 식용	수미, 하령, 대지, 남작, 조풍, 남서, 추백, 조원, 새봉, 자서, 서홍, 신남작, 추영, 추강, 추동 등
	기능성 생식용	홍영, 자영, 자심 등
가공용	감자칩용	대서, 고운, 하백, 가원,가황, 새봉 등
	프렌치프라이용	세풍 등

5. 감자의 재배 환경

1) 기상

(1) 온도

① 감자는 서늘한 기후를 좋아하고, 비교적 낮은 온도에서 지상부의 생육이 왕성하며 괴경비대가 양호하여 수량도 많다.

② 생육온도는 10~23℃가 알맞고 10℃ 이하에서는 생장하지 못하며 23℃ 이상은 생 육에 부적당하고, 맹아~착뢰기까지는 12~16℃, 착뢰 후~개화기까지는 19~21℃가 가장 알맞다.

③ 온도가 높은 평야지에서는 바이러스병이 발생이 많고, 음냉하면 역병이 심해진다.

(2) 일사

감자 단엽의 광포화점은 최대일사량의 30%(30Klux)지만, 포장에서 군락광합성은 일사량이 비교적 많아야 한다.

(3) 일장

① 괴경의 형성 비대는 단일조건이 좋으며 괴경형성에는 9~11시간, 괴경 수량은 12~13시간의 일장에서 가장 많다.

② 단일에 의한 성숙촉진은 조생종보다 만생종(감광성)에서 더욱 현저하다.

2) 토양

(1) 재배토양

감자는 척박한 토양에도 적응하지만 비옥한 토양에서 수량이 많으며, 부식이 많고 경토가 깊은 사양토가 가장 알맞다.

(2) 수분요구량

수분요구량이 비교적 많은편이며 요수량은 554~717 정도이다.

(3) 토양수분

① 최대용수량의 80% 정도로 비교적 수분이 넉넉해야 생육이 좋다.

② 토양통기가 잘 되어야 하고 과습상태는 괴경 부패를 초래하여 매우 해롭기 때문에 배수가 잘 되어야 한다.

(4) 토양산도

① pH 6.0~6.5가 알맞지만, 산성토양에 대한 적응성이 높다.

② 강산성토양에서는 검은점박이병이, 중성~알칼리성에서는 더뎅이병이 많이 발생한다.

6. 감자의 재배 기술

1) 작부체계

① 감자는 비교적 연작(連作)에 견디기는 하지만 오랫동안 연작하면 풋마름병, 무름병, 선충 등 토양전염 병충해가 만연하여 기지현상이 나타나므로 채종재배는 3~4년 주기로 윤작하는 것이 알맞다.
② 감자는 지력이 낮아지면 곡류보다 적응성이 낮아지고, 산간 경사지에서 감자를 단작(單作)하면 토양침식을 조장한다.
③ 평야지대에서는 가을채소의 앞작물로 가장 많이 재배되며 답전작이나 조기재배답의 수도 후작으로도 재배되고, 밭에서는 맥후작으로 추작재배를 하기도 한다.
④ 준산간지에서는 간작(間作) 형식으로 콩의 전작으로 재배되기도 한다.
⑤ 산간지에서는 단작형식으로 재배하지만, 콩, 조, 옥수수 등과 윤작한다.

2) 감자 채종

(1) 씨감자(종서)의 퇴화

① 고랭지에서 생산되어 병이 없고 충실하게 생육한 것을 저온기의 단기간만 저장한 씨감자에 비해 평난지에서 생산되어 충실하게 생육하지 못하고 병에 많이 걸린 것을 고온기가 포함된 장기간 저장한 씨감자의 생산력이 떨어지는 현상을 말한다.
② 씨감자는 평난지재배 1년만에 거의 퇴화되고 퇴화정도는 당년에 30~60% 생산력이 저하되며 대체로 내병성이 약한 조생종보다 내병성이 강한 만생종에서 퇴화가 적게 일어난다.

(2) 퇴화의 원인

① 병리적 퇴화는 진딧물이 매개하는 바이러스병으로 고랭지에서는 진딧물 발생이 적고 서늘한 기온도 바이러스 전염에 억제적이다.
② 생리적 퇴화는 씨감자의 수확 후 저장하는 동안 호흡작용에 의해 일어난다. 평난지는 고랭지보다 생육기간이 짧고 생육기간 중의 기온도 높아 씨감자가 충실하지 못하다. 보통 평난지는 저장기간이 길며 저장초기에 고온다습한 장마철을 경과하고 고온으로 영양소모가 심하여 저장 중 휴면에서 깨어나 발아하기도 한다.

3) 감자 채종재배 방식

(1) 고랭지 채종

① 씨감자의 퇴화를 막기 위한 가장 좋은 채종방식으로 무상기간이 140일, 8월 평균기온 21℃ 이하가 되는 고랭지는 생육기간이 길고 저장기간이 짧으며 바이러스병을 매개하는 진딧물 발생이 적기 때문에 건전하고 굵은 씨감자를 생산할 수 있다. 고랭지는 평난지보다 병리적, 생리적 퇴화가 억제되기 때문에 채종지로 유리하다.

② 씨감자생산 체계로 기본종은 건전한 감자의 식물체로부터 조직배양을 통해 생산한다.

③ 감자 채종재배에서는 3~4년의 윤작을 해야하고 증식배율이 10배에 불과하여 종자소요량이 많아야 하므로 채종면적이 넓어야 한다.

(2) 추작 재배 채종

① 가을에 수확한 씨감자(추작재배)가 이듬해 춘작용 씨감자로 쓰면 저장 중의 양분소모가 적어 여름에 수확한 씨감자(춘작재배)를 쓰는 것보다 생육이 왕성하다.

② 해안지대에서는 바이러스병을 매개하는 진딧물 발생이 적어 병충해를 철저히 제거하면 추작재배로 씨감자를 생산할 수 있다.

③ 추작재배로 채종하여 무병 씨감자를 생산하고 파종하면 고랭지산 씨감자에 준한 높은 생산력을 나타낸다.

(3) 평난지춘작 채종

① 씨감자 생산방식으로 알맞지 않지만 농가에서 부득이 자가채종하는 경우가 많다. 이때는 바이러스병과 둘레썩음병의 만연을 억제하는 데 힘써야 하고, 저장을 잘해야 한다.

② 생육 중 살충제를 자주 살포하여 진딧물을 방제하고 건전한 포기만 일찍 수확하면 바이러스 이병률이 낮아진다.

③ 육아재배(육아온도는 15~18℃)를 하여 수확기를 훨씬 빠르게 하면 진딧물에 의한 바이러스 전염이 줄어든다.

(4) 소립 씨감자(minituber)의 이용

① 절단하지 않고 파종하기 때문에 기계파종이 용이하고, 절단노력이 절약된다.

② 결주가 생기지 않고 둘레썩음병 발생이 적으며 바이러스 이병률을 낮게 할 수 있다.

③ 절단하지 않고 전체를 심기 때문에 세력이 왕성한 정아만을 이용할 수 있어 생산력이 높다.

④ 소립 씨감자를 생산하려면 밀식하고 싹솎기(제얼)를 하지 않아야 한다.

⑤ 소립 씨감자는 진딧물 발생성기에 지상부를 절단해도 생산할 수 있고, 또 수확기를 빠르게 해도 생산할 수 있으므로 바이러스병의 이병률을 낮게 할 수 있다.

(5) 진정종자의 채종

① 대부분 감자의 바이러스병은 종자로 전염되지 않으므로 진정종자를 이용하면 바이러스 이병률이 낮아진다.

② 진정종자를 이용한 채종 재배 시 씨감자 생산 비용이 절감된다.

③ 진정종자의 능률적 채종을 위한 우수교배조합 선발과 재배법이 연구되어야 한다.

3) 감자 파종

(1) 파종기

① 춘하작은 늦서리에 의한 지상부의 동사가 없는 한 일찍 파종하는 것이 좋다.

② 추작은 기온이 낮아진 후 파종하지만, 생육기간 확보를 위해 대체로 고온기에 파종한다.

(2) 씨감자 처리

① 잘 저장한 무병 씨감자는 정아의 세력이 가장 왕성하여 절단하지 않고 전체를 심는 것이 가장 증수되지만, 씨감자 소요량이 많아야 하므로 작은 것은 종절(縱切)하고 굵고 큰 것은 종횡으로 눈을 고르게 분포시켜 4절(切)하여 파종한다.

② 절단 방향은 정아부에서 기부 쪽으로 잘라야 세력이 균일하고, 쪽당 1개 이상의 눈이 있어야 한다.

③ 씨감자는 크기가 30~40g 정도인 것이 알맞으며, 이 크기는 절단하지 않고 전체(whole) 종서를 심고, 60~80g인 것은 반으로 자르고, 더 큰 것은 종서량을 절약하기 위해 보통 4등분하여 심는다.

④ 절단용 칼은 바이러스, 둘레썩음병 등의 전염을 예방하기 위해 승홍수나 끓는 물로 소독한 후 씨감자를 자른다.

⑤ 씨감자를 절단한 후 온도 15℃, 습도 70~80% 조건에서 2~3일간 절단면을 치유하는데 파종하기 약 10일 전에 절단하는 것이 좋다.

⑥ 씨감자 절단면에 흔히 마른재를 묻혀서 심기도 하는데, 재는 칼리(K) 비료의 공급으로 생육상 유리하지만 부패방지 효과는 없다. 소석회나 유황을 묻히면 부패방지 효과가 있다.

⑦ 감자를 수경재배하거나 습할 때 수확하면 피목(껍질눈)이 열리는데 균에 감염되어 부패하기 쉽다.

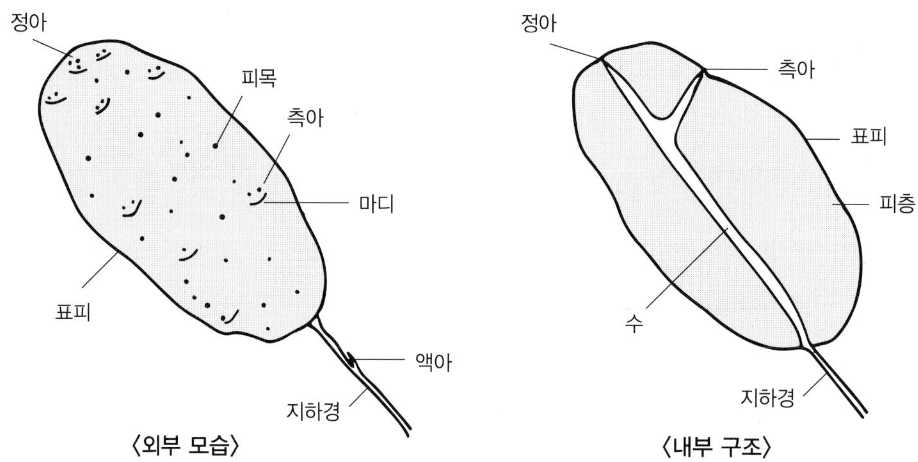

그림 4-3 감자의 외부와 내부 명칭

그림 4-4 감자를 재배하기 위하여 종서를 절단한 모습

(3) 파종법

생육초기에 북주기를 해야 하므로 골에 파종하며, 절단면이 밑을 향하도록 놓고 5~6cm의 깊이로 복토한다.

4) 감자 시비

① 최적 감자비료를 성분함량으로 보면 지상부와 지하부 모두 칼륨이 가장 많이 필요하고, 다음이 질소, 인산은 현저히 낮은 3-1-5 비율이 좋다.

② 질소는 칼륨보다 흡수량은 적지만 수량을 가장 크게 지배하는 요소이다.

③ 퇴비는 일반적으로 다른 작물에 비해 효과가 크지 않지만 지력유지 측면에서 반드시 시용해야 하는데, 중거름으로 주되 출아 후 되도록 빨리 주는 것이 좋다.

5) 감자의 재배관리

① 씨감자의 발아가 끝난 다음 강한 싹만 2본쯤 남기고 나머지는 밑동으로부터 완전히 제거한다.

② 적당한 김매기와 북주기를 실시하고 산간부에서는 감자꽃과 과실이 많이 달릴 경우에는 적화한다.

7. 감자의 병충해

1) 바이러스병

(1) 종류와 병징

① 감자 바이러스병은 종류가 많고, 생산력을 저하시키는 가장 큰 원인이며, 아직 치료법이 없다. 병든 씨감자와 식물체를 검정하여 제거하고, 진딧물 등의 매개곤충을 구제하여 전염을 억제해야 한다. 일반재배에서는 방제가 곤란하므로 채종재배에 의해 생산된 무병종서를 재배하는 것이 가장 좋은 방법이다.

② 종류는 X, Y, 잎말림 바이러스의 피해가 크다. X 바이러스(PVX)는 엽맥 간 농염의 모자이크 병반이 생기거나, 엽맥간에 괴저가 생기거나 위축엽이 생긴다. 전염력이 강하며 진딧물에 의해 전염되지는 않고 병든 잎의 즙액이 마찰에 의해 묻었을 때 전염된다.

③ Y 바이러스는 진딧물이나 절단 칼, 마찰 등에 의해 전염되며, 엽맥간에 괴저가 생기고 잎이 부분적으로 또는 전체가 고사하며 잎이 우툴두툴해지면서 포기 전체가 위축되기도 한다.

④ 잎말림병(PLRV)의 병징은 잎이 담색이 되면서 거칠어 보이고 말리며, 키가 작아지고 초형이 납작해 보인다. 주로 진딧물에 의해 전염되며, 즙액의 접촉으로는 전염되지 않는다.

(2) 바이러스 검정법

① 개별검정법은 괴경마다 개별적으로 번호를 붙이고 병든 모괴경을 도태한다.

② 괴경단위재식법은 한 괴경의 2~4편을 인접 파종하여 병든포기 검정효율을 높인다.

③ 혈청반응검정법(ELISA)은 항원항체반응을 하면 동종의 바이러스는 침강반응을 보인다.

④ 접종검정법 지표식물에 즙액을 접종하여 병징발생 여부로 판단한다.

⑤ 전자현미경에 의한 검정법으로 바이러스 종류를 판별하려면 고도의 숙련이 필요하다.

(3) 바이러스 방제법

① 저항성품종의 육성은 대체로 조생종보다 만생종이 강한 경향이다.

② 진딧물 등의 바이러스 매개곤충이 적은 고랭지가 가장 알맞으나 해풍이 불어서 진딧물이 적은 서해안지대도 추작채종지로 알맞다.

③ 무병씨감자는 굵은 씨감자를 선택하여 파종하면 바이러스병이 적어진다.

④ 이병주 제거로 생육중 이병된 포기를 철저히 제거한다.

⑤ 진딧물 등 매개곤충의 살충제를 자주 살포하여 매개곤충을 철저히 구제한다.

⑥ 조숙재배는 잎에 전염된 바이러스가 괴경까지 도달하는데 2~3주 걸리므로 조기수확을 하면 바이러스 이병이 경감된다.

⑦ 절단기구의 소독은 씨감자 절단 시 절단기구를 잘 소독하여 즙액전염을 방지한다.

⑧ 조직배양으로 생장점 조직은 왕성하게 세포분열을 하므로 바이러스에 감염된 식물이라 하더라도 바이러스가 거의 없다. 따라서 생장점 부근의 조직만을 무균적으로 절취하여 인공배양하여 새로운 식물로 키우면 바이러스가 없는 식물을 육성할 수 있다.

2) 진균병

표 4-2 감자에 발생하는 병

번호	병명	병원균	전파(매개충)	월동형태/장소	특징
①	감자역병	진균(조균류)	바람, 관개수, 씨감자	흙 속의 병든 감자, 씨감자	중요 병해
②	감자 더뎅이병	세균	바람, 물, 오염된 흙	병든 씨감자, 흙 속	건조한 알칼리성 토양에서 발생
③	감자 검은무늬썩음병	진균(담자균류)	씨감자, 토양	식물체 잔사물에서 월동	저온다습 조건에서 발병

(1) 역병

① 역병(late blight)의 병원균은 *Phytophthora infestans*로 진균(조균류)이며 균사로 흙 속의 병든 감자나 씨감자에서 월동한다.

② 기온이 20℃ 내외, 습기가 냉랭한 시기에 많이 발생하는데 이때 자극성 냄새를 발생한다. 우리나라에서 가장 많은 피해를 준다. 영국 아일랜드에서 1940년대 말에 대기근을 초래한 병이다.

③ 병징은 지표면에 수침상의 부정형 병반 확대되며 암갈색 병반의 뒷면에 서리 모양의 곰팡이, 병든 잎은 위로 말리면서 고사, 덩이줄기에는 담갈색의 병반이 커지며 썩는다.

④ 건전한 씨감자 선별 소독하여 재배하고 저항성 품종을 재배한다.

⑤ 침수되지 않도록 배수를 철저히 하고 발병지는 돌려짓기한다.

⑥ 개화기에 약제를 살포하고 수확 시 괴경에 상처가 나지 않도록 주의한다.

(2) 검은무늬썩음병

① 검은무늬썩음병(black scurf, 흑반병)의 병원은 *Rhizoctonia solani*로 진균(담자균류)에 속한다.

② 매우 여러 그룹의 균사 융합군과 배양형이 존재하고 균사의 생육 적온은 23~29℃ 정도이다.

③ 병징은 줄기에 부정형의 궤양 증상을 보이고 괴경에는 여러 줄의 홈이 생기거나 기형이 된다.

④ 건전한 씨감자 선별하여 씨감자를 소독한 후에 재배한다.

⑤ 토양이 다습하지 않도록 관리하고 윤작을 한다.

⑥ 수확 후 이병토양에 남은 잔사물을 제거한다.

(3) 검은점박이병(흑지병)

① 발병은 토양수분이 높고 온도가 낮을 때 산성토양에서 많이 발생하고, 씨감자를 통해서도 전염된다.

② 병징은 괴경에 피목을 중심으로 하여 갈색병반이 생기고, 나중에 건부하는 수도 있지만, 대개 더뎅이 모양으로 되어 금이 생기며, 흑갈색 균핵이 콜타르를 발라 놓은 것 같이 산생하여 병반이 검어지게 된다.

③ 전염경로는 균핵, 균사 등으로 씨감자 또는 토양에서 월동하여 전염한다.

④ 방제법은 비기주작물(병과나 두과작물)을 3년 이상 윤작(돌려짓기), 저항성 품종이나 무병씨감자 재배, 무병지에서 채종, 씨감자 소독, 토양산성을 중화, 춥고 배수가 안 좋을 때 많이 발생하므로 배수관리를 철저히 한다.

(4) 겹둥근무늬병

① 평야지 재배에서 생육초기에 비료분이 결핍되고 고온다습한 날씨가 지속되면 많이 발생한다.

② 병징은 잎에 동심윤문의 갈색 또는 흑갈색 병반이 생기고, 심하면 잎 전체가 시들어 말라 죽는다. 괴경 표면에는 원형 또는 부정형의 움푹한 암색 병반이 생기며, 건전부와의 경계가 뚜렷하고, 피하 6mm까지 갈변하며 코르크화되어 건부한다. 잎이나 괴경 병반부에서는 검은곰팡이가 발생한다.

③ 전염경로는 피해부의 균사 혹은 분생포자가 월동하여 이듬해 봄에 바람으로 전염된다. 가지과 식물에도 발생하여 전염원이 된다.

④ 방제대책으로 조생종을 일찍 수확해야 피해가 적다. 윤작과 충분한 시비를 하며 발생기에 다이센M45와 같은 약제를 살포한다.

(5) 절편부패병

① 감자를 절단한 후 관리를 잘못하여 절단면이 부패하고 갈색이나 흑색 반점이 생기면서 짓무르는 병해로 절편부패병이 걸린 감자를 파종하면 싹이 나지 않아 결주가 많아진다.

② 원인으로 절편부패는 씨감자 싹트우기를 할 때 온도가 너무 높고, 건조하거나, 직사광선에 노출되면 많이 발생하고, 저장중 환경이 불량해도 발생한다.

③ 대책은 시원하고 습도가 높은 환경에서 씨감자의 절단면을 치유하고 파종하는 것이 좋다.

3) 세균병

(1) 더뎅이병

① 더뎅이병(common scab, 창가병)의 병원균은 *Streptomyces scabies*로 세균이다.

② 병든 씨감자와 흙 속에서 월동하며 토양온도가 25℃ 전후의 건조하고 자갈이 섞인 알칼리 토양에서 발생이 많다.

③ 병징은 괴경에 발생하여 외관을 나쁘게 한다. 처음 갈색의 작은 점무늬가 커지며 거칠고 코르크화되어 부스럼같이 변한다.

④ 건전한 씨감자 선별하여 씨감자 소독 후 재배한다.

⑤ 토양을 산성으로 개량하고 윤작을 한다.

⑥ 수확 후 토양에 남은 이병 식물체의 잔재물을 제거한다.

(2) 풋마름병

① 풋마름병(bacterial wilt, 청고병)의 병원균은 *Ralstonia solanacearum*이며 그람 음성 세균으로 3~4년 생존하며 감자 외에 가지, 토마토 등의 작물에서도 나타난다.

② 연작한 토양에서 비가 오랫동안 계속되다가 고온다습한 날씨일 때 많이 발생하고 강산성 토양에서는 발생이 적다.

③ 병징은 전체 줄기가 갑자기 시들고 밑의 잎부터 갈변한 후 고사한다. 병이 진전되면 줄기의 내부조직이 갈색으로 되고 줄기의 한쪽에 약한 오목한 흑갈색의 변색부가 조생하며, 뿌리도 갈색으로 변한다. 이런 포기의 괴경 단면은 도관부가 갈색의 수침상으로 부패하며, 뿌리도 갈색으로 변한다. 이런 포기의 괴경단면은 도관부가 갈색 수침상으로 부패하며, 심한 것은 내부가 썩어 공동이 생긴다.

④ 전염경로는 주로 토양전염을 하나 씨감자의 상처를 통해서도 전염된다.

⑤ 방제법은 윤작을 하고 무병지에서 채종하며 병든 감자를 제거하고, 포장의 배수를 꾀한다. 1년쯤 담수하면 병균이 죽는다.

(3) 둘레썩음병

① 둘레썩음병(ring rot, 윤부병)의 병원균은 그람(Gram) 양성균으로 덩이줄기 내에서 겨울을 나지만 토양 중에서는 겨울을 나지는 못한다.

② 병징은 병든 괴경을 절단해 보면 유관속이 담갈색이나 흑갈색으로 변하며 주피가 적갈색이 된다.

③ 발생하면 개화기부터 포기당 1~2줄기가 시들고 밑으로부터 잎이 황변하며 이후에 괴저를 일으키고 흑갈색으로 위조되고 고사한다.

④ 유관속은 갈변하고 복지는 투명한 갈색으로 된다. 병에 걸린 줄기의 기부나 괴경을 절단하여 꽉 쥐면 유백색의 즙액이 침출한다.

⑤ 전염경로는 주로 씨감자로 전염되며, 절단할 때 병든 감자로부터 절단기구를 통해 건전한 씨감자에 전염되기도 한다.

⑥ 방제법으로 저항성 품종을 재배하고 무병지에서 채종하며 병든 씨감자를 제거한다. 절단기구를 철저히 소독하며 화곡류나 두류와의 윤작을 한다.

(4) 무름병

① 무름병(soft rot, 연부병)은 감자가 재배되는 곳 어디서나 발생하며 저장 중인 감자에서도 많이 발생한다.

② 괴경이 담갈색으로 변하여 즙액이 나오고 썩어 특수한 냄새가 난다. 지상부에는 수확기 가까이에 땅가의 잎에 암록색 또는 암갈색 병반이 불규칙하게 생기고 번져서 젖은 모양으로 썩으며, 줄기에는 암갈색의 병반이 생기고, 속이 썩어 공동이 생기면서 쓰러진다.

③ 전염경로는 씨감자와 토양을 통하여 전염되며, 썩은 감자의 즙액이 묻어도 전염된다.

④ 방제법은 병든 씨감자를 제거하거나 씨감자를 소독하며 배수를 잘되게 하고 윤작을 한다.

4) 해충

(1) 선충

① 선충(nematode)의 병징은 연작할 때 원통형의 근부선충이 피해를 입히는데, 뿌리에 담갈색의 작은 반점이 선상으로 생겼다가 커지면서 썩기 시작한다. 괴경에 큰 피해는 없으나 피해를 많이 받으면 오목한 병반이 생기며 썩기도 한다.

② 방제법은 연작을 피하고 피해를 입은 씨감자를 제거해야 하며 저항성품종을 재배한다.

③ 도둑나방 유충이 줄기를 자르므로 살충제 살포에 힘쓴다.

(2) 진딧물

① 진딧물(aphid)은 감자에 가장 큰 피해를 주는 해충으로 복숭아혹진딧물, 목화진딧물, 싸리수염진딧물, 감자수염진딧물 등이 있다.

② 감자 잎의 수액을 빨아먹음으로써 잎이 수축하는 직접해보다 바이러스병을 매개하는 피해가 훨씬 심각하다.

③ 파종 전에 토양침투성 살충제를 토양에 뿌려주고 잎이 자라는 동안 델타메트린, 피메트로진, 벤퓨라카브, 이미다클로프리드, 메타시톡스(Metasystox) 등의 진딧물 방제약을 살포한다.

5) 감자의 생리 장해

그림 4-5 감자의 생리장해 유형들

8. 감자의 수확과 저장

1) 수확

① 수확적기는 경엽이 황변하고, 괴경이 완숙하여 전분축적이 최고에 달하며 표피가 완전히 코르크화되어 내부에 밀착하고 벗겨지기 힘들 때이다.

② 수확작업은 토양이 건조할 때 하는 것이 좋고, 상처나지 않고 표피가 벗겨지지 않아야 저장 중에 부패가 적어진다.

③ 너무 일찍 수확하면 전분축적이 불충분하여 품질이 낮아지고 수량이 적으며 표피는 벗겨지기 쉬워 저장 중 부패하기 쉽다. 너무 늦게 수확하면 부패하기 쉽다.

④ 토양이 습하면 성숙한 괴경의 피목이 커져서 희게 부풀고, 부패균이 쉽게 침입하여 수확 전후의 부패를 조장한다.

2) 저장

(1) 예비저장

① 예비저장(하계저장, 가저장)은 감자를 수확한 다음부터 겨울의 본저장까지의 보관과 관리를 말한다.

② 고랭지에서는 예비저장 기간이 짧지만, 평난지에서는 길고 기온도 높기 때문에 잘 관리하지 않으면 부패가 많아진다.

③ 수확 후 오랫동안 직사광에 노출되면 감자가 녹변하고 솔라닌 함량이 증대되어 아린 맛이 더해지고, 외관과 식미가 매우 불량해진다.

(2) 감자의 부패 기작

① 박테리아나 균류가 감자 표면에 묻어 있다가 괴경 속으로 침입하여 부패시킨다.

② 체내침입로는 상처나 피목 등인데 습할 때 피목이 커져서 미생물이 쉽게 침투한다.

③ 직사광은 상처를 속히 아물지 못하게 하므로 부패를 조장한다.

④ 고온다습한 환경은 미생물 번식과 체내침입을 조장하여 더욱 부패시킨다.

(3) 큐어링(curing, 상처치유)

① 수확작업 시 발생한 상처로 인한 부패를 막기 위한 작업이다.

② 저장 중 부패를 적게 하려면 상처없는 무병감자를 저장해야 하는데, 큐어링을 하면 상처가 빨리 아문다.

③ 온도는 12~18℃, 상대습도 80~85%에서 10~14일 정도 보관했다가 방랭하고 저장한다. 즉 상대적으로 고온다습 조건에서 큐어링을 한다. 온도가 22℃ 이상이 되면 호흡량과 세균 감염이 급속히 증가한다.

④ 큐어링이 끝난 감자는 직사광이 들지 않고, 온도가 낮고 바닥이 습하지 않고, 통기가 잘되

는 넓은 창고에 수확한 감자를 얇게 펴서 저장하면서 감자를 고루 마르게 하고 썩기 시작하는 것은 속히 제거해 주는 것이 좋다.

3) 본저장(동계저장)

① 본저장은 0℃ 이하의 기온이 지속되는 때 쯤 본저장을 실시한다. 호흡량을 줄여 체내대사를 최소한으로 억제시킨다.

② 온도 3~4℃가 최적온도이고, -1℃ 이하에서 동해를 입고, 7~8℃ 이상에서는 발아와 부패의 우려가 있다.

③ 습도 80~85%가 최적습도이고, 감자가 젖을 정도가 되면 부패하기 쉽고, 너무 건조하면 저장 중의 수분손실로 감량이 커진다.

4) 저장 중의 발아억제법

① 온도는 3~4℃의 유지가 가능한 저장시설을 이용한다.

② 방사선 처리로 방사선량 7~15Krad로 처리한다.

③ 약제처리는 MH-30(수확 전 처리), 벨비탄(Belvitan K)을 처리한다.

9. 감자의 특수재배

1) 종자 번식

① 일반재배는 종자를 파종할 필요가 없지만, 교잡육종이나 계통분리를 할 경우 종자번식이 필요하다.

② 개화 및 결실 감자는 고랭지에서는 자연상태에서 개화· 결실하기 쉽지만 평난지에서는 개화, 결실하기 어렵다.

③ 저온(20℃ 이하)에서 장일상태에 놓이면 개화하지만 15~20℃에서 임성화분이 형성되므로 20℃에서 개화하여 수분되도록 해야 수정과 결실이 좋다.

④ 개화하게 된 꽃의 화분이 날리기 전에 제웅하고 1~2일 후 개화했을 때 주두에 화분을 묻히고 봉투로 씌운다.

⑤ 감자는 이른 아침에 개화하고 개화 후 4일이면 시든다. 감자는 자가수정 작물이기 때문에 밀선이 없고 풍매로 수분되지도 않는다.

⑥ 종자채취는 개화 후 4~6주 후 과실이 성숙하면 종자를 분리하여 건조시킨후 저장한다.

⑦ 감자종자는 봄에 온상에 파종하여 육묘하고 이후 정식한다. 실생 1년째의 괴경은 작고 2년째는 정상적 괴경이 달린다. 가을에 채종하여 온실에서 겨울에 실생을 하여 육성하면 육종연한을 줄일 수 있다.

2) 감자의 육아재배

(1) 이용성

① 감자를 육아하여 정식하고 생육의 전반기를 PE(polyethylene) 비닐로 멀칭하면 중부평야지대에서 6월 상순까지 상당히 수량이 높아져서 조기출하용으로 알맞다. 답전작이 가능하여 논의 이용도를 높일 수 있다.

② 조기에 수확하면 진딧물 피해기간이 짧아져서 바이러스병 전염이 낮아 씨감자 생산도 알맞다.

(2) 육아 및 정식

① 육아착수기의 정식기는 기온조건에 따라 다른데, 중부평야지는 3월 중순에 육아하여 4월 초에 정식하고 PE로 피복하고, 남부평야지는 10일 정도 빠르다. PE 비닐 멀칭재배는 조생종보다 만생종에서 멀칭효과가 크다.

② 육아 적정온도 20℃보다 높으면 싹이 도장하고 연약해지므로 육아는 15~18℃가 알맞다.

③ 정식은 싹의 길이가 2cm 정도되면 본포에 정식하는데 다소 밀식하고 돋아난 싹과 뿌리가 상하지 않도록 취급한다.

④ 답전작으로 재배할 경우 생육중 비가 많을 때는 미리 배수가 잘 되도록 정지하고 정식한다.

(3) 관리

① PE(polyethylene)를 평상(平床)식으로 덮었을 때 싹이 왕성하게 자라면 싹부분만 뚫어주고, 배토기가 되면 멀칭을 모두 제거한다.

② 생육적온으로 낮 온도는 15~24℃, 밤 온도는 10~14℃, 괴경형성 비대는 17℃가 가장 좋다.

③ 후작물인 벼를 재배하려면 6월 10일까지 수확하는 것이 필요하고 경제적이다.

3) 감자의 가을재배(추작)

(1) 재배와 이용도

① 추작으로 생산된 씨감자는 저장 중 노화되지 않고, 진딧물이 극히 적은 서해안지대에서 알맞게 재배하면 바이러스병이 발생하지 않아 고랭지 채종을 대신할 수 있는 채종법이다.

② 휴면이 짧은 품종(도원 등)은 직파로 추작할 수 있고 서리가 내리는 상강(24절기의 하나)에 수확하면 다음해 초여름까지 식용할 수 있다.

③ 수도(벼)의 조기재배 후작으로 재배하면 논 이용도를 높일 수 있다.

④ 채종용으로 추작할 때는 춘작 장려품종(남작 등)을 재배하고 춘작 장려품종은 휴면이 길어 춘작 감자를 최아시켜 추작한다.

(2) 추작 환경

① 봄재배(춘작)보다 추작 환경이 생육기간은 별 차이가 없고 오히려 유리한 점이 많다.

② 괴경비대기(생육 중후기)의 기상환경으로 춘작 시는 고온장일이지만 추작 시는 저온단일이 되어야 더 유리하다.

③ 춘작 시는 강우량이 적고 건조하지만 추작 시는 강우량이 충분하다.

④ 추작의 애로점은 정식 후 비가 계속 오면 토양이 포화상태에다 고온기이므로 씨감자 조각이 발아하기 전에 부패하여 결주가 많이 발생한다. 따라서 추작은 배수가 잘되는 토양을 선택해야 한다.

⑤ 고온 조건은 감자생육에 불리하지만 추작 생육기간을 확보하기 위해서 정식시기를 앞당기면 증수할 수 있다.

(3) 최아처리

① 감자는 휴면타파와 최아를 유도하기 위해 지베렐린(GA)과 에스렐(ethrel)을 혼합하여 처리하면 최아에 좋다.

② 지베렐린(GA) 처리는 도장을 유발하지만 저농도 처리는 도장이 적으며 휴면타파에 효과가 있어 우리나라에서 추작재배가 가능하다.

③ 에스렐(ethrel) 처리는 지베렐린(GA)과 달리 도장하지 않고 싹이 소담하여 더 유리하다.

(4) 최아 방법

① 최아처리를 하더라도 본밭에 직파하면 출아기간 중 부패할 우려가 크기 때문에 최아상에서 최아시킨 후 정식하는 것이 좋다.

② GA처리는 어느 품종이나 유효하지만 미숙한 작은 감자(소저)의 경우 처리효과가 낮고, 미니튜버(minituber, 조직배양으로 생산한 직경 1~2cm 크기의 통감자)보다 절단서의 처리효과가 더 크다.

③ 절단면이 자외선이 강한 여름 직사광을 받으면 유상조직 형성을 저해하여 최아 중 부패한다.

④ 최아 중 씨감자 절편이 토양통기가 잘되고 축축하고 서늘하게 유지되야 절단면이 잘 아물고 싹이 잘 튼다.

(5) 정식 및 관리

① 가을재배의 추작재배는 좋은 씨감자를 4등분한 다음 최아하여 조기(8월 초)에 배수가 잘 되도록 심는 것이 증수의 핵심이다.

② 포장은 전작물로 가지과 작물을 재배하지 않았어야 풋마름병이 발생하지 않으며, 토성은 사양토이며 배수가 잘 되는 곳이 좋다.

③ 가을재배 감자의 재식밀도는 60×20cm로 20% 정도 밀식이 좋다.

④ 정식 후에 싹이 완전히 묻히도록 복토해야 한다.

⑤ 시비 및 관리는 춘작에 준하고, 수확은 경엽이 황변하기 시작할 때 한다.

4) 난지 최아 동작

① 제주도, 남부해안지대에서 조기출하를 목적으로 겨울재배를 하는데 12월 중순에 최아하여 12월 하순에 본포에 정식한다.

② 겨울재배는 온도를 높여 생육을 촉진하기 위해 폴리에틸렌(PE)으로 피복하고 터널을 동시에 설치한다.

③ 휴면이 짧은 대지 품종이 알맞지만, 최아처리 시에는 수미나 남작 등 조생종 품종이 알맞다.

④ 난지에서 최아시켜 겨울재배(동작)를 하면 수확은 4월 상중순에 할 수 있다.

10. 감자의 성분과 이용

1) 감자의 성분

① 생서의 수분함량은 80% 정도이다.

② 정곡은 생서의 수분함량을 평균 80%로 간주하여(생서 중량×0.2)로 계산한다.

③ 정곡의 전분은 70~80%, 단백질은 3.6%, 비타민 B와 비타민 C가 많이 함유되어 있다.

2) 감자의 이용

① 식용은 찌거나 잡곡과 섞어 주식으로 이용하거나 간식이나 부식으로 이용된다.

② 가공식품은 떡, 엿 등의 원료가 되며 스낵류, 통조림 그리고 다양한 탈수가공품과 냉동식품의 원료로 이용된다.

③ 공업용은 감자 전분을 추출하여 주정이나 당밀 등의 원료로 쓴다.

④ 감자칩은 생원료를 얇게 썰어 튀겨 먹는 간식으로서 색깔에 영향을 주는 환원당 함량이 0.3% 이내인 것이 좋다.

⑤ 프렌치프라이는 막대형으로 절단한 감자를 기름에 튀겨 동결시킨 상태로 유통된다.

⑥ 감자는 플레이크, 통조림, 감자패티, 감자퍼프 등 다양한 형태로 가공하여 사용된다.

제2장 **고구마**(Sweet Potato, 감저)

***Ipomoea batatas* (L.) Lam. (2n=6x(BBBBBB)=90)

1. 서론

고구마는 메꽃과 고구마속(*Ipomoea*)의 다년생으로 전분이 많은 괴근 작물이다. 원산지는 멕시코로 알려져 있다. 병충해에 강해 감자와 함께 전통적인 구황작물이다. 기본 게놈(X)은 15로 재배종은 6배체이나 2배체~4배체의 근연야생종이 존재한다. 중국과 아프리카(나이지리아, 탄자니아 등) 대륙에서 생산이 많다. 우리나라에는 영조 39년(1763년) 조엄이 대마도(쓰시마)에서 가져왔다고 한다. 현재 재배면적이 20ha로 감자와 비슷하나 수량은 2,000톤/10a에 이르고 생산량은 30톤으로 감자의 6배에 달한다.

① 고구마는 메꽃과 작물로 단위시간 및 면적당 총에너지 생산량이 가장 많은 작물 중의 하나이며 재배가 쉽고 척박한 토양에서도 잘 자라 인구 부양능력면에서 탁월한 장점을 지니고 있다.

② 중앙아메리카가 원산지인 열대성 작물로서 생육기간 중에는 고온이 유리하나 괴근 형성을 유도하는 데에는 약간의 저온이 필요하다.

③ 꽃을 피워 종자를 얻을 수도 있으나 종자를 이용한 재배는 실질적으로 어렵다.

④ 높은 수량을 얻기 위해서는 고구마의 싹을 틔워 그것을 심어 재배한다. 즉 고구마는 영양번식을 주로 한다.

⑤ 고구마가 가진 잠재력은 매우 크며, 최근에는 색소가 많이 형성되는 기능성 품종들이 개발됨으로써 새로운 활로를 개척하고 있다.

1) 기원

(1) 식물적 기원

① 고구마의 임포메아(*Ipomoea*) 속에는 500여 종이 있으며, 염색체수도 2n=30, 45, 60, 90으로 다양하다.

② 재배되는 고구마는 동질6배체(2n=6x=90, BBBBBB)이다.

(2) 지리적 기원

① 고구마의 원산지는 멕시코나 페루 등 열대원산으로 추정되는 식물학적 특성을 지니고 있다.

② 고구마의 근연식물은 멕시코를 중심으로 한 열대아메리카에 집중적으로 분포하여 유전자 중심지를 이루고 있는 것으로 생각된다.

③ 멕시코와 페루를 중심으로 한 지역에 고구마의 품종수가 아주 많고 다양하다.

④ 열대아메리카에서는 고구마의 재배가 아주 오래전부터 시작되었다.

(3) 우리나라의 전래

우리나라에 고구마가 전파된 시기는 조선 영조(1763) 때 일본통신사 조엄이 일본 대마도(쓰시마)에서 가지고 와 전래되었고 감자는 조선 순조(1824) 때 청나라(만주)에서 전래되었다.

2) 고구마 생산

① 고구마는 고온다조를 좋아하며, 15~35℃에서는 온도가 높을수록 생육이 왕성하다. 따라서 열대에서 온대 중남부에 걸쳐 재배되고 있다.

② 우리나라에서 생산은 주로 남부지방에서 재배되고 있으며, 특히 전남, 경남, 제주에서 전체 재배면적의 80%를 차지한다.

3) 재배와 경영상의 장단점

(1) 재배적 장점

① 건물생산량이 많고 고능률작물로 단위수량이 작물 중 아주 많아서, 단위면적당 부양가능인구가 쌀의 2배이며, 단위영양에 대한 비용은 쌀의 20% 정도로 가장 저렴한 비용으로 많은 인구를 부양할 수 있는 식량자원이다.

② 작기 이동이 비교적 용이하여 맥후작으로도 많은 수량을 낼 수 있어 토지이용에서 유리하다.

③ 건조에 강하고 척박지 등에 대한 토양적응성이 높고, 특히 산성토양에서도 잘 자라 재배적지가 넓다.

④ 기상재해나 병충해도 적어 재배의 안정성이 높다.

⑤ 사료, 공업원료(전분, 주정 등)로도 이용범위가 넓다.

(2) 재배 이용적 단점

① 재배적으로 고구마 순을 육묘하여 이식을 해야 하기 때문에 노력이 많이 든다.

② 생력기계화 재배에 불리하여 기계화율이 70% 정도로 아직도 낮다. 이는 파종과 정식의 기계화율이 낮기 때문이다.

③ 상대적으로 부피가 크고 무거워서 관리, 수송, 저장 등이 불편하다.

④ 식용으로는 물리적, 화학적, 영양적 품질이 곡류에 미치지 못한다.

⑤ 공업원료나 사료용은 생산시기가 한정되어 있으며 저장이 곤란하다.

2. 고구마의 형태

고구마는 메꽃과 고구마속에 속하며, 온대에서는 1년생, 열대에서는 영년 숙근성 식물로 분류한다.

1) 줄기와 잎

(1) 줄기

① 생육습성에 따라 입형과 포복형으로 구분하며 대부분 포복형이지만 줄기 끝이 다소 서는 입형도 있다. 입형이 대체로 마디도 짧고 분지도 많다.

② 줄기는 둥글고 모용(毛茸)이 거의 없는 것부터 많은 것까지 있는데, 선단은 기부에 비해 털이 많다.

③ 줄기단면은 보통 막대기모양으로 둥근데 간혹 납작한 모양의 돌연변이가 발견되기도 한다.

④ 품종에 따라 차이는 있지만 지상부 대부분은 1차분지로 구성되고 생육후반에 2차분 지가 다소 발생한다.

(2) 잎

① 고구마는 쌍떡잎식물로 종자 발아시 2매의 자엽이 나오고, 괴근에서 발아할 때는 자엽이 나오지 않고 본엽만 나온다.

② 잎은 줄기의 각 마디에 2/5의 엽서(葉序)로 착생하며, 엽병의 길이는 10~30cm, 엽형은 심장형이고 크기는 환경에 따라 다르다.

2) 고구마의 꽃과 종자

(1) 꽃

① 엽액에서 꽃송이가 나와 긴 꽃자루에 3~10개의 꽃이 착생하는 액생집산화서로서 모양이 메꽃이나 나팔꽃과 비슷한 통꽃이다.

② 수술은 5개으로서 밑부분이 꽃부리에 부착되어 있지만, 수술끼리는 분리되어 있고 그중 1개는 암술보다 길고 4개는 암술보다 짧으며, 암술은 1개이며, 기부에 밀선이 있다.

③ 일반적으로 온도가 높으면 잘 피고 나팔꽃에 접목을 하면 잘 핀다.

(2) 꼬투리와 종자

① 꼬투리는 삭과로 나팔꽃과 비슷하고 2~5개의 종자가 들어있다.

② 종자는 흑갈색이며 편구형으로 100립중은 2g 내외이다.

③ 고구마의 종자는 실생번식이 가능하며, 고구마 종자 모양은 나팔꽃과 거의 같고 경실종자이다.

3) 고구마의 뿌리

① 종자를 파종하면, 1개의 직근이 나와 그것이 비대하여 괴근이 된다.

② 묘를 심으면, 엽병의 기부 양쪽에서 부정근이 발생하여 대부분 세근이 되고 일부가 괴근으로 비대하며, 간혹 경근도 형성된다.

(1) 뿌리의 종류

① 세근은 비대하지 않는 가는 뿌리를 말한다.

② 경근은 약간 비대하기는 하나 정상적으로 비대하지 못한 뿌리를 말한다.

③ 괴근은 정상적으로 비대한 뿌리로서 많은 전분과 당분이 함유되어 있다. 우리가 일반적으로 말하는 고구마를 지칭한다.

(2) 괴근

① 괴근은 뿌리가 변형된 것으로서 주피, 피층, 중심주 등의 단면구조로 되어 있다.

② 주피는 피층으로부터 분화된 죽은 조직으로 얇고 전분립이 없으며 함유된 색소로 고구마의 색이 정해진다.

③ 피층은 약간 두꺼우며 전분립을 함유한다.

④ 괴근은 줄기에 착생하였던 쪽이 두부(머리)이고 그 반대쪽이 미부(꼬리)이며, 이랑의 안쪽을 향했던 복부와 이랑 바깥쪽을 향했던 배부(背部)로 구분되며, 눈은 두부와 배부에 많다.
⑤ 고구마 색깔은 카로틴(비타민 A의 전구물질) 함량과 관계가 많다.

3. 고구마의 생리 및 생태

1) 생육 과정

① 고구마의 육묘기간은 40~60일로서 묘상에 씨고구마를 묻은 후 채묘까지의 전 기간을 말하며 이때는 씨고구마를 묻은 후 맹아하기까지 씨고구마의 영양으로만 생육하는 시기이다. 온도 관리가 매우 중요하며, 적온(30~33℃)까지는 온도가 높을수록 맹아 일수가 단축된다.
② 맹아 후 경엽이 왕성하게 자라는 기간인 생육중기는 씨고구마의 저장영양과 잎에서 생산한 동화물질을 함께 생육에 이용하는데 급격한 육묘환경의 변화가 없도록 관리한다.
③ 경엽생장이 왕성한 후기는 생산된 동화물질로 생육하는데 온도보다 토양과 수분상태, 일조 등에 따라 생육이 많은 영향을 받는다.
④ 활착기는 이식 후 활착하여 재생장이 개시될 때까지의 기간으로 포장에 수분이 충분할 경우 10~15일 정도 소요된다.
⑤ 경엽중 증가기는 전기 이식 후 1개월 정도로 경엽 생장이 더딘 생육초기이다. 땅속에서는 괴근이 분화되고 형성되지만 생육이 느리다.
⑥ 생육최성기는 7~8월까지 경엽의 생장이 왕성한 시기로 고온장일조건이므로 경엽중이 크게 증가하고 괴근 신장도 동시에 이루어진다.
⑦ 후기는 8월 하순~9월 상순부터 수확 직전까지 경엽중이 별로 증가하지 않는 시기로 기온도 낮아지고 단일조건이며, 지하부에서는 괴근비대가 왕성하게 이루어지고, 지상부에서는 경엽 생장이 미미하고 고엽도 발생한다.
⑧ 괴근수 증가기는 이식 후 괴근으로 될 뿌리가 분화되는 시기로 활착이 좋으면 25~30일이 소요된다.
⑨ 괴근형성기는 괴근이 될 뿌리를 육안으로 구별할 수 있는 시기로 괴근분화 후 10~15일이 소요된다. 괴근수는 이 시기에 결정되고 그 이후에는 비대생장만 이루어진다.

⑩ 괴근을 형성할 수 있는 뿌리는 고구마 싹의 위쪽으로부터 4~5마디에서 나타나기 시작하여 6~10마디에 가장 많이 분포한다.

⑪ 괴근중 증가기는 8~9월까지 괴근중이 크게 증가되는 시기로 이때는 이미 지상부의 생장도 최고에 달해 저온 단일조건에서 괴근중의 증가가 왕성해지며 괴근의 건물률도 9월 이후에 최고에 달한다. 10월 이후는 기온이 낮아서 괴근비대가 적다.

2) 고구마의 괴근 형성

(1) 괴근의 분화형성

① 괴근(덩이뿌리)은 유근에서 괴근으로 분화될 것은 이식 10일 후부터 중심주의 원생 목부에 분화된 제1형성층의 활동이 왕성해져서 중심주의 조직이 불어나고 유조직이 목화되지 않으며 이 조직에 전분립이 축적된다.

② 경근(굳은뿌리)은 제1형성층의 활동이 왕성해도 유조직이 속히 목화되면 경근이 된다.

토양이 너무 건조하거나 굳어서 딱딱한 경우, 지나친 고온에서 경근이 형성된다.

③ 세근(가는뿌리)은 제1형성층의 활동이 미약하고 유조직의 목화가 빨리 이루어지면 처음부터 세근이 된다.

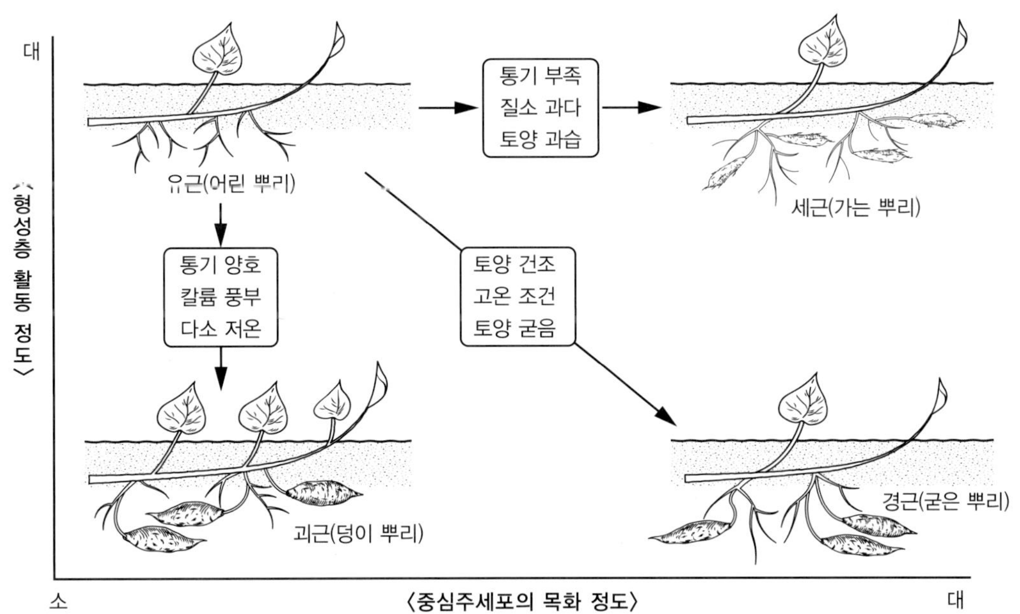

그림 4-5 고구마 뿌리의 발달과 환경조건

(2) 괴근의 형성부위

① 괴근은 이식하기 전의 싹시절에도 엽병 기부에 이미 부정근 원기가 형성되어 있다.

② 부정근 원기 중에서 크기가 1mm 정도로 크고 긴 것을 장태부정근 원기라고 하는데 괴근형성 부위와 잘 일치하므로 장태부정근 원기가 괴근으로 발달하기 쉽다.

③ 장태부정근원기는 끝에서부터 밑으로 4~10마디 사이에 많이 분포하고 있다.

(3) 괴근형성에 관여하는 조건

① 묘의 싹은 굵고 연하며 생리적으로는 영양과 수분이 풍부하고 장태부정근 원기가 잘 형성된 마디가 많은 묘가 괴근형성이 잘 된다.

② 묘상은 일조, 온도, 수분, 비료 등이 풍부하고 알맞아야 한다.

③ 이식 시에는 22~24℃ 정도가 되어야 유근의 제1형성층의 활동이 왕성하고 중심주의 목화가 진행되지 않는다.

④ 토양수분, 통기, 일조가 충분하고, 칼륨(K) 성분은 충분하여야 하나 질소(N)는 과다하지 않아야 괴근형성이 촉진된다.

⑤ 이식 직후에 유근의 분화는 이식 후 5일 이내에 이루어지므로 이때의 토양환경은 괴근형성에 중요한 영향을 끼친다.

⑥ 토양의 저온은 괴근형성을 유도하는데 동화물질이 고온부에서 저온부로 이동하여 축적되기 때문이다.

3) 고구마의 괴근 비대

(1) 괴근 비대와 환경조건

① 기온은 15~38℃에서 가장 왕성하게 생육하며 무상기간(frost-free)이 길면 수량도 증가한다.

② 토양온도는 20~30℃가 가장 알맞지만 변온이 괴경비대를 촉진한다.

③ 토양수분은 최대용수량의 60~70%가 가장 알맞고, 토양통기가 양호해야 괴근 비대가 잘 된다.

④ 경토(갈이흙)가 깊으면 생육과 수량에 효과적이나 너무 깊으면 수확이 어렵고 고구마가 길어지므로 경운은 10~20cm로 한다.

⑤ 일장은 10시간 50분~11시간 50분의 단일조건이 좋고 일조가 많아야 한다.

⑥ 토양 pH는 4~8에서는 생육에 지장이 없으나 알칼리성 토양보다는 산성토양에서 수량이 많다.

⑦ 칼륨비료의 효과가 높고 질소과용은 지상부만 번무시키고 괴근의 형성과 비대에는 불리하다.

(2) 괴근중과 괴근수 및 경엽중과의 상관관계

① 괴근 비대는 경엽으로부터 동화물질이 전류축적되어 경엽중과 괴근중은 정의 상관(비례관계)이 있다.

② 괴근수가 주로 이식 당시의 조건에 의해 지배되지만 괴근중의 지배정도는 낮다.

(3) 조굴적응성 및 만식적응성

① 조굴적응성은 조기수확을 할 때 수량과 품질이 우수한 품종, 조굴재배의 경우 보통재배보다 재식밀도는 높이고 시비량은 줄인다.

② 만식적응성 품종은 만식할 때에도 수량과 품질 저하가 덜한 품종이다.

4) 생리 생태와 증수대책

① 고구마의 생리 생태적 특성으로 다른 작물에 비해 건물생산량이 많지만, 일정기간 동안의 최대건물생산량은 벼보다 오히려 낮다. 이것은 두 작물의 광합성능력의 차이보다는 고구마의 최적엽면적을 확보하지 못하는데 원인이 있다.

② 단위면적당 건물수량은 벼보다 고구마가 높으며, 이것은 건물생산능력의 지속기간이 긴 데 원인이 있다.

5) 고구마 증수대책

① 활착이 잘 되도록 하고 엽면적을 조기에 확보할 수 있도록 초기생육을 촉진시켜야 한다.

② 고구마의 잎은 평면적으로 배열되기 때문에 이러한 불리한 수광태세를 개선한다.

③ 광합성능력을 오랫동안 높게 유지할 수 있도록 잎 중의 칼륨(K)농도를 높게 유지시킬 수 있는 비배관리가 필요하다.

④ 건물생산이 높은 기간을 길게 유지하는 것이 필요하다.

⑤ 호흡에 의한 저장영양분의 소모를 최소한으로 유지해야 한다.

6) 고구마 전분

(1) 전분함량과 용어

① 전분함량은 고구마(주로 생고구마) 중에 함유되어 있는 전분의 중량비이다.

② 전분수율은 실제 전분제조과정에서 일정량의 원료 고구마에 대한 전분생산량의 중량비이다.

③ 전분가는 고구마의 발효성 탄수화물의 총량을 전분으로 환산하고 생고구마에 대한 중량비로 나타낸 것이다.

④ 절간율은 일정량의 생고구마에서 생산되는 절간고구마(잘라서 말린 고구마로 빼때기라고도 함)의 중량비이다.

(2) 전분함량의 변이와 관련이 있는 요인

① 고구마 품종의 유전적 특성에 따른 전분함량의 차이가 있다.

② 기상환경 열대산은 전분함량이 낮고 당분함량이 높은 반면, 극지대의 냉지산은 전분함량이 높고 당분함량은 낮다.

③ 이식기 및 수확기로 조식이 만식에 비해, 만기수확이 조기수확에 비해 높은 전분가를 나타낸다.

④ 토성으로 점질이 약한 것이 전분함량이 높아지는 경향이 있어서 경식토~식질토양에 비해 양토~사양토에서 전분함량이 높은 경향이다.

⑤ 비료를 전혀 주지 않거나 질소비료를 많이 시용할 경우 전분함량이 낮아지고 인산과 칼륨, 퇴비를 시용하면 전분함량이 높아진다.

⑥ 저장기간길어지면 전분함량이 낮아지는데, 저장고 내의 온도, 습도에 따라서 감소정도가 달라진다.

7) 고구마의 개화와 결실

(1) 개화의 유도 및 촉진

고구마는 자연조건인 여름철 장일에서는 개화가 거의 안 되기 때문에 교잡육종을 위해서는 인위적으로 개화를 유도해야 한다.

① 단일처리 고구마는 단일식물이므로 8~10시간의 단일처리를 하면 개화가 유도된다.

② 나팔꽃 대목에 고구마순을 접목하면 개화가 촉진되는데 이것은 나팔꽃 지하부에 괴근이 형성되지 않고 접목이 탄수화물의 지하부로의 전류를 저해하여 지상부의 탄질률(C/N)이 높아지기 때문이다.

③ 고구마덩굴의 기부에 절상(incised wound, 상처를 냄)을 내거나 환상박피(girdling)를 하면 지상부 동화물질의 지하부로의 전류가 억제되고 개화가 조장된다.

④ 고구마 식물체의 월동에 의해 자연단일처리가 되고 식물체도 노숙해져서 탄질률(C/N)이 높아져서 개화된다.

(2) 인위적 개화법

① 접목후 단일처리가 가장 효과적이며 현재 많이 이용되는 방법으로 접목과 단일처리에다 절상, 환상박피 등을 해주는 복합처리법을 실시한다.

② 원리는 지하부의 괴근형성을 억제하고 탄질률(C/N)을 증대시킴으로써 화아분화를 유도한다.

(3) 개화, 수정 및 결실

① 고구마는 단일처리를 시작할 때부터 60일이 지나면 줄기 하부부터 개화하고, 이른 아침에 많이 개화하며 오후 2시경에는 시든다.

② 고구마의 꽃은 24~25℃에서 수정이 잘 되므로 9~10월경에 결실이 잘된다.

③ 인공교배는 다음날 개화할 꽃의 수술 5본을 제거하고 다음날 아침에 교배할 수술을 주두에 수정시킨다. 수정 후 여름에는 30일, 가을에는 40일이 지나면 성숙된다.

(4) 교배불화합성

① 고구마는 자가화합성과 자가불화합성, 타가화합성이나 타가불화합성이 모두 나타난다.
특히 육종적 의미에서 타가불화합성이 매우 중요하다.

② 품종 간의 상호교배에서 1% 이하의 결실률을 보이면 교배불화합성 작물이라고 한다.

③ 교배불화합의 원인은 화분발아와 화분관 신장의 불능에 기인한다.

(5) 실생 육성

① 고구마 종자는 전형적인 경실로서 그대로 파종하면 발아가 극히 불량하므로 배의 반대쪽에 상처를 내어 심거나 농황산에 1시간 침지 후 20분 수세하여 파종하면 발아가 잘 된다.

② 발아 후 출현한 직근은 비대하지만 크고 엑세어서 식용으로 부적당한 괴근이 형성된다.

③ 자엽 위의 순을 잘라서 삽식하면 일반적으로 정상적인 괴근이 형성된다.

4. 고구마의 품종

1) 품종의 특성

(1) 재배적 특성

① 저온적응성 품종은 저온 피해가 적은 종이므로 재배상 유리하다.

② 다비 및 소비적응성 품종은 비료분이 충분해도 지상부가 과번무하지 않고 소비조건에서도 수량이 크게 감소되지 않는 품종이 좋다.

③ 만식 및 조굴적응성은 맥후작으로 재배하더라도 수량감소가 적고, 조굴 시 괴근이 빨리 비대되어 경제적 수량을 낼 수 있는 품종이 알맞다.

④ 조기피복성은 줄기 신장 및 잎 전개가 신속히 이루어져 생육초기에 일찍 토양을 피복 할 수 있는 품종이 조기에 최적 엽면적을 확보하므로 수량도 많고 제초노력도 절감된다.

⑤ 수확 시 괴근이 쉽게 줄기에서 분리되고 지표에 가까운 곳에서 괴근이 형성되는 것이 수확에 편리하다.

⑥ 검은무늬병, 무름병 등에도 강한 품종을 재배하는 것이 중요하다.

(2) 이용면에서의 특성

① 수량성으로 어느 용도의 품종이든 괴근수량이 많은 것이어야 한다.

② 건물률 및 전분함량이 많아야 하는데 고구마는 생체중의 70%가 수분이므로 건물률 및 전분함량이 높아야 하고, 전분의 당화도 늦은 품종이 좋다.

③ 육질 및 감미가 우수해야 하는데 식용인 것은 분질이면서 단맛이 높은 품종이 좋다. 요즘은 호박고구마, 꿀고구마, 밤고구마 등으로도 나눈다.

④ 괴근 빛깔 및 크기로 식용인 것은 표피 빛깔이 붉고 육색이 노란 것이 좋다.

⑤ 카로틴 및 아스코르브산(ascorbic acid, 비타민 C) 함량이 높을수록 좋다.

⑥ 저장성으로 장기간 저장하더라도 품질이나 묘생산력에 변화가 없어야 한다.

2) 고구마 주요품종

① 우리나라의 고구마 품종은 대부분 식용으로 발전해 왔다.

② 일본에서 도입초기인 1930년대 대규모 면적에 재배된 첫 도입품종으로 원기 품종(밤고구마)이 있고, 그 후 수량이 아주 높은 충승100호가 주된 품종이 되었다.

③ 원기와 충승100호 시대를 거쳐 1944년 우리나라에서 교배육성으로 개발하여 보급된 최초의 품종은 수원 147호이다.

④ 그 이후에 신미, 황미, 홍미, 은미, 진미, 선미, 교배육성으로 원미, 풍미, 생미 등이 차례로 육성되어 품종이 다양화 되었다.

표 4-2 국내 개발 고구마 품종들

〈호감미〉	〈풍원미〉	〈진율미〉	〈단자미〉
호박고구마로 병에 강하고 수량과 외관 상품성이 우수하다.	조기재배, 다수성으로 수확 직후 단맛 강해 시장가격 높은 7~8월 조기출하 가능하다.	수확 직후 당도와 식미가 우수하고 조기출하에 적합하다.	당도(°Brix)가 31.3으로 높고 국내 최초 찌거나 구워 먹는 고당도, 기능성 자색고구마이다.

5. 고구마의 재배 환경

1) 기상

① 생육적온이 높고 생육기간도 긴 작물이므로 대체로 무상기간이 긴 경우에 수량이 증가한다.

② 정상 발근은 17~28℃ 이상이 필요하며 25~30℃가 가장 좋고, 지상부 생육온도는 30~35℃, 괴근비대는 20~30℃의 지온이 알맞다.

③ 변온은 경엽의 생장을 억제하지만 현저하게 괴근비대를 촉진한다.

④ 건조를 초래하지 않는 한 일조가 많은 것이 좋은데 고구마 광포화점은 30Klux 정도이지만 군락에서는 일조가 많을수록 증수된다.

⑤ 단일조건은 경엽의 생장을 억제하고 괴근의 비대를 조장하는데, 대체로 10시간 50분 정도가 최대수량을 얻었다.

⑥ 이식기 전후에는 상당한 강우가 있어야 활착과 생육에 좋으며 생육기에는 토양이 과습하면 좋지 않다. 수확기에는 강우가 적어야 품질이 좋아진다.

2) 토양

① 토양적응성 토양적응성이 극히 높으며 연작장해가 별로 없고, 새로 개간한 건조한 산성의 척박지에도 잘 적응한다.

② 세근의 경우 최대용수량의 90~95%, 괴근의 경우 70~75%이지만 건조에 대한 적응성이 강하다.

③ 토양수분이 많을수록 세근의 양은 증가하고 고구마 모양이 길어지는데 가장 길어지는 토양수분의 함량은 90~95%이다.

④ 토양과습시 괴근비대가 억제되고, 모양이 길어지며, 맛이 나빠지고, 경근의 형성이 조장되며, 지상절의 발근이 심해져서 불리하다.

⑤ 고구마 생육에 있어서 토양통기는 매우 중요한데, 괴근은 통기가 잘 되는 부분에 형성되고, 통기를 좋게 하면 수량이 증대된다.

⑥ 토양통기와 수분유지능력이 양호한 양토나 사양토가 가장 알맞고, 식토나 사토는 좋지 않으며, 토양입단으로 0.2~0.5mm가 좋다.

⑦ 토양산도(pH)에 넓게 적응하며, pH 4.2~7.0에서는 별로 생육의 차이가 없다.

⑧ 토양피복도가 커서 토양 건조 및 침식을 억제하기 때문에 경사지에 대한 적응성도 높다.

6. 고구마의 재배 기술

1) 작부체계

① 고구마는 연작에 잘 견디며 척박지에 대한 적응성도 높다.

② 흡비량이 많은 작물이기 때문에 연작하면 지력소모가 심하고, 검은무늬병이나 토양선충에 의한 피해가 심해져 윤작이 필요하다.

③ 산간지에서는 생육기간이 짧아 단작으로 재배되고, 평야지에서는 맥후작으로 많이 재배되는데 생육시기가 콩과작물과 비슷하므로 교대로 재배하는 것이 지력유지나 기지회피에 좋다.

2) 고구마 육묘

(1) 씨고구마(종저)

① 저장 중에 냉해나 병해를 입지 않도록 해야 한다.

② 크기는 적당해야 하며, 묘상 3.3m²당 30~40kg의 종저가 필요하다.

③ 이형저는 제거하여 품종의 순도를 높게 유지해야 한다.

④ 씨고구마는 온탕소독법 등으로 철저히 소독을 실시해야 한다.

(2) 묘의 종류와 우량묘의 조건

① 표준묘는 가지가 없는 30cm의 굵고 마디사이가 짧으며 잎이 크고 실한 묘가 활착이나 괴근형성, 비대, 경엽의 생장에 좋은 묘이다.

② 대묘는 싹 길이가 45cm의 묘로서 많은 묘상면적이 필요하다.

③ 소묘는 싹 길이가 15cm 묘로서 밀식해야 소출이 떨어지지 않는다.

④ 분단묘는 싹을 길게 키워서 3등분한 묘로서 기부 묘일수록 생산력이 낮다.

⑤ 소묘(蛸苗)는 씨고구마에 8~10본의 싹이 달린 묘(소식법, 고구마째 심는 방식)이다.

⑥ 복아묘는 싹을 아주 성기게 키워 25~30cm로 자라면 적심하여 측지가 돋아나게 한 다음 밑동으로부터 자른 묘로 생산력이 상당히 높아서 우수하지만, 묘상면적과 육묘노력이 매우 많이 소요되기 때문에 별로 보급되지 못하였다.

⑦ 우량묘는 삽식 후 빠르게 활착하며 왕성하게 자라고 괴근 형성 및 비대도 잘되어 수량도 많고, 고구마가 과히 굵지 않고 고르게 될 요소를 갖춘 묘를 말한다.

(3) 육묘환경

① 씨고구마가 싹트는 데 알맞은 온도는 30~33℃, 자랄 때는 23~25℃가 가장 적합하다.

② 일조가 부족하면 도장하고 과다하면 경화될 우려가 있다.

③ 상토의 수분은 넉넉해야 좋다.

④ 질소비료와 칼륨비료가 충분해야 싹이 튼튼하고 싱싱하게 자랄 수 있다.

⑤ 재식밀도로 싹을 너무 배게 자라도록(밀식) 하면 묘상면적은 줄지만 싹이 연약해지기 쉽다.

(4) 묘상 위치와 면적

① 묘상의 위치는 바람이 적고, 햇볕이 잘 들며, 지하수위가 낮고 배수가 잘 되며, 관수나 그 밖의 관리가 편리한 곳에 설치하는 것이 좋다.

② 면적은 본밭 10a당 6.6~9.9㎡(2~3평)의 묘상이 필요하다.

(5) 묘상의 구조

① 온상의 경우 플라스틱필름(비닐, 폴리에틸렌)을 사용하여 온상들을 남북으로 길게 동서동고(東西同高)로 만든다. 관리상 너비를 1.2m 정도로 하고, 상면(上面)의 균일한 온도를 유지하기 위해 저면(底面)은 중앙부를 높게 한다.

② 묘상은 동서보다 남북으로 길게 만들면 일사가 고르고 묘상 깊이는 40cm 정도로 하고 높이는 상토면의 위 25~30cm가 적당하다.

(6) 상토

① 퇴비를 만들어 사용하는 것이 안전하다. 요즘은 판매하는 상토를 구입하여 사용하는 것이 일반적이다.

② 묘상에는 상토깊이 12~15cm 정도 넣는다. 10a당 상토량은 1.2~1.5m²이다.

(7) 씨고구마 심기와 묘상관리

① 씨고구마를 심기 전에 비료를 충분히 시용해야 한다.

② 상토를 넣고 4~5일이 지나 상온(床溫)이 30~35℃로 안정되면 씨고구마를 심는다. 씨고구마는 4~5cm 간격으로 줄지어 심되 줄 안에서는 서로 거의 닿을 정도로 뉘어서 심으며, 잔등이 위로 가고 머리와 꼬리가 모두 일정한 방향이 되도록 심어야 발아가 고르다.

③ 심은 다음 씨고구마가 보이지 않을 정도로 복토하고 충분히 관수한다.

④ 싹이 틀 때까지 보온하여 30~33℃를 유지하고 싹이 튼 다음부터는 25℃ 정도가 되도록 하며, 상토가 건조하지 않도록 관수한다.

⑤ 묘상의 덮개는 비닐을 이용하는 것이 자외선을 잘 통과시켜서 효과적이다.

(8) 채묘

이식시기가 되고 싹이 25~30cm로 자라면 몇차례에 걸쳐서 채묘하는데, 채묘 시 밑동으로부터 5~6cm 정도 남기고 잘라야 그루터기에서 새싹이 돋아나기 쉽고 검은무늬병의 전염을 억제할 수 있어서 좋다.

(9) 묘상의 종류

① 묘상은 고구마싹을 키우는 시설을 말한다. 요즘은 비닐하우스나 전용재배시설을 이용한다.

② 냉상은 태양열에만 의존하는 간단한 형태의 묘상이다. 냉상은 바닥을 깊이 20cm 파낸 다음 찬 기운을 차단시킬 수 있는 짚 등의 단열재료를 5cm 두께로 깔고 그 위에 상토를 15cm 덮는다. 상토 속에 씨고구마를 묻은 뒤 비닐을 덮어서 터널을 만든다.

③ 냉상은 설치비용과 노력이 적게 들고 만들기도 쉬우나 싹트기까지의 시일이 많이 소요된다.

④ 온상은 열을 낼 수 있는 재료를 땅에 묻고 태양열을 동시에 이용하는 형태이다.

⑤ 양열온상은 바닥을 40cm 파내고 열을 내는 재료를 25cm 덮는다. 발열재료와 물을 함께 넣되 물이 약간 스며나올 정도로 한다. 발열재료는 볏짚, 새두엄, 건초를 사용하고 발열촉진재로 겨, 닭똥, 말똥, 목화씨, 인분뇨, 황산암모늄, 요소, 석회를 넣는다.

⑥ 양열재료가 많이 들고 육묘관리작업에 많은 노력과 기술을 요한다.

⑦ 전열온상은 바닥에 전열선을 깔아 온도조절을 자유로이 할 수 있게 만든 온상이다. 설치비용은 좀 비싸지만 안전하게 싹을 기를 수 있고 관리도 간편하며 수년간 이용가능하다. 자동온도조절기를 달아두면 편리하고, 30~40일이면 싹을 채취할 수 있다.

3) 고구마 이식

(1) 이식기

① 지온이 17~18℃에도 달하면 빨리 이식할수록 수량이 증대되는데, 평야지일 경우 남부지방은 5월 상순, 중부지방은 5월 중순부터 이식할 수 있다. 전분가가 높은 고구마를 생산하기 위한 삽식 시기는 5월 중순이 적합하다.

② 맥간이식을 하면 이식기가 빨라져서 증수되고 노력이 분산되며, 싹의 생산기간도 분산시키고 기간도 연장시킬 수 있어 유리하다.

③ 고구마 싹은 활착이 잘되는 한 수평으로 얕게 심는 것이 유리하지만, 토양수분이 적거나 싹이 짧을 때는 이에 맞게 심는다.

④ 고구마 싹을 발근제에 24시간 침지한 후 심으면 고구마의 초기생육과 괴근의 형성이 빨라서 증수할 수 있다.

(2) 작휴(이랑만들기)

고구마는 흙덩이를 곱게 깨고 비료를 이랑의 상당히 깊은 곳까지 시용하면 이랑을 높게 세우고 이랑 위에 심는 것이 좋다.

(3) 재식밀도

① 이식기, 시비량, 묘조건에 따라 달라진다.

② 토양과 비료조건이 좋을 때(단작 시) 90×20, 75×25 정도로 재배하고, 맥후작으로 만식할 경우(이모작시) 75×20~15로 한다.

(4) 삽식법의 종류

① 수평식(수평심기)는 싹이 크고 토양이 건조하지 않을 때의 재식방법이다.

② 개량수평식(개량수평심기)는 큰 싹을 사질토에서 토양의 건조가 우려될 때의 재식 방법이다.

③ 사식(빗심기)는 짧은 싹을 건조하기 쉬운 사질토에 심을 때의 재식방법이다.

④ 직립식(곧추심기)은 짧고 굵은 싹을 사질토에 밀식할 때의 재식방법이다.

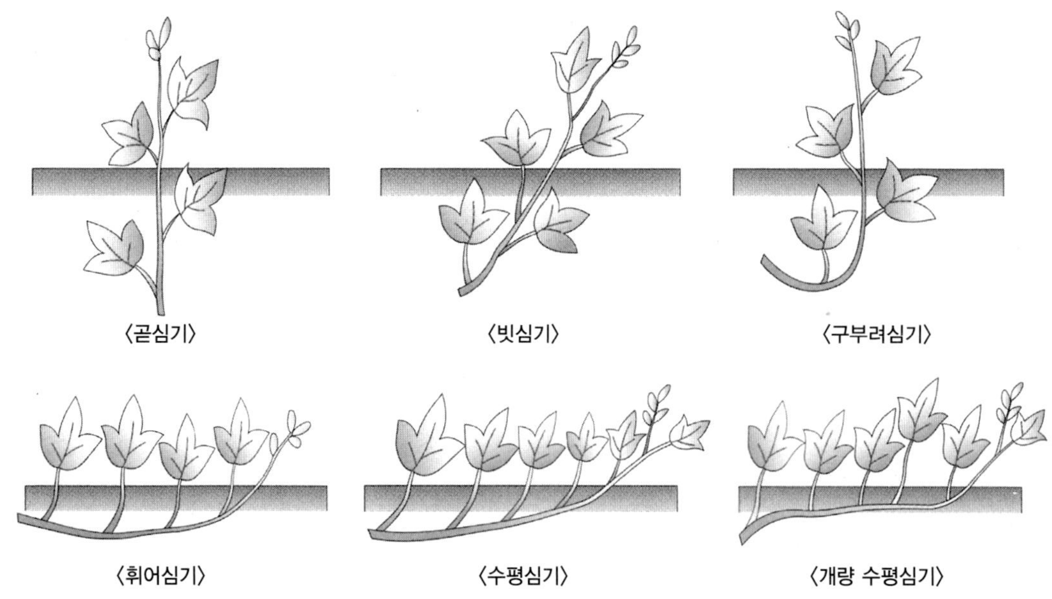

그림 4-6 고구마 싹심기

(5) 멀칭재배

① 멀칭재배의 장점은 생육초기의 지온상승을 촉진하여 이식기를 앞당길 수 있고, 활착과 초기생육을 조장하며, 수분의 증발 비료분의 유실 토양의 고결·잡초의 발생 등을 경감할 수 있다.

② 단점은 낮의 온도가 높아져서 진딧물이나 응애, 선충이 많이 발생할 우려가 있다.

4) 고구마 수량구성요소

(1) 수량성립

① 괴근수량은 건물생산능력×건물생산기간×괴근에의 건물분배율로 구한다.

② 건물생산능력은 순동화량(단위광합성능력)×엽면적을 곱한 것이다.

③ 최대수량을 내려면 엽면적을 빨리 최적으로 전개시키고, 순동화율을 최대로 유지하여 최대광합성량과 최소호흡량의 기간을 길게 하고, 광합성물질의 분배율을 크게 해야 한다.

(2) 최적엽면적 확보

① 고구마의 최적엽면적지수(optimum leaf area index)은 최대일사량의 50% 정도인 경우 3.2이며, 일사량이 많으면 좀 더 커진다.

② 엽면적 증대에 효과적인 비료는 질소이므로 최적엽면적을 빨리 확보하려면 생육초기는 질소비료가 풍부해야 하지만 후기에는 과용하지 않도록 한다.

(3) 순동화율의 증대

순동화율을 증대시키려면 엽신 중의 질소(N)농도를 2.2% 이상, 칼륨(K)농도를 4.0% 이상 유지해야 한다. 엽신 중의 탄수화물이 축적되고 전류하지 못하면 광합성속도가 저하된다.

(4) 호흡량

① 고구마의 각 부위별 호흡량은 엽신 〉 줄기 〉 엽병 〉 괴근 〉 세근 순으로 크다.

② 과번무는 불필요한 호흡량을 증대시키는데, 엽신에 대한 줄기와 엽병 비율이 증대하고 아랫잎이 시들며 불필요한 호흡이 증가한다.

③ 질소비료의 과용을 피하고 최적엽면적을 빨리 확보하되 과번무를 억제해야 한다.

(5) 지하부 생육의 조장

① 엽신의 칼륨/질소(K/N)의 비율이 클 때 과번무가 억제되고 지하로의 영양 전류가 조장되어 괴근 비대가 촉진된다.

② 엽신의 칼륨 농도가 낮고 질소 농도가 높으면 과번무 현상이 유발되어 영양분이 주로 지상부 생육에 이용되고 지하부로의 분배율이 낮아진다.

5) 고구마 시비

(1) 질소

① 최적엽면적과 높은 광합성능력을 유지하는 데 필요하지만 과용은 좋지 않다.

② 질소(N) 과다는 괴근 중심주세포의 목화를 조장하여 괴근형성 비대를 저해한다.

③ 생육중기의 질소(N) 결핍은 생육초기보다 더 수량을 감소시킨다.

(2) 인산

① 인산은 고구마 품질이나 단맛 및 저장력에 영향을 준다.

② 고구마는 인산 흡수량이 적으므로 비료 요구량도 적다. 화산회토, 개간지, 비옥하지 않은 토지 등에서는 인산 시비 효과가 크다.

③ 인산이 결핍되면 잎이 작아지고 농록색으로 되며 광택이 나빠진다.

④ 인산이 풍부하면 괴근 모양이 길어지지만 분질로서 감미가 높아지고 저장력도 증대된다.

(3) 칼륨

① 고구마는 감자처럼 칼륨질 비료의 요구량이 많고 시용효과도 크다.

② 칼륨비료 시용효과는 광합성 물질의 지하전류를 조장하고 질소가 많을 때는 과번무현상을 억제한다.

③ 괴근 제1기형성층의 활동을 조장하고 중심주 세포가 목화되는 것을 억제하여 괴근 형성비대가 촉진되어 증수된다.

④ 칼륨이 결핍되면 잎이 우둘두둘해지며, 색깔이 연해지고, 황변하여 고사하고 과다하면 절간율이 저하되는 경향이 있다.

6) 고구마 시비량

① 적정시비량은 10a당 질소는 9kg, 인산은 5kg, 칼륨은 18kg 정도이며 퇴비는 1,000kg 이상 시용하는 것이 좋다.

② 괴근중의 증대효과는 칼륨비료 시용 시 효과적이고, 경엽중의 증대효과는 질소비료 시용 시 현저하게 증가한다.

③ 시비법으로 전량 기비로 주는 경우가 많고, 심층시비가 더 효과적이다.

7) 고구마 재배 관리

① 제초는 생육초기에는 잡초가 많이 발생하여 김매기 효과가 더 크다.

② 잡초방제는 이식 2~5일 전 또는 이식 후(생육초기)에 라쏘(alachlor) 및 마세트(butachlor) 입제를 살포한다.

③ 조식이면 활착 후에 순지르기를 하여 분지발생을 조장하는 것이 유리하지만 재식밀도가 알맞을 때는 과번무의 우려가 있다.

④ 덩굴 뒤치기와 짚 깔기도 적절히 실시하면 효과적이다.

8) 고구마 생리장해

① 냉해는 수확이 늦어 서리를 맞거나 저장 중 9℃ 이하로 저장온도가 낮아지면 냉해를 입는다.

② 심부병은 외관상 건전해 보이지만 자르면 괴근 중심부에 갈색 반점이 있는데 건조한 토양이나 저장고에 큐어링(curing)을 할 때 발생한다.

③ 고구마의 수확전후에 비가 오거나 덜 마른 고구마를 빽빽하게 저장하면 습해, 질식, 갈라짐 등의 장해도 발생한다.

7. 고구마의 병충해

1) 병해

표 4-3 고구마에 발생하는 병

번호	병명	병원균	전파(매개충)	월동형태/장소	특징
①	고구마 무름병	진균(조균류)	공기, 토양, 씨고구마	공기, 토양, 저장고 등	무성포자인 낭포자와 접합포자 형성
②	고구마 검은무늬병	진균(자낭균류)	씨고구마, 농기구 등	병든 괴경, 땅속	이포메아마론 독소

(1) 검은무늬병(흑반병)

① 우리나라에서 고구마의 대표적인 병으로 전 생육시기에 발생하며, 특히 저장 중에 많이 발생한다.

② 병징은 지하경의 말단부에 검은무늬가 생기며 수확기의 괴근 둘레에 뚜렷한 둥근 검은무늬가 생기고 병반중심부는 푸른 빛을 띤다.

③ 병반부에 쓴맛이 있는 독소(ipomeamarone, 이포메아마론)가 생성되어 가축이 먹으면 식욕감퇴, 호흡곤란, 눈의 충혈, 설사, 눈코의 점액수하 등의 증세를 보이며 심하면 죽는다. 특히 소, 말이 중독되기 쉽다.

④ 전염경로는 씨고구마, 상토, 포장, 저장고, 사용기구로 감염된다.

⑤ 방제는 내병성 품종 선택, 씨고구마와 싹의 소독, 상토 교환과 윤작을 하고 저장고와 저장시설을 소독하며, 큐어링을 한 후 저장을 한다.

(2) 덩굴쪼김병(만할병)

① 묘상에서도 발생하지만 주로 본포장에서 발생한다.

② 병징은 묘상에서 발생하면 잎이 황변하고 줄기가 세로로 쪼개지는 경우이고 본포에서 발병하면 줄기가 쪼개지고 분홍색 곰팡이가 발생한다. 괴근에는 담자색 병반이 생기고 나중에는 흑색으로 변해 도관을 따라 내부로 침입한다.

③ 약 30℃에서 많이 발병하며 35℃ 이상, 15℃ 이하에서는 발생하지 않으며 여름의 고온이나 사질토에서 많이 발생한다.

④ 전염경로는 피해경에 묻어 병원균이 땅속에서 월동하여 전염한다.

⑤ 방제법으로 연작을 피하고, 무병지에서 채종하며 아족시스트로빈(균디스) 액상 수화제나 테부코나졸(균마기골드) 액상 수화제를 살포한다.

(3) 무름병(연부병)

① 습하고 냉하게 저장할 때 발생하기 쉽다.

② 병징은 상처난 부위에서 갈변하면서 썩고 진물이 흐른다. 백색곰팡이가 후에 검은색으로 변하며 부패한 것은 알코올 냄새가 난다.

③ 전염경로는 부생균으로서 저장시설이나 기구를 통해서나 공기를 통해서 전염되기도 한다.

④ 방제는 저장시설의 소독, 상처없는 고구마를 적습, 적온에 저장하고 저장 중 부패한 것은 제거하며 큐어링 저장을 하면 효과적이다.

(4) 검은점박이병(흑지병)

① 여름부터 저장 중에 발생하지만 병반이 표피에 한정되고 내부조직까지 침입하지 않는다.

② 병징은 처음에 표피에 검은무늬가 발생하고 서로 융합되어 큰 병반으로 변화되며, 저장 중에는 병반에 주름이 생기고 금이 가는 경우가 많다. 연작을 할 때나 여름 비가 많을 때, 배수가 불량할 때 많이 생기며, 미숙퇴비에 접촉했던 부분에 발생하기 쉽다.

③ 전염경로는 씨고구마와 토양전염이다.

④ 방제법은 씨고구마와 묘를 소독하고 연작을 피하며, 배수를 꾀하고, 미숙퇴비는 사용하지 않는다. 산성토에서는 발병이 적다.

(5) 선충

① 병징은 뿌리 속에 침입하여 괴근의 형성과 비대를 저해한다. 선충은 토양 중에 계속 서식하면서 피해를 끼친다.

② 방제법은 연작을 피하거나 살선충제로 토양소독을 해야 하며, 씨고구마의 온탕소독도 효과적이다.

(6) 고구마뿔나방

① 우리나라에서 발생하는 주요해충 중 하나이다.

② 유충이 잎들을 말아 접거나 당겨붙인 뒤 그 속에 살면서 잎을 갉아먹는다.

③ 나방이나 유충 방제용 살충제로 루페뉴론 유제(나방스타)와 같은 약제를 살포하면 방제가 가능하다.

8. 고구마의 수확과 저장

1) 수확

① 경엽중은 일찍 심었을 경우(조식) 8월 중순경에 거의 최고에 달하지만, 괴근중은 10월 상중순까지 계속 증대되므로 이 시기까지 두었다가 수확하는 것이 수량도 많고 전분가도 높아진다.

② 저장할 것은 첫서리가 내리기 직전(기온이 10℃ 이하로 내려가기 전에 반드시 수확)까지 두어 잘 여물게 하고, 된 서리를 맞지 않고 토양이 질지 않을 때 수확한다. 특히 저장할 것은 다듬을 때 머리와 꼬리를 바싹 자르지 말고 표피가 상하지 않도록 한다.

2) 저장

(1) 안전저장의 조건

① 저장력이 강한 품종을 선택하는 것이 좋고, 대체로 다수성 품종은 저장에 강하지 못하다.

② 저장용 고구마는 냉온에 둔 것, 된서리를 맞은 것, 상처를 입은 것, 표피가 많이 벗겨진 것, 병에 걸린 것은 알맞지 않다.

(2) 방열(예비저장)

① 수확 직후에 바로 저장하면 수분과 호흡열 발산, 고온다습, 산소부족, 이산화탄소 과다 등으로 호흡이 저해, 병해 만연, 부패가 조장된다.

② 수확 후 고구마는 직사광이 없고 통기가 잘되는 곳에서 10~15일간 방열시킨 후, 저장에 부적합한 고구마를 제거한 후 저장한다.

(3) 큐어링(curing)

① 저장 중에 부패균이 상처난 곳으로 침입하므로 병균이 침입하기 전에 유합조직(callus)이 형성되도록 하면 부패를 막을 수 있다. 수확한 고구마를 3~6일간 고온다습한 환경에 보관하였다가 방열시키면 유합조직의 형성이 촉진되어 저장 중 수분증발량이 적고 검은무늬병 등

의 병반도 치유되며, 당분함량도 높아져서 냉온저항성 및 저장력이 강해진다.

② 수확 후 1주일 이내에 저장할 고구마를 30~33℃, 상대습도 90% 이상(90~95%)에서 4일 정도 보관하였다가 방열시키고 저장하면 된다.

③ 아물이가 끝난 고구마는 13℃의 저온 상태로 두고 열을 발산시킨 뒤 본저장에 들어가는 것이 좋다.

(4) 본저장

① 예비저장이나 아물이가 끝나면 본저장에 들어가는데 저장고 온도는 12~15℃, 상대습도 85~90%가 알맞다.

② 저장고의 온습도가 높으면 싹이 나서 저장영양이 소모되어 무게가 감소하며 병도 많아진다. 반면 온도가 9℃ 이하가 되면 냉해를 입고 표피가 상하여 병에 대한 저항력이 떨어진다.

③ 저장고의 소독은 포르말린(Formalin)이나 황산구리(Cooper sulfate)로 한다.

3) 고구마 저장방법

① 예전에는 굴저장법으로 다량 저장을 위해 많이 이용하였다.

② 온돌저장법은 온도를 조절할 수 있어 안전하게 저장할 수 있으나 온돌이 건조하여 중량이 감소되는 단점이 있다.

③ 옥내저장은 대량저장에 알맞지 않으며 다소 추운지방에서 유리하고, 옥외저장은 남부지방에서 이용성이 높다.

④ 저장창고 저장법은 요즘 일반화되고 있는데 저장환경을 최적화시킬 수 있고 유통에도 유리하다.

9. 고구마의 직파재배

1) 의의

① 싹을 키우는데 많은 노력이 요구되는데 노력절감 방안으로 직파재배가 시도되었으나 여러 문제로 많이 이용되지 않고 있다.

② 직파재배는 감자재배와 같이 씨고구마(종저)를 직접 밭에 심는 방법이다. 씨고구마 1개 무게는 50~100g인 소저(小藷)가 알맞다.

③ 사료나 잎자루 채취가 목적일 때 이용하는 방법이다.

④ 절편최아직파는 씨고구마를 잘라 실내나 온상에서 미리 싹을 튀운 뒤 양호한 것만 파종하는 방법이다.

2) 고구마 직파재배의 장단점

(1) 직파재배의 장점

① 기계화생력재배를 하기가 용이하다.

② 육묘에 소요되는 경비가 절감된다.

③ 적기에 강우가 없어도 파종할 수 있다.

④ 경엽이 초기에 직립생장하므로 기계를 이용한 제초에 유리하다.

⑤ 직파하면 포기당 발아본수가 많으므로 초기생육이 왕성하고 재생력도 강하며 청예사료의 생산량이 많아진다.

(2) 직파재배의 단점

① 씨고구마의 양이 많이 소요된다.

② 품종에 따라서는 씨고구마용 소저의 별도 채종이 필요하다.

③ 육묘이식재배의 경우보다 생육이 늦어지므로 생육기간이 짧을 경우 불리하다.

④ 괴근의 품질이 저하되기 때문에 식용 고구마의 재배법으로는 부적당하다.

⑤ 서해(쥐 피해), 병해(검은점박이병), 선충 등의 피해가 증가한다.

(3) 직파재배와 괴근비대

① 친저는 파종한 씨고구마 자체가 썩지 않고 비대한 것으로 섬유질이 많아서 억세고 품질이 나빠 사료로만 이용할 수 있다.

② 친근저는 씨고구마에서 발생한 뿌리가 비대한 것으로 품질이 친저보다 좋지만 재배 환경에 따른 변이가 심하여 안전성이 떨어진다.

③ 만근저는 이식재배 시 새싹의 줄기나 지하 마디에서 발생한 뿌리가 비대한 것으로 이식재배 때 형성되는 보통의 괴근과 같은 것이다.

④ 처음의 씨고구마는 매끈하지만 친저인 씨고구마가 시간이 지나면 근육이 울퉁불퉁한 것처럼 일부만 부풀어 오른다.

(4) 직파재배용 품종조건

① 친저의 비대가 적고, 만근저의 수량이 많아야 한다.

② 씨고구마용으로 알맞은 소저가 포기당 2~4개가 달려야 한다.

③ 비교적 저온에서도 맹아가 잘 되어야 한다.

④ 검은점박이병과 선충에 강해야 한다.

⑤ 수량과 품질이 우수해야 한다.

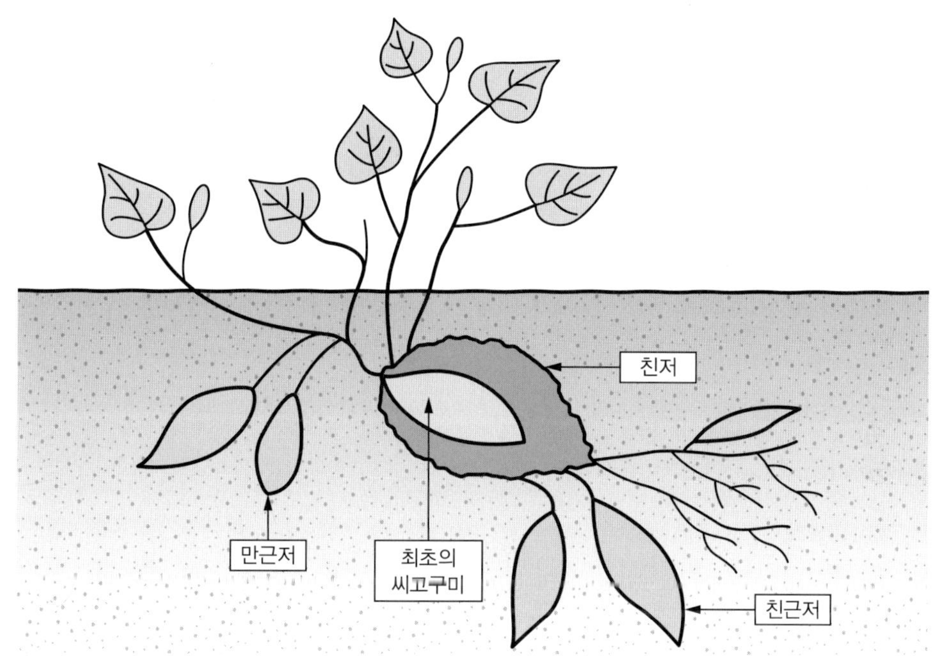

그림 4-7 직파재배 고구마의 발육과 명칭

(5) 토양조건

① 토양공기가 좋고 배수가 잘되는 사양토가 가장 알맞으며, 건조하기 쉬운 토양이나 경사지에 대한 적응성도 높아야 한다.

② 다습한 중점토에서는 발아가 불량해지기 쉬우며, 괴근 형성과 비대가 이식재배의 경우보다도 저해되기 쉽다.

10. 고구마의 성분과 이용

대표적인 알칼리성 식품으로 비타민과 무기질, 식이섬유가 많으며 주황색 고구마는 베타카로틴(beta-carotine)이 많고 자색고구마에는 안토시아닌(anthocyanin)이 풍부하다.

1) 성분

(1) 수분함량

① 수확한 고구마의 수분함량(water content)은 70% 정도이다.

② 고구마의 수량표시로 생저는 수확한 고구마의 수량을 말한다. 정곡은 수분을 제거한 건물(dry weight) 수량이다.

③ 고구마의 평균 수분함량을 69%로 간주하여(생저증량×0.31)로 계산한다.

(2) 전분과 비타민 A

① 고구마는 대표적인 전분작물로서 말린 괴근의 70%가 전분으로 구성되어 있다.

② 비타민 A는 속살이 황색인 품종에 비해 주홍색이나 주황색 품종의 비타민 함량이 상대적으로 높다.

2) 이용

① 식용은 찌거나 굽고 썰어서 밥에 넣거나 절간고구마를 밥에 섞거나 죽으로 만들어 이용한다.

② 가공식품용은 엿, 물엿, 과자, 튀김, 잼, 당면, 묵, 고추장 등으로 이용한다.

③ 부식용은 괴근, 엽병 등이 채소대용으로 쓰인다.

④ 공업용은 전분 조제, 주정 원료, 포도당 제조, 의약품, 화장품 원료 등으로 사용된다.

⑤ 사료용은 줄기와 잎은 영양분이 많고 가축의 기호성도 높아 좋은 사료가 되며 사일리지로도 이용되고 특히 비타민 A가 풍부하다.

부록

참고문헌

고희종 외. 2010. 식물육종학. 향문사.

국립원예특작과학원 www.nihhs.go.kr

국립종자원 https://www.seed.go.kr

기상청 기상청 www.kma.go.kr

김계훈. 2006. 토양학. 향문사.

김길하 외. 2012. 삼고 해충학. 향문사.

김이열, 홍순달, 신건철. 2013. 개정 실용 토양학. 더북가든.

김정호 외. 2010. 과수원예각론. 향문사.

김종국 외. 2008. 신고 산림보호학. 향문사.

김종천. 1993. 원예학원론. 건국대학교출판부.

김준석. 1974. 신고원예학. 향문사.

김형무 외. 2008. 신제 식물병리학. 향문사.

남상용, 박석근. 2021. 원예학. RGB.

남상용. 2020. 원예산물의 저장과 유통. RGB.

남상용. 2020. 작물보호학. RGB.

남상용. 2020. 작물생리학. RGB.

남상용. 식용작물학. 2021. RGB.

농림축산식품부. https://www.mafra.go.kr/

농촌진흥청 www.rda.go.kr

농촌진흥청, 2022. 밀고품질 안정생산 재배안내서.

농촌진흥청. 2001. 밀재배.

농촌진흥청. 2001. 보리재배.

농촌진흥청. 2018 맥주보리-농업기술길잡이 56.

농촌진흥청. 2018. 고구마.

농촌진흥청. 2020 수수.

농촌진흥청. 2020. 감자.

농촌진흥청. 2020. 기장.

농촌진흥청. 2020. 밀.

농촌진흥청. 2020. 보리.

농촌진흥청. 2020. 팥.

농촌진흥청. 2021 메밀.

농촌진흥청. 2021 콩.

농촌진흥청. 2021. 옥수수.

농촌진흥청. 2022. 두류.

농촌진흥청. 2022. 맥주보리. 농촌진흥청. 2018 맥주보리-농업기술길잡이 56.

중촌진흥정, 2018. 밀-농업기술길잡이 44.

농촌진흥청, 2022. 밀고품질 안정생산 재배안내서.

鈴木正彦. 2012. 園藝學 基礎. 農文協.

今西英雄. 2019. 園藝學 入門. 朝倉書店

류수노 외. 2015. 재배학원론. KNOU press.

류수노, 박의호. 2020. 식용작물학Ⅱ. KNOU PRESS.

박광호 외. 2009. 알기쉬운 벼재배기술. 향문사.

박순직 외. 2002. 재배식물육종학. 한국방송통신대학교출판부.

박순직, 이종훈. 2020. 식용작물학Ⅰ. KNOU PRESS.

박원 외. 2021. 재식간격 및 재배 기간에 따른 고구마 수량 및 유용성분 함량 평가.

박원 외. 2023. 논 재배에 적합한 가공용 고구마 품종 선발을 위한 수량성 평가.

변종영 외. 2017. 작물생리학. 향문사.

손세호 외. 1984. 공예작물학. 향문사.

손응용, 권신한. 1976. 작물육종학원론. 선진문화사.

심상인 외. 2019. 식용작물학-전작. 향문사.

이규배. 2018. 식물형태학. 라이프사이언스.

이석하 외 7인. 2014. 고등학교 작물 생산 기술. 전라남도교육청.

이은웅. 1980. 수도작. 향문사.

이정명. 2014. 채소학총론. 향문사.

이종훈. 2001. 최신 도작과학. 선진문화사.

이홍석, 박효근, 채영암. 한국 주요 농작물의 기원, 발달 및 재배사. 대한민국학술원.

임선욱. 1997. 식물영양·비료학. 일신사.

임열재. 2017. 과수학총론. 향문사.

장권열 외. 2008. 육종학범론. 향문사.

전방욱, 김성룡. 2018. 식물생리와 발달. 라이프사이언스.

조재영 외. 1984. 재배학원론. 향문사.

조재영, 이은웅. 2005. 재배학범론. 향문사.

조새영. 1980. 전작. 향문사.

채제천 2009 재배학원론. 향문사.

최근진. 2021. 미래의 황금종자.

최봉호 외. 2009. 종자생산학. 향문사.

최은영 외, 2020. 원예작물학 I. KNOU press.

八木宏典. 2019. 現代農業入門. 家의 光協會.

플랭클린 가드너 외. 2020. 작물생리학. RGB.

한국비료공업협회, http://www.fert-kfia.or.kr/

한국작물보호협회, http://www.koreacpa.org/

한작지. 66(4): 383-391.

한작지. 68(4): 27-39.

홍병희. 2009. 종자학. 향문사.

홍순달. 2016. 생명의 환경 토양학. 충북대학교 출판부.

홍영남. 2012. 식물생리학. 월드사이언스.

황선웅. 2003. 토양비료의 기초와 응용. 국립농업과학원

後藤雄佐 외 2인. 2013. 作物學 基礎. 農文協.

흙토람, http://soil.rda.go.kr

www.naver.com

www.google.com

www.mipotato.com.

한영색인(Korean-English Index)

(ㄹ)

(ㅁ)

(ㅂ)

(ㅅ)

(ㅇ)

(ㅈ)

(ㅊ)

영한색인(English-Korean Index)

(D)

(E)

(F)

(G)

(H)

(I)

(K)

(L)

(M)

(N)

Food Crop Science Ⅱ

식용작물학Ⅱ | 전작 |

2023년 12월 15일 초판 인쇄
2023년 12월 20일 초판 발행
2024년 9월 5일 개정판 인쇄
발행 : 삼육대학교 자연과학연구소(namsyzip@naver.com)
출판 : RGB Press(36cactus@naver.com)
ISBN 978-89-98180-33-1

출판에 도움을 주신 분들

편집과 인쇄를 맡아준 파오디의 조흥원 실장, 이 일로 인해 발생한 여러가지 어려움을 잘 참아준 삼육대학교 작물생리학 실험실연구원들과 가족들에게도 감사를 드린다.

저자경력

남 상 용(NAM, Sang Yong, 농학박사)

서울대학교 농업생명과학대학 농학과, 학사, 석사, 박사졸업
현재 삼육대학교 대학원 환경원예학과 교수/학과장
현재 삼육대학교 부설 자연과학연구소 소장
현재 농촌진흥청 다육식물 유전자원관리기관 책임자
현재 (사)한국선인장과 다육식물협회장

이 재 환(LEE, Jae Hwan, 이학박사)

삼육대학교 환경디자인원예학과 학사, 석사, 박사 졸업
현재 삼육대학교 자연과학연구소 연구원
현재 농촌진흥청 다육식물 유전자원센터 연구원
현재 삼육대학교 환경디자인원예학과 강사